Allgemeine Erdkunde.

Vorlesungen
an der Universität zu Berlin gehalten

von

Carl Ritter.

Herausgegeben
von
H. A. Daniel.

Berlin.
Druck und Verlag von Georg Reimer.
1862.

Vorwort.

Carl Ritters Vorlesungen über die „Geschichte der Erdkunde und der geographischen Entdeckungen“ sind in weiten Kreisen mit Freude begrüßt und mit einem so pietätvollen Wohlwollen aufgenommen, daß wir es als Pflicht erachten, auch die Vorträge über „Allgemeine Erdkunde“ und „Europa“ den zahlreichen Verehrern des so ehrwürdigen, so lieben Altmeisters der geographischen Wissenschaft nicht vorzuenthalten. Daß die Vorlesungen über Allgemeine Erdkunde sich in manchen Partieen mit einzelnen Abhandlungen Ritters (welche gesammelt 1852, bei G. Reimer erschienen sind) berühren, durfte uns nicht abhalten, den vollständigen Abriß im Zusammenhange mitzutheilen.

Wie bei dem ersten Bande der Vorlesungen ist das Rittersche Manuscript mit akademischen Heften verglichen worden. Selbstverständlich kam es auch hier nicht darauf an, das Gegebene durch Resultate neuerer Forschungen zu ergänzen oder weiter zu führen, sondern einen reichen Schatz bleibenden und unvergänglichen Werthes, ohne ab- und zuzuthun, dem dauernden Gedächtniß zu übermitteln.

Halle, den 13. November 1862.

Dr. A. H. Daniel.

Inhalt.

Dritte Abtheilung.

Allgemeine vergleichende Erdkunde.

Allgemeine Einleitung.

Es ist die Allgemeine Erdkunde, welche den Gegenstand unserer Betrachtung ausmachen wird. Wir beginnen mit einigen allgemeinen Bemerkungen, um den wissenschaftlichen Standpunkt zu bezeichnen, von dem wir ausgehen.

Wir gehen aber von der Natur der Dinge selbst aus, nicht von Systemen, welche sich die Menschen von ihr gemacht haben.

Unter dem Ausdruck Natur verstehen wir den Inbegriff aller erschaffenen Dinge, die uns nahe oder ferne umgeben.

Dieser ganze Inbegriff von Naturdingen mit ihren Naturkräften ist für uns durch Raum und Zeit in Ein großes Natur-System verbunden. Die unbelebte Natur wird als sogenannte unorganische verstanden, die belebte im Gegensatz organische Natur genannt. Doch ist dies kein absoluter Gegensatz: denn in beiden ist fortschreitende Wirksamkeit, kein Stillstand, sondern im höheren, umfassenderen Sinne ein kosmisches Leben, das Ganze Ein großer Organismus und in demselben die sogenannte unorganisirte Natur nur die Grundlage und die Bedingung der belebten Natur.

Unsere Erde ist für uns der ausgezeichnetste Körper der sogenannten unorganisirten Natur. Sie ist uns unter allen das bekannteste Gestirn, der einzige genauer bekannte Weltkörper, das einzige Gestirn, von dem wir auf das ganze Universum zurückschließen können, der einzige Standpunkt zur Erkenntniß unseres Wohnplatzes im Kosmos, wie ihn A. v. Humboldt in seinem berühmten Werke darstellt, also auch des Kosmos oder der ganzen Weltordnung. Die Erde ist einer der Hauptplaneten unseres Systems, welche unsere Sonne in großen elliptischen Bahnen umkreisen, und nimmt unter ihnen eine mittlere Stellung ein. Damit hängt die erste ganz populäre Eintheilung der Planeten, in obere (äußere) und untere (innere) zusammen. Es ist die einfachste allgemeinste, schon bei den Alten üblich und durch keine neueren Entdeckungen verändert. Auch Humboldt behielt sie im Kosmos bei.

Obere oder äußere Planeten heißen diejenigen, die mit ihren Bahnen die elliptische Erdbahn einschließen — welche also außerhalb der Erdbahn liegen — also weiter von der Sonne, dem gemeinsamen Mittelpunkte, entfernt sind als die Erde. Untere oder innere Planeten diejenigen, deren Bahnen von der Erdbahn eingeschlossen werden, die der Sonne also näher stehen als die Erde. So Mercur, Venus.

Zu den oberen gehören die übrigen Planeten.

Die Alten zählten, Sonne und Mond mitgerechnet, nur sieben Planeten. Zu Ende des 18. Jahrhunderts kam ein äußerer Planet, Uranus, dazu. Durch den Gebrauch verbesserter Teleskope entdeckte man bald darauf 4 kleinere Planeten hinzu: Ceres, Pallas, Juno, Vesta. Die steigende Vervollkommnung der Instrumente, die Sorgfalt der Astronomen in der genaueren Durchforschung des Himmels, hat seitdem die Zahl der kleinen Planeten zwischen Mars und Jupiter (Asteroiden) ungemein vermehrt.

Jenseit Saturn und Uranus ist Neptun von Le Verrier in Paris berechnet und von Galle in Berlin am 23. September 1846 aufgefunden.

Zu den (jetzt 80) Planeten kommen 20—30 Monde unseres Sonnensystems und viele Kometen.

Die oben erwähnte Mittelstellung der Erde unter den Planeten trifft noch für viele Verhältnisse zu.

Der Abstand der Erde von der Sonne in runder Summe beträgt etwa 21 Mill. Erd-Meilen, dreimal soviel als der Abstand des nächsten Planeten von der Sonne, des Mercur, dessen Entfernung nur etwa 8 Mill. beträgt. Dagegen ist schon der strahlende Jupiter fünfmal weiter von der Sonne entfernt als die Erde, Uranus steht 393, Neptun gar gegen 700 Millionen Meilen von der Sonne ab.

Auch die Umlaufszeit der Erde um die Sonne ist eine mittlere. Sie braucht ein Erdenjahr, d. h. 365 Tage, Mercur nur 87 Tage, Jupiter 11 Erdenjahre, Uranus 84 Jahre, Neptun 165 Jahre.

Der tägliche Umschwung der Erde um sich selbst ist ebenfalls von einer nur mittleren Geschwindigkeit. Die Dauer der Rotation um ihre eigene Achse beträgt bekanntlich 24 Stunden. Danach ward die ganze Oekonomie aller Organismen der ganzen Erde in Perioden von Schlummer und Wachen geregelt.

Andere Planeten drehen sich langsamer, andere schneller um ihre Axe, z. B. Jupiter immer in noch nicht vollen 10 Stunden (9 St. 56 M.) einmal. Bei so reißender Rotation hat er bei seiner ersten Bildungsperiode eine viel stärkere Abplattung seiner Kugelgestalt erhalten.

Denn die geringere oder größere Abweichung von der Kugelgestalt, die Abplattung oder Hinneigung zum Sphäroid steht in gleichem Verhältniß der Stärke des Umschwungs rotirender Körper während ihrer Entstehungsperiode, nämlich beim Uebergange aus einem noch mehr flüssigen Zustande in den rigiden.

Die Erde erhielt bei ihrer ursprünglichen Bildung nur geringe Abplattung, an beiden Polen. Sie nähert sich unter allen planetarischen Gestirnen am meisten einer vollendeten Kugelform und ihre polaren und äquatorialen Durchmesser weichen am wenigsten von einander ab.

Also auch der Form nach hat die Erde mehr als die anderen Planeten das schöne Gleichgewicht der Mitte gewonnen. Denn die Schönheit der Form besteht nach Plato's Ausspruch in dem Ebenmaaße der Dinge. Auf jeden Fall bietet die Kugelform unter allen auf ihrer Oberfläche die größte Mannigfaltigkeit der Verhältnisse dar, die für jedweden Punkt ihrer Peripherie nothwendig andere sind.

Auch die geringeren hypsometrischen Abweichungen von dieser Kugelgestalt finden auf der Erde statt. Bekanntlich erheben sich diese Abnormitäten auf dem etwas kleineren Planeten Venus als Berge zur Höhe mehrerer Meilen — auf der Erde höchstens etwas über eine Meile (27,000′). Selbst auf dem viel kleineren gerundeten Mondkörper ragen die Berge nach Mädler's Messung bis zu ³/₄ M. 17,000′). Die Plastik der Erde ist also eine mehr harmonische.

Auch in Hinsicht der Nebenplaneten oder ihrer Trabanten steht die Erde gegen die anderen Planeten auf einer mittleren Stufe. Sie hat nur einen Mond. Anderen Planeten, wie Mercur, Venus, Mars fehlt dieser nächtliche Begleiter ganz. Dagegen haben Jupiter vier, Saturn sieben und einen gleichsam aus Monden zusammengeballten Ring, Uranus sechs Monde und noch mehr zu ihrer Begleitung erhalten. Auch Neptun scheint der Mondbegleitung nicht zu entbehren. Je entfernter von der Sonne, desto mehr Monde, vielleicht um in diesen kosmischen Spiegeln das Sonnenlicht desto vielfacher als Ersatz der geringeren Intensität der Erleuchtung zurückzustrahlen!

Aus allen diesen Verhältnissen unseres Erdplaneten ergiebt sich, daß jedes Aeußerste, jedes physikalische Extrem dem Erdcharakter fern ist. Das Größte wie das Kleinste; das Schnellste wie das Langsamste; das Wärmste wie das Kälteste u. s. w. Die Erde schwebt weder im Minimum noch im Maximum der kosmischen Verhältnisse.

Dieses gewonnene Gleichgewicht und Ebenmaaß der Verhältnisse läßt schon auf eine gewisse mit dem Sonnensystem harmonisch gewordene eigenthümliche Entwickelung des Erdplaneten schließen und durch diese Harmonie der Naturdinge, wie ihrer Naturkräfte wurde er denn auch befähigt, die Heimath des Menschengeschlechtes zu werden, eben dadurch organisirt, alle äußeren und inneren Bedürfnisse desselben, während seines kurzen Erdendaseins auch zur Ausbildung für ein höheres Geisterreich zu befriedigen!

Aus diesem höchsten wissenschaftlichen Gesichtspunkt betrachtet, wird jedes Verhältniß der Erde erforschungswerth — keins gleichgültig — ja ihre Summe und das Wesen von allen uns höchst wichtig sein![1])

An die Sonne, ihren kosmischen Mittelpunkt, ist die Erde nach dem Gesetz anziehender und abstoßender Kräfte gebunden. Von der Sonne erhält sie Licht, Wärme, Leben, Gedeihen.

Der fühlende und denkende Mensch ist genöthigt, seinen Blick

---

[1]) Wenn Whevel zu beweisen gesucht hat, daß die anderen planetarischen Körper unbewohnt seien und nur unsere Erde bewohnt, so können wir das wohl zugeben: denn nur die Erde ist für den Menschen, wie er jetzt ist, bewohnbar, kein anderer Planet. Aber andere Wesen können auch für andere planetarische Körper organisirt sein, von denen wir nur keine Vorstellung haben können.

von der Erde nach dem Himmel zu richten, die Himmelswelt in seine irdische Gedankenkette mit einzuschließen. Daher ist Sonnenverehrung der älteste Cultus vor aller höhern Offenbarung, im Naturgefühl aller Urvölker begründet.

Am Himmelsraum zeigt sich die Erde gleich den andern Weltkörpern nur als ein Lichtpunkt im ungezählten Sternenheere „als ein Stern unter Sternen", wie Herder sagt. Anders ist es, wenn wir von diesem kosmischen oder universellen Standpunkte abstrahiren und zum individuellen zurückkehren, dann fließt der Lichtpunkt, näher betrachtet, zu einer ganzen Welt von Erscheinungen auseinander.

Dem Menschen ist ihre Gesammtheit ein Unüberschauliches — ein Unübersehbares von Tiefe, Höhe, Weite in vielfach wechselnden Gestalten. Erst durch die Wissenschaft, die das Werk des Menschengeschlechtes durch Jahrtausende ist, wird sie übersehbar Aber nach dem Standpunkte, den die Völker der Erde in den verschiedenen Jahrtausenden einnehmen, entwickelte sich in der Einbildungskraft von der Erde stets ein verschiedenartiges Bild. Dem Bewohner der Ebene erscheint sie als eine unbegrenzte Erdfläche, wie so manchem Volke des Alterthums, und noch heute dem umherstreifenden Araber. Der Südsee-Insulaner im weiten Ocean hält seine Insel oder Inselgruppe für die ganze Erde; er kennt diese nur als eine unendliche Meeresfläche, aus welcher die Sonne auf- und, nach vollendetem Tageslauf, wieder untertaucht. Noch heute hält der unwissende neapolitanische Lazzarone seinen Golf für die Mitte der Welt.

Dem Gebildetern der beobachtenden und forschenden Menschen wird die Erde, so bald er ihre verschiedenen Erhöhungen in weitern Abständen besteigt, ihre Formen und Räume überschauen und vergleichen lernt, zumal aber, wenn er auch ihre Meere durchschiffen kann, aus einer engen Heimath zu einem immer mehr sich erweiternden Erdkreise (Orbis terrarum der Römer). Einzelne tiefere Denker, wie Pythagoras, Aristoteles, und späterhin selbst diejenigen Völker, die durch größere geistige Anstrengung sich zur Höhe wissenschaftlicher Bildung heraufarbeiteten, lernten sie dann erst als schwebende Erdkugel kennen, die ohne Stütze ihre Bahn alljährlich im freien Weltraume zurücklegt. Doch mußten erst die Weltumsegler diese Vorstellung von der Erde praktisch bestätigen und sicher stellen, ehe die gebildete Welt sie ganz allgemein in ihre Gedankenreihe aufzunehmen im Stande war. Dem wissenschaftlichen Forscher, dem Astronomen, dem Mathematiker und Physiker ward sie erst seit einem Jahrhundert, seit Newton's († 1727) Theorie, aus einer Kugel zu einem Erdsphäroid.

Fortgesetzte genaueste Messungen der letzten Jahrzehnte lassen sie als einen sehr vielseitigen polyedrischen Körper erscheinen, dessen genaueste Gestaltung sich noch keineswegs auf das genaueste bestimmen läßt.

Bessel sah es als eine Aufgabe der Wissenschaft für das nächste Jahrhundert an, die Gestalt der Erde genau zu ergründen.

So zeigt sich überall nur Fortschritt in unserer Erkenntniß, kein absolutes Wissen.

Die alte Welt sah die Erde als den Hauptkörper des Universums überhaupt, für das Centrum aller Kreisbewegung der Gestirne, ja der ganzen Welt an. Dies war die Grundlage des Ptolemäischen Weltsystems, älter als Ptolemäus; schon bei den Arabern, Babyloniern, Persern, Indern einheimisch, aber von Ptolemäus mit größerer Klarheit entwickelt.

Jeder der sieben Planeten, Mond, Mercur, Venus, Sonne, Mars, Jupiter, Saturn, läuft in einer eigenen Sphäre, die er beherrscht und auf die sein geistiger Vorstand (Engel oder Heros) einen eigenen Einfluß ausübt. Alle aber umkreisen ihre gemeinsame Mitte, die Erde.

Außerhalb dieser sieben Planetensphären um das Ganze ein Firmament, an welchem die übrigen Sterne wie Nägel fest angenagelt standen: dies die achte Sphäre. Die ersten sieben waren durchsichtig und beweglich. Die achte mit den Fixsternen undurchsichtig.

Das Ptolemäische System gewann für lange Zeit allgemeine Geltung. Mohamed im Koran stellte es als von Allah selbst bestätigt, als religiöses Dogma auf. Die spätere christliche Zeit erkannte durch strengere Wissenschaft und geläuterte Begriffe von Gott als Weltenschöpfer in dieser Erde nur einen der noch ungezählten Weltkörper; die leuchtenden Fackeln am Himmel des Alterthums wurden durch Jahrhunderte der Beobachtung, die wieder auflebende Wissenschaft, durch die Astronomie aus blos elementaren Lichtern und Fackelsternen, aus mystischen Schicksals-Wahrsagern der Sterblichen, wie sie in den Kalendern aufgeführt wurden, zu planetarischen Weltkörpern.

Diesen Fortschritt, der die ganze Welt der Wissenschaft umgestalten sollte, führte das Kopernikanische Sonnensystem herbei. Die Sonne bildet den Mittelpunkt, um den sich alle Planeten drehen, nicht die Erde. Kopernikus hinterließ († 1543) die weitere Ausführung seines großen Grundgedankens der Nachwelt. Kepler († 1631), Galilei und Newton († 1727) haben das Kopernikanische System erst recht begründet und erweitert, und durch die Erfindung der Teleskope ist es ermöglicht, immer tiefer in die Geheimnisse des Firmaments einzudringen. Die Erweiterung der Planetenwelt ist schon oben berührt. Die Zahl der beobachteten und berechneten Kometen nimmt fast mit jedem Jahre zu. Die Zahl der Fixsterne ist durch die genauesten Beobachtungen und Revisionen und Versuche von Verzeichnissen von Lalande, Lacaille, Bessel, Argelander, Lamont u. A. bestimmt. Man hat die Orte der Sterne am Himmel auf Tabellen und Karten eingetragen und Sternkataloge angelegt. Viele Hunderte der für einfach gehaltenen Fixsterne wurden als Doppelsterne, ja als ganze Gruppen für sich bestehender Sonnensysteme in unendlichen Entfernungen erkannt. Die 300—400, die von Struve beobachtet wurden, sind, zumal durch die Arbeiten Herschel's in der Nord- und Süd-Hemisphäre, am Cap der guten Hoffnung u. a. O. zu mehr als 3000 angewachsen, und diese Zahl nimmt immerfort zu. Viele Nebelflecke und Nebelwolken der Himmelsferne sind in einzelne Sterne aufgelöst. Alles nebelhaft Zerstreute ist als schon geballte Weltkörpermasse anerkannt.

Die Ansicht des Menschen von der Erde, von der Natur, von dem, was wir Welt, Universum nennen, ist in stetem Fortschritt begriffen, wenn auch der einzelne Mensch, das einzelne Jahrzehnt oder Jahrhundert sich dieses Fortschreitens nicht einmal deutlich bewußt werden sollte.

Die Erde als Wohnplatz der Menschen.

Aber die Erde zieht nicht blos als Weltkörper unsere Aufmerksamkeit auf sich. Sie ist uns wichtig als Wohnplatz des Menschengeschlechts.

Die physikalische Erdbeschreibung unterscheidet sich von der allgemeinen geographischen Wissenschaft dadurch, daß sie nur die Erforschung der Erde als Naturkörper sich zu ihrer Aufgabe stellt. Unsere allgemeine Erdkunde hat die Erde aber auch wesentlich als Wohnplatz des Menschengeschlechts zu betrachten. Die Erde ist uns die gemeinsame Heimath aller Menschen, der sichtbare Grund und Boden nicht nur aller Naturwirkung, sondern auch alles menschlichen Daseins. Auf ihr stellt sich uns die ganze leblose und lebendige Schöpfung zur Betrachtung dar. Ohne sie würde für uns keine Natur vorhanden sein — ohne sie würden die Geschlechter der Menschen und der Gang ihrer Geschichte gar nicht einmal gedacht werden können. Unter allen Weltkörpern ist uns die Erde nicht nur der bekannteste, sondern unter allen hat sie für uns unstreitig auch das nächste Interesse. Sie ist die Basis für die ganze Physik und für alle Historie. Die Erde ist für jeden denkenden Menschen einer tiefern wissenschaftlichen Erforschung werth.

Auf derjenigen Stufe der Cultur, die der Europäer insbesondere nun einmal erstiegen hat, sagte schon Georg Forster vor fast einem Jahrhundert, ist die Kenntniß der eigenthümlichen Beschaffenheit aller Gegenden der Erde ganz in sein Bedürfniß hinein verwebt. Und um wie vieles seitdem noch inniger in der Mitte unseres neunzehnten Jahrhunderts! Bei den Gebildeten aller Erdtheile ist diese Kenntniß eine Nothwendigkeit der Existenz und für die Wohlfahrt aller Staaten geworden.

Aber wir sind noch weit entfernt von einer vollen wissenschaftlichen Erkenntniß, von einer Wissenschaft dieses Erdplaneten, von einer Erdwissenschaft, die man, als eine solche, wohl früher schon mit dem Namen der Gäa zu bezeichnen versuchte, als eine rein tellurische Disciplin. Wir nennen sie Erdkunde; was man bisher Geographie nannte, ist nur ein kleiner elementarer Theil einer Erdwissenschaft. Ihr Object ist an Umfang zu groß und unüberschaulich, an Inhalt zu mannigfaltig für den Erdbewohner, dessen Dasein immer nur auf einen kleinen Raum, auf eine kurze Zeit beschränkt ist. Und wenn auch schon alle ihre Theile uns im Einzelnen bekannt wären, wir sie auch genau beschreiben und verzeichnen könnten, so fehlte uns doch noch die wahrhafte Erkenntniß ihres innern organischen Zusammenhanges, ihrer wechselseitigen Wirkungen und gegenseitigen Kräfte. Es wären darum ihre Verhältnisse sowohl innerer wie äußerer Art noch keineswegs erforscht. Die Kenntniß der Verhältnisse eines Ganzen aber führt erst zur Wissenschaft, nicht die Beschreibung der Theile. Bis jetzt war Geographie nur Beschreibung, aber noch nicht einmal Lehre der wichtigsten Verhältnisse. Wir fangen jetzt erst an, die wahren Elemente einer Erdwissenschaft zu begreifen und können es nur erst versuchen, die Erdkunde wissenschaftlicher zu behandeln, obgleich die Fortschritte der Entdeckungen zu unserer Zeit alle frühern weit hinter sich zurücklassen. Wir müssen sogar auf unserer Hut sein, wie überall, uns nicht durch irrige Einbildung, durch falsche Selbstbefriedigung, durch eiteln Wahn einzuwiegen, um nicht durch solchen scheinbaren, keineswegs schon beherrschten Reichthum wirklich geistig zu verarmen.

Begriff der Erdkunde als Wissenschaft.

Die Erde an sich gedacht ist nur ein Theil des Weltalls, des Kosmos im umfassendsten Sinne, wie A. v. Humboldt in seinem berühmten Werke ihn aufgefaßt hat. Diese Erde ist die Grundlage (Substrat) der Natur; sie ist die Heimath oder die Wiege der Menschen und Völker, der Wohnplatz des Menschengeschlechts. Daher ist sie, extensiv gedacht, nicht nur eine räumliche Grundlage, sondern mehr noch, intensiv gedacht, auch ein Schauplatz aller Wirkungen der Naturkräfte und Naturgesetze in ihrer großen Mannigfaltigkeit. Sie ist aber auch der Schauplatz aller menschlichen Wirksamkeit, ein Schauplatz göttlicher Offenbarung. So zeigt sich die Erde beim ersten Blick in dreifachem Verhältniß: a) zur Welt im Allgemeinen, — b) zur Natur, c) insbesondere zur Geschichte.

Nicht blos leidend- (passiv), d. h. blos als Träger, besteht sie, sondern thätig (activ) wirkt sie mit ein nach dieser dreifachen Richtung. Sie ist ein unausschließbarer, ein integrirender Theil, ein mitwirkendes Glied in der Ordnung der Dinge. Denn es ist der Erde auch noch ein höheres Verhältniß als sichtbare Welt übrig, das nämlich zur unsichtbaren Welt, zur geistigen Natur der Wesen überhaupt, oder zum Schöpfer und zum vernunftbegabten Geschöpfe auf ihr — nicht blos zum Naturreiche, sondern auch zum Geisterreiche. In dieser Hinsicht ist sie Gottes Schöpfung, ein Inbegriff höchster Zweckmäßigkeit, Schönheit, Vortrefflichkeit — eine Gotteswelt! eine Offenbarung göttlicher Weisheit in der Form einer sichtbaren Welt. Das hat David im 104. Psalm meisterhaft dargestellt, ein gottbegeisterter Sänger!

In Beziehung auf ihre vernunftbegabten Bewohner, ist sie nicht nur der Boden, die Wiege, der Wohnort, sondern auch das Erziehungshaus, die große Erziehungsanstalt des Menschengeschlechts. Dies geht für den Forscher aus der Geschichte der Menschheit auf das entschiedenste hervor. Für die Erde als Planet eröffnet sich außer dem Naturdasein hierdurch aber eine weit höhere Bestimmung: ihr Einfluß auf die geistige Welt. Diese ethische, d. h. sittliche Bestimmung, zeichnet den Erdkörper charakteristisch aus vor allen andern uns bekannten Körpern der sogenannten unorganisirten und der organischen Naturen. Nur der Mensch hat noch den Vorzug seiner ethischen (sittlichen) Bestimmung, die wir bei Thier und Pflanze vermissen, oder doch nicht nachweisen können. Nur dem menschlichen Körper, der Menschengestalt, ist also noch derselbe analoge ethische Charakter mit seiner Erde gemeinsam. Aber, jedesmal nur für ein Individuum und ein menschliches Lebensalter; der Erde aber, die immer Jahrtausende fortbesteht, dauert die ethische Bestimmung auch für alle Individuen auf ihr und für alle Lebensalter der Völker fort — bis auch dereinst die Erde selbst das Ende ihres Daseins und ihr uns unbekanntes Ziel erreicht haben wird!

Einer solchen höheren Bestimmung gemäß mußte die Erde von ihrem Entstehen und Werden an auch eingerichtet, also höher organisirt sein. Denn einem bloßen Zufall, einer blos materiellen Wirkung von Naturkräften konnte die Grundanlage zu einer solchen Bestimmung, die in das Hauptthema der Weltgeschichte eingreift, nicht überlassen sein. Sie kann nur das Werk der göttlichen Vorsehung sein. Es ließe sich leicht eine Anordnung der blinden Naturkräfte und ihrer blos rohen, ungezügelten Gewalten nachweisen, durch die das Menschengeschlecht, wie so viele Thiergeschlechter vor ihm, hätte untergehen müssen. Von dem Untergange eines Menschengeschlechts haben wir keine Spur in der Paläontologie. Die höhere Bestimmung der Erde setzt aber unstreitig eine höhere Organisation desselben für Realisirung dieser Bestimmung voraus. Hemmende aber keineswegs vernichtende Erscheinungen treten auch heute noch, aber nur sporadisch, wie Feuerbildung und Erdbeben, Wasserfluthen ein. Sie werden immer mehr auf kleine Punkte concentrirt, sind keine allgemeinen mehr, wie frühere Fluthen und Umwälzungen, während die fördernden Erscheinungen universelle geblieben sind, wie die fortschreitende vegetative Bekleidungsfähigkeit der Erde, die Entwickelung aller Arten von Generationen, die Acclimatisationsfähigkeit ihrer Organismen, so daß also ihre Lebenskeime sich immer weiter entfalten sollten. Die früheren Hemmungen selbst wurden allmählich zu Förderungen des Gedeihens.

Die Erforschung der Verhältnisse dieser höhern Organisation, ihrer Gesetze und Erscheinungen, muß natürlich einen wesentlichen Theil unserer geographischen Wissenschaft ausmachen. Nimmt die Geographie erst Rücksicht auf die höhere Organisation des Planeten, betrachtet sie ihn nicht mehr als ein blos lebloses, todtes Aggregat einer unorganisirten Natur, oder, wie Herodot sich ausdrückt, eine auf der Drehbank abgefertigte Erdscheibe; sondern als einen wahrhaft und recht eigenthümlich organisirten, sich fort und fort entwickelnden Naturkörper, der seine Lebenskeime zu weiterer Entfaltung in sich trägt mit dem Fortschritt der Jahrhunderte und Jahrtausende: dann gewinnt sie dadurch erst selbst ihre Einheit, wird erst durch dieses ihr lebendiges Princip zu einem Ganzen; dadurch erst wird sie auch einer systematischen Darstellung und Entwickelung ihres großen Systems fähig; dann erst wird sie zu einer bildenden Wissenschaft für den menschlichen

Geist, ja, zu einem nothwendigen Gliede im Systeme der Wissenschaften. Sie wird der Philosophie selbst als eines ihrer wesentlichen Gebiete vindicirt und in den Kreis der höchsten Betrachtung gezogen, ans dem sie bisher verbannt schien; sie wird eine philosophische Disciplin, selbst ein Zweig der Philosophie!

Allerdings hatte man auch früher schon das Bedürfniß solcher Betrachtungsweise gefühlt, und deswegen konnte die Erde selbst ein Gegenstand höherer erbaulicher Betrachtungen werden. Durch die Teleologie, die Lehre von der Weisheit des Schöpfers in den Werken der Natur, in der Lehre von den Endzwecken der Schöpfung hatte man diesem Bedürfnisse zu entsprechen gesucht. Man ist aber dabei in viele Irrthümer gerathen und hat viel Menschliches dem Göttlichen untergelegt, wagte über die Zwecke der Dinge zu urtheilen und kannte die Dinge selbst noch nicht einmal. Vielen Irrthümern lag dabei der Wahn zu Grunde, schon im wirklichen Besitz des Wissens der geographischen oder der Natur-Wissenschaft zu sein, von der man die Elemente noch nicht einmal kannte.

Unsere Aufgabe ist daher fürs erste in der Erforschung fortzuschreiten, nicht stille zu stehen, nicht zu ermüden im Besitz des Erworbenen.

Der Mensch ist das erste Glied dieser Erscheinungen eines höheren Organismus. Wie jeder Mensch in seinen Lebensperioden die zeitlich verschiedenen Stufenalter der Weltgeschichte durchlaufen muß, als Kind, Jüngling, Mann und Greis: so ist Jeder im Räumlichen und Leiblichen auch der Spiegel seiner Erdlocalität. Der Bewohner des Nordens und Südens, des Orients und Occidents, der Aelpler von seinem Berglande Tyrols, der Bataver von seinem Tiefboden Hollands: jeder Mensch ist der Repräsentant seiner natürlichen Heimath, die ihn geboren und erzogen hat. In den Völkern spiegelt sich ihr Vaterland ab. Die örtlichen Einwirkungen der Landschaften auf die Charakteristik ihrer Bewohner, bis auf Gestalt und Körperbau, Schädelbildung, Farbe, Temperament, Sprache und geistige Entwickelung sind unverkennbar. Daher die unendliche Mannigfaltigkeit in den Erscheinungen, wie in den Bildungen und Charakteren, so auch in den Bestrebungen der Völker. Die Anthropologie und Ethnographie, die Menschen- und Völkerkunde, sind die wichtigsten Commentare zur Geo- und Topographie. Der Historiker wirft nur einen Blick vom Schicksale der Völker auf das Land zurück, der Geograph geht von der Natur des Landes aus, und thut die ernsten Fragen an das Schicksal der Völker. Was müßte, was könnte das Land unter den gegebenen Umständen für sein Volk sein und werden? und was ist es für den Staat geworden? was bleibt noch für ihn und seiner Bevölkerung Ausbildung und Glück zu thun übrig? So wird die Geographie auch eine Schule der Staatswissenschaft.

Des Menschen Dasein ist ganz an die Erde gebunden — mit tausend unlösbaren zähen Wurzeln befestigt. Nicht blos eine geistige, auch eine leibliche Mitgift hat der Mensch bei seiner Geburt erhalten, deren er sich nicht entäußern kann, deren er sich daher auch auf das lebendigste bewußt werden soll. Dem Menschen ist es also auch ein Bedürfniß, die Grenzen, wie das Wesen, auch in dieser seiner irdischen Beschränktheit, wie ihre inwohnenden Kräfte zu erkennen, um sie auch gebrauchen zu lernen. Denn nur dann wird es ihm um so sicherer gelingen, auch das Gebiet seiner geistigen Freiheit und Unabhängigkeit zu erkennen, seine geistige Natur zu erforschen. Nur das lebendigste Bewußtsein seiner Abhängigkeit des ihm bei seiner Geburt von Gott Mitgegebenen kann ihm zu einer wahrhaften Freiheit des Lebens, zu Erreichung seiner wahren Bestimmung in Gegenwart und Zukunft verhelfen. Ohne Vorübung in der Beschränktheit ist kein Maaß in der Unbeschränktheit zu finden. Ohne Abhängigkeit von Ordnung und Gesetz ist keine Gesetzmäßigkeit, keine Freiheit für den Menschen zu erringen, auch nicht in der Gedankenwelt. Keine wahrhafte Speculation, keine Philosophie über das Unendliche und Ewige ist möglich, ohne die Erforschung und Erkenntniß des Endlichen und Irdischen. Wer nicht das Irdische erkennt und erforscht, kann auch das Ewige, das Unendliche nicht begreifen. Satz und Gegensatz sind Bedingungen des menschlichen Denkens. Pythagoras erforschte erst Maß und Zahl, ehe er sich von diesen zu den höchsten Sphären der metaphysischen Speculation emporschwang, Plato die Seele des Menschen und die Gesetzgebung der Völker, ehe er sich von diesen zu den größten Höhen der Philosophie aufschwang. Aristoteles war erst Naturforscher und Physiker, ehe er zum Meister der Logik und Metaphysik ward. Auch Kant war Mathematiker und Astronom, ehe er zur Metaphysik und Kritik der reinen Vernunft, den höchsten Aufgaben der Wissenschaft, fortschritt. Schelling ging aus der Naturphilosophie zur Philosophie des Geistes über.

Nur zu häufig werden solche Vorstudien übersprungen. Die Speculationen schwebten dann auch in der Luft ohne festen Boden, und stürzten von selbst zusammen. Der Hochmuth im nur scheinbaren Wissen und Denken kommt auch hier durch sich selbst zum Falle!

Was hat die Geographie als Wissenschaft zu leisten?

Sie darf nicht bloß eine Beschreibung der Erde oder ihrer Theile sein, so wenig wie Naturbeschreibung das Wesen der Naturgeschichte erschöpft. Dieser Begriff, zu welchem das hergebrachte Wort Geographie (Erdbeschreibung) leider nur zu lange Zeit verführt hat, würde nur höchstens ihre Elemente bezeichnen, sonst aber viel zu beschränkt sein.

Die Geographie soll danach streben, ein möglichst vollständiges Anschauen, Erkennen und Wissen von der Erde zu werden; denn im weitesten Sinne ist sie die Wissenschaft des tellurisch erfüllten Raumes. Nicht blos einzelne Kenntniß, sondern durchdringende Erkenntniß von ihr. Sie soll sich also mit Erforschung, Erkenntniß und Darstellung, sowohl der Theile der Erde als ihres Ganzen in allen Beziehungen, in allen wesentlichen Eigenschaften, Kräften und Verhältnissen beschäftigen, oder doch mit ihnen zu beschäftigen sich bestreben. Denn zu diesem Bestreben gehört vor allen Dingen zunächst ihre Erforschung.

Die Erde kann aber in zweierlei Hauptbeziehungen, einer relativen und einer absoluten, erforscht werden.

Wir betrachten nämlich die Erde als Theil von einem größern Ganzen, d. h. in ihrer Relation zum Universum, wir betrachten sie auch als ein für sich bestehendes Ganze, also ihr absolutes Verhältniß.

Die Untersuchung und Erkenntniß der Erde an sich, als ein selbständiges Ganzes, macht den eigentlichen Gegenstand unserer geographischen Wissenschaft aus. Diese ist es, die wir für jetzt mit dem Namen Erdkunde belegen, um anzudeuten, daß wir eine vollendete Erdwissenschaft selbst zur Zeit noch nicht errungen haben. Denn Erdkunde bezeichnet nur die individuelle Kenntniß, die wir auf historischem Wege uns bis jetzt von der Erde erworben haben.

Erdkunde ist uns also die Lehre von unserm Planeten nach seinen Theilen, Eigenschaften und wesentlichen Verhältnissen, als einem selbständigen planetarischen Erdganzen, in seinen Beziehungen zur Natur und zu dem Menschen, und zu Gott seinem Schöpfer! — Nähmen wir den Begriff seiner Relation zum Weltganzen mit in diese specielle Lehre auf (wie dies in den Compendien der Geographie meist auf eine sehr unvollkommene und daher auch unfruchtbare Weise zu geschehen pflegt), so würden wir die ganze Kosmographie und Astronomie mit in ihr Gebiet ziehen. Dies ist aber an sich schon fast zu weit umfassend.

Von jenen Disciplinen nehmen wir daher nach Art andrer

Wissenschaften nur gewisse Corollarien, d. h. Zugaben, als deren Resultate in die Erdkunde auf, wo dies nothwendig ist zur klarern Einsicht des Ganzen. Die Beweise für diese Corollarien oder Hülfssätze überlassen wir den mathematischen, astronomischen und physikalischen Wissenschaften. Wir fassen uns von dieser Seite um so kürzer, da das Meisterwerk des Kosmos sich das Verhältniß des Weltganzen zur Erde, zur Hauptaufgabe stellte. Durch die Beschränkung an Umfang werden wir so hoffentlich an Inhalt und Tiefe wesentlich gewinnen.

Die Erde hat außer dem räumlichen Dasein auch eine Existenz der Zeit. Sie hat also in dieser eine Entwickelung erlebt, also eine Geschichte. Die Dauer der Erde übertrifft jedes andere uns bekannte Zeitmaß. Denn mit ihrer Entstehung entsteht auch erst unser Begriff von Zeit. Die Erde beginnt mit dem Anfang der Schöpfung. Durch diese Dauer unterscheidet sich die Erde von jedem andern Individuum der tellurischen, d. i. der irdischen Schöpfung, charakteristisch. Sie ist älter als alle ihr angehörigen Theile, Bildungen und Geschöpfe. Das Wesen ihres Ganzen als Planet ist also ganz verschieden von dem Wesen ihrer einzelnen Theile. Daher der früher allgemeine Irrthum, sie zu den unorganisirten Naturkörpern zu zählen.

Die Geschichte der Erde lehrt in ihren Monumenten, daß sie ihren Theilen, wie ihrem Ganzen nach, einer fortschreitenden Umbildung unterworfen, daß sie einer fortschreitenden Ausbildung fähig ist. Die Naturkräfte wirken unablässig nach den mechanischen Gesetzen der Chemie und Physik auf sie ein. Die belebte Schöpfung, Pflanzen, Thiere und Menschen gestalten sie immerfort um, als zugehörige Organe und lebendige Glieder ihres Leibes. Die Erde hat ihre eigenen Bildungsepochen, durch Natur und Cultur. Sie ist ein Naturkörper mit eigenthümlichen Verhältnissen, den wir nicht zu den organisirten, mit sogenannten Lebenskräften versehenen Wesen zählen können, nicht zu Pflanzen oder Thieren; aber eben so wenig zu den anorganischen Körpern der unbelebten Natur; nicht zu den Erden, Steinen, nicht zu den Krystallisationen, oder den vollendetsten Formen der Mineralkörper. Dies sind nur isolirte Theile des Ganzen, nur abgelöste Theile, die in keinem Zusammenhange mit ihren übrigen Theilen stehen. Die Erde aber, in ihrer Spannung als für sich beschlossener Ball oder Ring, besteht als ein Ganzes, Planetarisches fort.

Die Erde ist daher ein kosmisches Individuum mit eigenthümlicher Organisation, ein Ens sui generis mit fortschreitender Entwickelung. Sie ist ein systematisches Ganzes mit eigenthümlicher Bewegung, mit kosmischem Leben. Der Krystall, die Pflanze und das Thier, der Planet, der Mensch sind in aufsteigender Linie verschiedene Organismen des irdischen Daseins der Dinge. Der Erde ist also in dieser Reihe der Organismen eine bestimmte Individualität als Erdplanet zu Theil geworden. Diese Individualität der Erde zu erforschen und darzustellen ist die höchste Aufgabe der geographischen Wissenschaft. Kann sie diese Individualität nach allen ihren Theilen, Gliederungen und Functionen zur klaren Anschauung bringen, so wird die Erdkunde zu einer selbständigen Erdwissenschaft. Ihr ist die Erde ein Planet, der wie ein Samenkorn mit allen inneren Keimen der Entwickelung und Entfaltung ausgerüstet, von dem Säemann in das Feld der Sonnenbahn geworfen ist, da aufzugehen, zu wachsen, zu blühen, und zu rechter Zeit seine Ernte, seine Frucht zu tragen.

Früher wurde die Erdkunde nur als Hülfswissenschaft für Geschichte, Politik, Kriegswissenschaft, Naturgeschichte, Gewerbe, Handel u. s. w. angesehen und behandelt. In der That greift sie in alle diese Zweige der Erkenntniß und des Betriebes ein. Erst in neuester Zeit konnte sie aber zu einer selbständigen Disciplin werden. Erst durch die gleichmäßige Erweiterung des ganzen Kreises der Wissenschaften, in deren Mitte sie steht, konnte sie diese höhere Stufe erreichen.

Man theilte die Geographie der Bequemlichkeit und ihrer Benutzung wegen nach einem dreifachen Gesichtspunkte bekanntlich in mathematische, in physikalische, in historische oder politische Geographie, da früherhin das Fachwerk der Wissenschaften überhaupt mehr gesondert war, und auch kein ineinandergreifendes sich gegenseitig unterstützendes Ganzes bilden konnte. In die beiden ersten Abtheilungen nahm man die allgemeinen Sätze der Astronomie, Mathematik, Physik mit auf, und suchte sie zur Erklärung der auffallendsten Erscheinungen auf der Erde anzuwenden. Doch gingen mitunter die wichtigsten ganz leer aus. Man übersah die Hauptsache der Aufgabe, nämlich den Causalzusammenhang der Erscheinungen, wodurch erst jede einzelne derselben als nothwendig und für jede Localität räumlich bedingt hervortreten kann. Man ahnte nicht, daß jede Erscheinung nur das Glied einer großen zusammenhängenden Kette von Erscheinungen sei, durch welche erst ein großes allgemeines Naturgesetz hervortritt. Man sah Porphyre, Basaltkegel, heiße Quellen und mancherlei Felsenkeile zwischen andern zerstörten Gebirgsschichten, und führte sie in ihrem sporadischen Vorkommen wohl mit an; aber man ahnte nicht, daß die einen in ihren großen Zuglinien die Ursache der Zersprengung und Umstürzung der andern waren, und in großem Zusammenhange mit den Erhebungen der höchsten Gebirgsketten wie der großen vulkanischen Inselreihen im Ocean stehen, ja im Zusammenhange mit der Bildung der Continente selbst. So wurden Pflanzenproducte wie nach Willkür bei den verschiedenen Ländern der Erde unter einander gewürfelt, ohne daß von der Gesetzmäßigkeit der Vegetationszonen nach Isothermen, Isochimenen und andern Bedingungen ihres Vorkommens oder Nichtvorkommens eine Ahnung dagewesen wäre. Man führte polare Meteore, die Aurora borealis, als isolirte

Merkwürdigkeiten der Länder an, ohne ihre kosmischen und magnetischen Beziehungen auf das Ganze zu kennen. Man kannte den Causalzusammenhang zwischen den maritimen Entdeckungen der Seefahrer und dem Systeme der Meeresströmungen noch nicht, von dem die Seefahrten so abhängig sind. Man übersah den Einfluß der Physik auf die Ethik des Leibes, auf Seele und Geist.

Nach historischem und politischem Gesichtspunkte zertheilte man das reichhaltige Material wieder in ein rubrikenreiches, logisch geordnetes Fachwerk, um eine gewisse Ordnung und Vollständigkeit zu erreichen, nicht, um die Thatsachen und Wahrheiten an sich zu ergreifen, sondern um den Inhalt zu gewissen äußerlichen Zwecken benutzen zu können, wie für Kriegsgeschichte, Politik, Statistik, Geschichte u. s. w.; eine Methode, die noch ein Ueberrest von dem scholastischen Zuschnitte der Wissenschaften im Mittelalter geblieben ist. Aus solcher Vertheilung und Anordnung des Stoffes, die den innern Zusammenhang oder den formalen Theil nicht berücksichtigt, entstanden so die dreierlei Zweige nach herkömmlichen Namen: Choro- und Topographie, Länder- und Ortskunde; Ethnographie mit Anthropologie verbunden, Völkerkunde; Statistik (ein modernes erst von Schlözer eingeführtes Wort) mit Historie und Politik verbunden, politische Geographie und Staatenkunde.

Aus diesen drei Abtheilungen liefern die sogenannten Handbücher, Abrisse oder Compendien der Geographie ein beliebiges Aggregat, ein in Schachteln abgetheiltes scholastisches Fachwerk. Mehr oder weniger enthalten diese bald von dem einen, bald von dem andern Vorrath oder Material, je nachdem das Bedürfniß der Zeit dies oder jenes verlangt: politische, militärische, Handels-Geographie, sogenannte reine Geographie u. s. w. Ein systematischer Zusammenhang des Inhalts ist selten darin aufzufinden. Eine Gleichberechtigung aller wesentlichen Theile wird darin gar nicht angestrebt. Sie enthalten im Grunde nur eine willkürliche, principlose und unmethodische Zusammenhäufung aller Arten von Merkwürdigkeiten, die in den verschiedenen Ländern der Erde vorzüglich auffallend erscheinen. Die Zusammenstellung der Thatsachen geschieht nach Ländern und Erdtheilen; aber die Beziehungen des einen Erdtheiles zum andern, des gegenseitigen so unendlich wichtigen Einflusses der Länder auf einander, wird mit keiner Sylbe erwähnt. Man fängt Europas Beschreibung mit Portugal oder Spanien an, weil Strabo in dieser Ordnung die Aufzählung begonnen. Die Thatsachen werden wie die bunten Flicklappen eines Teppichs an einander gereiht, bald so bald so, als könnte ein jedes als abgerissenes Stück für sich bestehen. Nur ihre Sonderung tritt hervor, ihr Zusammenhang nicht. Die Aufzählung der Merkwürdigkeiten nach gewissen Rubriken, wird nach Grenzen, Größe, Boden, Gebirgen, Flüssen, Producten, Städten u. s. w. gegeben. Man fängt mit den Lineamenten der Begrenzungen an, die doch meist sehr unsicher, ungewiß, und in vielen Theilen unbestimmt bleiben, und hofft dadurch den Gang alles Folgenden zu bestimmen, statt den Kern, das Wesen ins Auge zu fassen.

Vergleichen wir diesen dermaligen Zuschnitt der Compendien-Geographie mit andern so sehr fortgeschrittenen Wissenschaften, so erkennen wir leicht, daß sie zwar ein Wissen, aber gar keine Wissenschaft, höchstens eine Polyhistorie genannt zu werden verdient. Sie ist nur ein bloßes Aggregat, ein nach Materien geordnetes Register, ein lexikalisch geordneter Apparat. Daher kommt, bei dem unstreitig sehr hohen und ganz allgemeinen Interesse des Gegenstandes, das Mechanische und Unfruchtbare der Methode, die Anfüllung des Gedächtnisses ohne Urtheil und Gedanken, ohne Ideen; daher aber auch der geringe Gewinn, den die Geographie als bildende Wissenschaft bisher in der Reihe der Schulstudien, der sogenannten Humaniora, gebracht hat.

Wir dagegen werden nach unsern Kräften eine Darstellung und Entwickelung der Hauptverhältnisse unserer Erde versuchen, und damit, statt der Beschreibung, vielmehr eine Charakteristik ihrer Hauptheile verbinden. Wir legen kein besonderes geographisches Compendium zu Grunde, denn die bisherigen nehmen alle einen von dem unsrigen zu verschiedenen Gang. Aber wir setzen die Kenntniß einer solchen elementaren compendiarischen Geographie, jenes dürre Gerippe des Materials, bei einem akademischen wissenschaftlichen Vortrage natürlich voraus.

Gewöhnlich bearbeitet man auch die Geographie nur für eine gewisse Zeit: für die Gegenwart oder Vergangenheit. So redet man von Alter Geographie, Geographie des Mittelalters und der Neuen Zeit. Wir suchen die dauernden Verhältnisse auf und verfolgen ihre Entwickelung durch alle Zeiten, von Herodot bis auf die unsrigen. So finden wir auf, was sich durch allen Zeitwandel hindurch in dem Erdorganismus als gesetzmäßig bewährt hat, und erhalten die Vergleichende Geographie. Durch sie wird einleuchtend, wie das Heute aus der Vergangenheit entstanden ist. Es gewinnt die Archäologie, die Völker- und Staatenkunde; aber es gewinnt auch die allernächste Gegenwart. Je weniger positive Kenntniß der verschiedenen Bildungs-Epochen, desto höher schießt das Unkraut der Hypothesen, desto mehr treten Irrthümer, Verwirrungen, Projectenmacherei hervor, weil die Gegenwart nicht verstanden wird. Wir dürfen nur an die letzten zehn Jahre zurückdenken. Sie geben genügenden Aufschluß über mancherlei Verirrungen, die in der Unkenntniß geschichtlich gewordener Verhältnisse ihre Begründung finden.

Quellen der geographischen Wissenschaft.

Die Quellen der Erdkunde sind, wie bei historischen Wissenschaften überhaupt, doppelter Art: Denkmäler und Anschauungen, die zu eigenem Studium führen, oder historische Ueberlieferungen mündlicher oder schriftlicher Art, die wir uns anzueignen haben. Wir wenden uns zunächst zu den Quellen der ersten Art.

Das Studium der Erdkunde hat den großen Vortheil, daß die Oberfläche der Erde überall selbst als Denkmal vorliegt. Aus der lautersten Quelle sind also durch Betrachtung und Forschung die Hauptthatsachen zu entwickeln. Eigene Beobachtung ist aber nothwendig auch zum Verstehen fremder Berichte. Und solcher Beobachtung kann sich Jeder hingeben. In den Verhältnissen der Localitäten des heimathlichen Bodens liegen zugleich die Verhältnisse der Localitäten des Ganzen, und die Erforschung jeder Localität der Erde ist von Bedeutung für das Ganze. A. v. Humboldt im Kosmos II. S. 89 drückt dies so schön aus, wenn er sagt: „Die Natur ist in jedem Winkel der Erde ein Abglanz des Ganzen." In dem zerstörenden Gewitterbach kann man die Natur reißender Stromsysteme, an der Zertrümmerung einer kleinen Insel, wie Helgoland, die Küstennatur großer Continente und die Umwandlung ihrer Gestadelinien studiren. In den Blätterdurchgängen einzelner Krystalle, in der Construction der zahllosen Urfelsblöcke, wie sie als Findlinge einer Vorzeit überall in den Sandfeldern unserer Marken zerstreut liegen, kommt die Natur der Gebirgsschichten ganzer Alpensysteme und des scandinavischen Nordens, aus dem sie, durch Eisfluthen herbeigeführt, herstammen, zur Anschauung. Jede Brunnengrabung liefert Beiträge zu einer Theorie der Erdrinde — die Eisenbahndurchschnitte in weiten Ebenen sind durch Aufdeckung dieses obern Schichtenkleides der Erde schon in unsern Saal- und thüringischen Gegenden höchst lehrreich geworden. Im Bau des Grashalmes, der Binsen und der einheimischen Monokotylen, lernt man die Construction der Fürsten der Wälder, der Palmen-Vegetation der Tropenländer, begreifen; in der Moosbekleidung und Lichenenbildung auf Ziegeldächern und Mauerwänden die Anfänge der

Pflanzenwelt auf Berggipfeln verstehen. Schon im Harz und Riesengebirge kann man sich lehrreich auf das Studium der Alpen und Cordilleren vorbereiten. Aber das Auge muß sehen gelernt haben.

Die Beobachtung im Vaterlande weckt und schärft den Blick wie das Urtheil für die Erkenntniß fremder Länder. Wer die Thäler, Berge, Wälder, Dorfschaften seines vaterländischen Gaues aufmerksam durchwandert hat, und ihre Sagen und Berichte erforschte, der wird auch die Erzählungen Herodots über Länder, Völker und ihre Sagen besser würdigen können. Ihm werden die Berichte der Reisenden in Amerika, Asien und Australien, erst lebendige Anschauungen darbieten. Beobachtung in der Natur und auf Wanderungen, größerer wie kleinerer Art, ist daher nothwendig für den Fortschritt der Erdkunde. Aber dahin rechnen wir nicht den neugierigen Durchflug der gewöhnlichen unwissenden Touristen, die voll Vorurtheile fast alles nur halb sehen.

Leider verstehen die heutigen geographischen Compendienschreiber meist die Natur nicht im Kleinen und in der Nähe: daher aber auch nicht im Großen, nicht in fernen Erdtheilen, nicht im Ganzen. Die geographischen Musterwerke über Theile des Auslandes haben darum bis jetzt viel zu wenig zur verbesserten Geographie des Inlandes beigetragen. Noch fehlt uns jede leidliche Geographie des deutschen Vaterlandes. Nur wenige Vorarbeiten haben dazu erst seit ein paar Jahren die Wege gebahnt.

Im hohen Alterthume ging die Geographie von der Anschauung aus, nicht von der Bücherwelt. Herodot (444 v. Chr.), der Vater der Geschichte, wurde durch seine Wanderungen und eigenen Beobachtungen der erste sammelnde kritische Geograph der Griechen. Polybius durchreiste die Alpen, die Pyrenäen, Gallien und Iberien, um die Feldzüge Hannibals beschreiben zu können. Er suchte den Pontus und Aegypten auf für seine Kriegsgeschichten. Er ist der Vorgänger für alle militärische Geographie: mit Commentaren zum Polybius haben sich die größten Strategen beschäftigt. Strabo, der fleißigste sammelnde und prüfende Geograph seiner Zeit, schrieb sein geographisches Werk erst nach einer langen Reihe von Reisen und Wanderungen vom Kaukasus bis Massilia am Rhodanus, von den Alpen Helvetiens bis nach Aethiopien.

Philipp Cluver aus Danzig (gestorben 1623), der wahre Wiederhersteller der classischen Geographie, schöpfte die Nachrichten zu seinen Meisterwerken, der Germania, Italia, Sicilia antiqua, aus eigenen Beobachtungen und Untersuchungen in den Ländern selbst, die er mit den klassischen Autoren in der Hand durchwandert hat.

Alexander v. Humboldt ist durch seine Beobachtungen auf Reisen in Europa, Amerika und Asien der Begründer einer wissenschaftlichen vergleichenden Geographie geworden. Er war in seiner Heimath schon ganz zu Hause, als er nach Amerika in die Tropenwelt überschiffte. So gehören eigene Anschauung und Studium der Natur unter allen Zonen des Erdkreises immer zu den ersten Quellen der Erdkunde.

Wir kommen zu der zweiten Gattung von Quellen für die Erdkunde, den historischen Ueberlieferungen mündlicher und schriftlicher Art.

Bei der beschränkten Kenntniß von dem Umfange des Erdkreises, welche die älteste Zeit besaß, waren die Menschen leichter befriedigt. Mit den Jahrhunderten haben sich historische Ueberlieferungen von Ländern und Völkern ins Unendliche vermehrt. Wo die Beobachtung nicht ausreichte, da füllte die Phantasie die Lücken aus.

Der Umfang des Erdkreises wuchs mit den Jahrhunderten der Entdeckungen. Das Leben des Einzelnen blieb zu kurz zur eigenen Betrachtung des Gesammten. Berichte Anderer, schriftliche Ueberlieferungen und Nachrichten wurden seitdem immer nothwendiger und allgemeiner zu Quellen der Erdkunde. Ja, in späterer Zeit haben sie nicht selten zum Nachtheil der Wissenschaft die unmittelbare Erfahrung getrübt oder zurückgedrängt.

Zu den schriftlichen Nachrichten gehören auch die bildlichen Vorstellungen von der Lage, dem Umfange und der Gestalt der ganzen Erde, wie ihrer Theile — die landschaftlichen Bilder, Globen und Landkarten. Die Forderungen, welche man heutzutage in dieser Hinsicht zu machen berechtigt ist, sind ganz andere als noch vor wenigen Jahrzehnten. Die Landkarte soll ein Portrait sein, kein Zerrbild, wie so unzählige sind. In ihrer Art der Darstellung hat sie etwas Dictatorisches, ihre Irrthümer sind daher um so verführerischer und schädlicher. Der Unwissende läßt sich durch den Stich, das Papier und die bunte Illumination irre führen. Die Briten statten ihre Karten dem Aeußern nach, durch Stich, Papier und Farben glänzend aus, aber ihr Inhalt ist öfter sehr vernachlässigt. Franzosen und Deutsche wetteifern um den Preis einer künstlerischen und naturgemäßen Darstellung.

In Europa beschäftigen sich gelehrte Akademien fast in allen Hauptstädten auch mit geographischen Forschungen, was früher nicht der Fall war.

Die Hülfswissenschaften der Geographie.

Die Wissenschaften, welche bei gründlichen geographischen Studien immer unentbehrlicher werden, haben sich in den neueren Zeiten sehr vermehrt. Es sind die meisten, welche bei historischen Studien überhaupt nothwendig sind; aber es kommen noch mathematische und Natur-Wissenschaften hinzu. Freilich ist es ein sehr verbreiteter Irrthum, als könne man die geographischen Wissenschaften schon aus einem guten geographischen Compendium und aus Landkarten erlernen. Man setzt dann voraus, sie sei nur eine Sache des Gedächtnisses. Aber selbst ihre Elementarlehre ist einer constructiven Behandlungsweise fähig. Mancher Lehrer der Geographie, der sich mit ihr noch gar nicht beschäftigt hat, wähnt durch ein Compendium schon sich hinreichend zu seinem Lehrerberufe vorbereiten zu können. Kein Philolog wird durch bloßes Auswendiglernen der Grammatik und des Wörterbuches im Stande sein, einen bildenden Unterricht in einer Sprache ertheilen zu können. Es gehört noch das Studium der classischen Werke hinzu. Ebenso bei der Geographie das anschauliche Studium der Erde.

Ein zweiter allgemein verbreiteter Irrthum ist es, die Erdkunde müsse von den Merkwürdigkeiten der verschiedensten Wissenschaften das Frappanteste in sich aufnehmen, und dadurch ihren Reiz erhöhen, ihre Nützlichkeit steigern. So ist die Geographie alles geworden: eine historische Geographie, eine Statistik, eine politische Geographie, eine physikalische, eine Aufzählung der Naturproducte aus allen Naturreichen bis in die kleinsten Insecten- und Moosarten. Sie nimmt alle Farben an, nur ihr eigenes, ihr eigenthümliches Wesen hat sie nicht ausgebildet. Nur ein festes Princip kann sie vor solchen Abwegen bewahren: das Festhalten an der Construction der tellurischen Beschaffenheiten in ihrem Verhältniß zum Menschengeschlechte. Nicht ein zufälliges Aggregat aus den verschiedensten Wissenschaften, nicht als eine Mosaik aus allen möglichen Farben soll sie erscheinen, nicht mit allen bunten Federn anderer Wissenschaften sich zieren. Sie soll sich nur der Resultate der übrigen Wissenschaften zum Verständniß ihres eigenen Wesens bemächtigen, nicht ihrer Einzelnheiten. Sie soll jene fremden Zugaben ihrer Eigenthümlichkeit gemäß beherrschen und verwenden, nicht sich von andern Disciplinen dominiren lassen, sondern als selbständige Wissenschaft auftreten.

Für das Verständniß der M a t h e m a t i s c h e n G e o g r a p h i e sind allerdings die Elemente der Mathematik und Astronomie unentbehrlich. Zur Ortsbestimmung, zum Gebrauch der Instrumente, wie Sextanten, Chronometer, Bussole u. a. gehören Fertigkeiten in der praktischen Astronomie. Zur Orientirung der Länder auf Landkarten, zur Beurtheilung ihrer verschiedenen Projectionen gehören schon Kenntnisse der Trigonometrie und der höheren Mathematik. Wer jetzt durch Reisen die Erdkunde fördern und bereichern will, darf in fremden Ländern nicht ohne astronomische Instrumente erscheinen.

Die politische Geographie bedarf der historischen Studien und derselben Hülfswissenschaften wie das Geschichtsstudium selbst. Denn der Zustand der Länder und Staaten kann nur auf historischem Wege gründlich entwickelt werden. Büschings Europa war ein Meisterstück seiner Zeit. Aber er war weit davon entfernt, die Geschichte in verkümmerter Gestalt in die Schnürbrust der geographischen Compendien hineinzuzwängen.

Auch die Menschen- und Völkerkunde gehört zu dem weiten Kreise der Hülfswissenschaften geographischer Studien. Erst in diesem Jahrhundert hat man Ethnographie und Ethnologie mehr wissenschaftlich, systematisch zu behandeln versucht durch genaueres Studium des Physischen des Menschen, seiner Sprache, Genealogien, und der geistigen Entwickelungsstufen der Völker.

Verschiedene Zweige der Naturwissenschaften sind zur genauern Erforschung der Länder und ganzer Erdtheile und ihrer Producte ein nothwendiges Bedürfniß. Die genauere Beurtheilung des Bodens, der Gebirge, der Ebenen ist ohne Mineralogie und Geognosie nicht möglich.

Die Klimatik, die Kenntniß der klimatischen Beschaffenheiten der Länder, ihrer atmosphärischen Erscheinungen und deren Einwirkungen auf die Organisationen und Entwickelungen der Pflanzen, Thiere, Menschen, ist für die Erdkunde unerläßlich.

Um die Vegetation der Länder, ihre Fruchtbarkeit und die Producte der Pflanzenwelt richtig zu erkennen und zu schildern, ist eine genaue Kenntniß ihrer Flora nothwendig. Aber nicht alle Einzelnheiten der Tausende der Pflanzen sind aufzuzählen, sondern die Gesetze und die Charakteristik ihres geographischen Vorkommens in den Erdräumen sind die zu lösende Aufgabe unserer Wissenschaft. Dann braucht man nicht hundertmal dasselbe im Einzelnen zu wiederholen, wo es Korn, oder Agrumi oder Palmen giebt und wo keine. Es kommt darauf an, den Charakter dieser Floren in ihrem Wesen für die geographischen Erscheinungen darzustellen und nachzuweisen. Eine wichtige Beihülfe für die Anschauung auf diesem Gebiete bieten die botanischen Gärten, die geographisch geordnet sind, wo die Palmenhäuser, die afrikanischen, die australischen Pflanzen, die Orchideen gruppirt beisammen ein Bild ihrer Heimath für das Auge geben.

Botanik und Zoologie sind die wichtigsten Hülfswissenschaften für die angewandten Theile der Erdkunde. Mineralogie, Botanik, Zoologie lehren den natürlichen Reichthum der Länder kennen, der für den Wohlstand der Völker und Staaten, wie für die Richtung ihrer Entwickelung auf Industrie, Gewerbe und Handel von so entschiedenem Einflusse ist.

Indem man die geognostische Construction und die Mineral- und Metallschätze der Erde studirt, die Gesetze der Verbreitung der Vegetation und der Thierwelt kennen lernt, wird auch ein wichtiger Nebenzweig der Erdkunde, die Productenkunde, zu einer Wissenschaft. Sie ist es, welche dem Gewerbe, dem Handel, dem Wohlstande, der Macht und Entwickelung der Völker und Staaten, zusammen mit den Erfindungen, ganz neue Richtungen und Phasen zu geben im Stande ist. Die Bereicherungen eines Erdtheils mit den Producten des andern haben die größten Veränderungen in der Geschichte der Menschheit hervorgebracht. Man denke nur an die Uebersiedelung der Kartoffel aus Amerika nach Europa, des Mais nach Asien; an die weit ältere Verpflanzung von Korn, Weizen und Reis aus Asien nach Europa, sowie fast aller edlen Früchte, die mit dem Obstbau und Weinbau aus dem persisch-syrischen Morgenlande nach dem Abendlande kamen; an die Verbreitung der Colonialproducte und Gewürze, wie Zucker, Kaffee, Baumwolle u. s. w. aus Asien nach Amerika und in alle tropischen Plantagen und Colonien. Man denke an das Suchen nach Gold, Elfenbein und Sklaven im Innern von Afrika, wie in der jüngsten Zeit in Californien und Australien, wodurch große Länderräume entdeckt wurden und ihre Bevölkerung erhielten, u. s. w. Die Auffindung des Platin hat die unbekanntesten Theile der Cordilleren und des Ural entdecken helfen; das Kupfer der Polargegenden die nähere Kenntniß der großen Canadischen Seengruppe vermittelt. Ohne das Aufsuchen der Heimath der Walfische, Walrosse und Seehunde, wie der Pelzthiere, wäre noch heute die Polarwelt völliges Geheimniß geblieben. Die Auffindung der Steinkohlen an hundert Gestaden der Erde, wo man sie zuvor nicht kannte, von Indien und China bis zu den antarktischen Küsten, und in den arktischen bis Nowa Semlja, Spitzbergen und Grönland hat auch auf diesen sonst verödeten Gebieten ein ganz neues Leben erzeugt.

Nicht nur die Continente, auch die Meere und Oceane sind in neuester Zeit ein Ziel wissenschaftlicher Forschungen geworden. Die englische Admiralität hat auf diesem Gebiete das meiste geleistet. Durch ihre Aufnahmen so vieler Küstenländer und Inselgruppen des Erdballs sind fast alle Gestade der Erde bekannt geworden, durch ihre Sondirungen der Meerestiefen, die Messungen ihrer Strömungen, sind die früheren Gefahren der Seefahrten um vieles gemindert. Die Seekarten, welche die Admiralität in London herausgegeben, betragen einige tausend Nummern. Immer sind über ein Dutzend Linienschiffe zu Küstenaufnahmen in allen Weltmeeren verbreitet.

Auch das **Dépôt de la Marine** in Frankreich hat sehr viel geleistet. Ebenso die Marinen der scandinavischen Reiche für den Norden. In jüngster Zeit auch die Nordamerikanischen Vereinsstaaten durch die Küstenvermessung ihres Erdtheils. Der See-Atlas von Maury in Washington über die Wind- und Meeresströmungen im Atlantischen Ocean ist ein Meisterwerk der letzten Jahre, das nur durch die ausgebreitete Marine der Unionsstaaten zu Stande zu bringen war. Auch zu den äußersten Eismeeren des Nord- und Südpoles, zu den Enden der Erde, laufen heutzutage alljährlich Flotten hinaus, wie nie zuvor. Die Nautik macht die lehrreichsten Fortschritte für geographische Wissenschaft.

Allgemeine vergleichende Erdkunde.

Erste Abtheilung.

Die Erde als selbständiges planetarisches Individuum in ihren allgemeinsten Oberflächen-Verhältnissen.

Die Zurundung des Erdballes.

Die Messungsarbeiten über die Zurundung des Erdballes sind zwar noch zu keinem absoluten Abschluß, doch so weit gediehen, daß wir die Erde als einen der Kugelform genäherten, wenn auch keineswegs gleichen, Körper betrachten müssen; als eine Zurundung mit verkürzter Polaraxe, also ein Sphäroid. Die Erde ist ein Körper, der sowohl von Nord nach Süd, als auch von Ost nach West mancherlei Abweichungen von der Kugelform darbietet, ja Discrepanzen von jedem geometrisch regelmäßigen oder idealen Körper nach mathematischen Begriffen zeigt.

Die zugerundete Form des Erdsphäroids ist seit Newton ein allgemein anerkannter Satz. Die Erfahrung der Weltumsegler, der immer runde scheibenförmige Erdschatten auf der Mondfläche bei Mondfinsternissen sprechen dafür. Auch ergiebt sich auf jeder gleichmäßigen Ebene, zumal auf der weiten Meeresfläche, die Krümmung der Erde durch das eigenthümliche Verschwinden oder

Hervortreten entfernter Gegenstände, wie bei Schiffen und Bergen nach untern und obern Enden: nach allen Richtungen hin ein gleichartiges Phänomen. Wir haben bei diesen allgemein bekannten Beweisen für die Kugelgestalt der Erde nicht zu verweilen, sondern wenden uns einigen andern, wenigstens nicht in dem Maße nahe liegenden Betrachtnngen zu.

Sobald die Erde als ein planetarischer Körper ihres Sonnensystems anerkannt ist, bringt es schon die Analogie mit ihren Nebenplaneten, die insgesammt sich als mehr oder weniger gerundete Körper darstellen, mit sich, daß auch sie in gleichartiger Form in das gemeinsame System gehöre. Auch geht die kugelförmige Gestalt nothwendig aus ihrer Rotation um die eigene Axe hervor. Noch schärfere Beweise geben wirkliche Messungen ihrer Größendimensionen und Beobachtungen des Pendels, die an verschiedenen Stationen der Erde angestellt wurden.

Zur wirklichen Ausmessung einer vollkommneren Kugelgestalt hat man nur nöthig, einen der 360 Grade, in welche jeder Kreis zerfällt, zu messen, und die Länge seines Maßes mit der Zahl seiner Grade, 360, zu multipliciren. So erhält man den größten Umkreis und hat auch zugleich den Durchmesser, sowohl des Kreises, wie der ihm zugehörigen Kugel gefunden. Betrüge jeder Grad auf der Erde 15 Erdmeilen, so würde der größte Kreis der Erdkugel = 15 × 360, d. i. = 5400 Meilen betragen, und ihr Durchmesser von Norden nach Süden, wie von Osten nach Westen gleich groß sein, und etwa eine Länge von 1719 geographischen Meilen einnehmen.

Die Methode der Messung eines Grades auf der Erde muß von zwei Sternen ausgehen, die um einen Grad im Himmelskreise auseinander stehen. Von diesen läßt man zwei Verticale auf die Erde fallen, deren Bleiloth die Distanz eines Erdgrades bezeichnet. Dies ist die Aufgabe der Geometrie und Astronomie. Diese Distanz wird nun auf der Erdkrümmung durch die genauesten Instrumente wirkich in natura gemessen. Solche Messungen haben nun gezeigt, daß diese Erdgrade nicht überall ganz genau gleiche Länge haben, die sie haben müßten, wenn die Erde eine vollkommene Kugel wäre. Die Erdgrade gegen den Nordpol hin gaben zwischen den zwei senkrechten Verticallinien eine größere Länge, die gegen den Aequator hin kürzere Distanzen an. Die Krümmung der Erdoberfläche ist also gegen den Aequator hin stärker gebogen, gewölbter, die gegen die Pole hin flacher, abgeplatteter. Als Resultat hieraus ergiebt sich, daß die Erde keine vollkommene Kugel, sondern ein nach beiden Polen abgeplattetes Sphäroid ist, dessen größte Anschwellung gegen die Aequatorialzone stattfindet. Der Polardurchmesser ist also kürzer als der Aequatorialdurchmesser. Wäre der Polardurchmesser länger, so wäre die Erde ein Ellipsoid, was vor Newton französische Geometer annahmen. Hätte der äquatoriale Durchmesser 331 gleiche Theile, so würde die Palaraxe nur 330 solcher Theile haben, oder etwa um 5 geographische Meilen kürzer sein als jener. Dies nennt man das Verhältniß der Abplattung der Erde = $\frac{1}{381}$, wie es frühere französische Messungen angaben.

Fortgesetzte Meridianmessungen und Berechnungsmethoden haben auf verschiedene Stellen des Erdrundes auf verschiedene Abplattungsverhältnisse geführt, die zwischen $\frac{1}{310}$, oder nach Arago's französischen Arbeiten, $\frac{1}{308}$, nach des Astronomen Bessel Arbeiten, bis auf $\frac{1}{300}$ in Europa schwanken, ja vielleicht bis zum Verhältnisse von $\frac{1}{289}$ gehen, d. h. so daß die Polaraxe 288 Theile von derselben Größe enthält, wie die Aequatorialaxe deren 289 hat.

Die größte Schärfe der Beobachtungen, die Vortrefflichkeit der Instrumente und die immer mehr vervollkommnete Methode der Berechnungen macht es nach allen Resultaten dieser mühsamen, seit mehr als einem Jahrhundert schon fortgesetzten Messungen der Meridianlinien und auch einzelner Parallelkreise der Erde am wahrscheinlichsten, daß auch das Sphäroid der Erdgestalt kein nach allen Seiten vollkommen gleichartiges ist (wie denn überhaupt kein physischer Körper einem vollkommen mathematischen in seiner idealen Form gleich sein kann), daß es vielmehr noch manche Abweichungen auch von der Sphäroidalgestalt darbietet, welche erst das fortgesetzte Streben der Wissenschaft nach Jahrhunderten auf das genaueste zu ermitteln im Stande sein wird. So ist es zu verstehen, wenn man die Erde einen polyedrischen Körper genannt hat. Für allgemeine Größen- und Inhaltsbestimmungen der Erde sind die aus jener Ungleichförmigkeit hervorgehenden Unterschiede noch zu wenig ermittelt und auch zu gering für das Erdganze, um in Betrachtung gezogen zu werden.

Bei geographischen Beschreibungen und Abbildungen der Erdkugel verschwindet die angegebene Differenz der Polar- und Aequatorial-Durchmesser, so wie die Abweichung des Sphäroids von der Kugelgestalt, vollends den Sinnen. Bei der Zeichnung eines Kreises selbst von ziemlicher Größe ist das Abplattungsverhältniß der Erde ganz unmerkbar. Hätte der Diameter des Kreises auch $2\frac{1}{4}$ Fuß Länge, so würde die Abplattung noch keine Linie betragen; bei dem Erdglobus von 18 Zoll Durchmesser nur $\frac{7}{10}$ Linie, kaum die Dicke des Papierüberzuges des Globus.

Aber in der Natur selbst ist die Differenz der Diameter, der Abplattungen und wechselnden Abrundungen, von ganz anderer Bedeutung als in ihrem Miniaturbilde. Der quantitative Unterschied ihrer Masse und die damit modificirte Attractionskraft sind für die von der Erde ausgehenden Perturbationen anderer Planeten gewiß nicht ohne Bedeutung. Für terrestrische Verhältnisse selbst muß wohl die charakteristische Ungleichförmigkeit in der Gesammtbildung eines abnormen Erdsphäroids allerdings für mehr als hinreichend angesehen werden, um so manche Ungleichartigkeit ihrer eigenen Oberfläche theilweise wenigstens daraus herzuleiten. Es gilt das vor Allem von der so ungleichartigen Vertheilung von Wasser und Land, die uns in scheinbarer Regellosigkeit, unsere Sinne gleichsam verwirrend, beim ersten Anblick des Erdglobus räthselhaft entgegentritt. Würden uns künftige fortgeschrittene Erdmessungen erst genauer über die Erdconstruction belehren, so könnten wir dann auch hoffen, über die Gesetze jener so willkürlich erscheinenden Vertheilung der Länder- und Wassermassen mehr Aufschluß zu erhalten. Sicher hängt der Stand der Meere und des Oceans wohl seinen Hauptverhältnissen nach viel mehr auch von der eigenthümlich zugerundeten Gestalt der Erde, von den verschiedenen Distanzen der Oberfläche von dem Centrum der Kugel, als von einem von außen her vermutheten verschiedenen Luftdrucke der Atmosphäre, der nicht an allen Stellen ein gleichartiger zu sein scheint, oder von den verschiedenen, doch nur temporären Hebungen großer Striche der festen Erdschale ab. Gegenwärtig erscheint uns die Vertheilung von Land und Wasser fast zufällig; bei einer durchaus vollständigen Kenntniß von den Ungleichförmigkeiten des Erdsphäroids aber würde die scheinbare Regellosigkeit sich zu bestimmten Naturgesetzen reguliren.

Vertheilung von dreierlei Formen über den Erdball.

Auf der Oberfläche der Erde zeigen sich uns dreierlei Formen, welche als eben so viele Hüllen die Erde ganz oder theilweise umgeben. Die elastische (luftförmige), die tropfbar flüssige (wässerige), die starre (feste) oder die Atmosphäre, d. i. Wolken und Lufthimmel; der Ocean oder das Wasser, die Erdrinde oder das Land. Diese Formen haben sich auf verschiedene Art in den äußern Umfang des Erdplaneten getheilt, und ihre räumliche Anordnung ist sehr unterscheidend. Die luftförmige umgiebt und durchdringt das Ganze; die wasserförmige nur einen Theil, aber den bei weitem größten Theil der Kugeloberfläche; die starre, rigide Hülle macht den übrigen sichtbaren, den kleineren Theil der Erdoberfläche aus.

Je dichter, desto mehr sind diese Formen der Mitte der Erde genähert. Die flüchtigste Hülle, der Luftkreis, umgiebt die äußerste Peripherie des Planeten wie ein leichtes Gewand, umhüllt ihn mit Aether, Dünsten und Wolken. Es folgen dann abwärts die schwereren, das Wasser, und dann die Erde und die Felsmassen. Der Mensch und die Organismen leben im Contact mit allen dreien. Mit der Erforschung der Bestandtheile der Verhältnisse und gesetzmäßigen Erscheinungen der Atmosphäre beschäftigt sich die Wissenschaft der Meteorologie. Die Quecksilbersäule ist eine wahre Luftsprache, die uns mit den Veränderungen der Atmosphäre bekannt macht. Mit der Erforschung der Bestandtheile, Verhältnisse und Constructionsgesetze der Tiefen der Erdschichten und ihres Innern die Mineralogie, Bergwerkskunde und Geologie. Die Geographie hat es nur mit dem Conflict der drei Hauptformen an den Oberflächen des Erdballs nach ihren Raumverhältnissen zu thun, und mit den Rückwirkungen von jenen auf diese ihnen angehörigen Erscheinungen. Dieser Conflict der Meteorologie zeigt sich z. B. in der Klimatik und den Phänomenen der untern Luftschichten auf die Erdoberfläche, wie Niederschläge von Schnee, Regen u. s. w. Der Conflict der Geologie und Mineralogie zeigt sich in der Bodenbeschaffenheit der Ebenen, den Gebirgsbildungen, in den Rückwirkungen des Innern, wie des Vulkanismus, den Erdbeben, Hebungen, heißen Quellenbildungen, welche die mannigfaltigsten Veränderungen an den äußern Erdoberflächen bedingen, und in vielem andern. Das besondere Gebiet geographischer Wissenschaft ist daher mit Bestimmtheit vorgezeichnet.

Die elastisch flüssige Form unhüllt gegenwärtig nur noch allein auf eine ununterbrochene Weise das Ganze. Die beiden anderen Formen umgeben das Erdsphäroid nur auf eine unterbrochene Weise. Einst, in einer früheren Periode, bedeckte das Wasser wohl den ganzen Erdball. Die Erforschung und Entwickelung dieser Verhältnisse gehört in das Gebiet der Geologie.

Wir haben es nur mit den Verhältnissen der nachfolgenden historischen Periode zu thun. Gegenwärtig füllt das Wasser nach vielfachen Zurückziehungen nur noch die größern Vertiefungen der Erdrinde aus. Die wasserbedeckten Tiefen nehmen einen größern Raum ein, als die unbedeckten. Hervorragungen: fast drei Theile Wasser und nur etwas weniges über ein Viertheil Land. Die Hauptmassen der Wasser sind die Oceane, die noch nach allen Richtungen hin sich in viele Aeste ausbreiten und eine unendliche Menge auslaufender und zurückführender Zweige haben: Meeresarme, Meerstraßen, Flüsse, Quellen. Das Wasser nimmt geographisch und physikalisch betrachtet eine mittlere Stellung zwischen den beiden entgegengesetzten Hauptformen ein. Seine Eigenschaften: Schwere, Dichtigkeit, Beweglichkeit, Veränderlichkeit halten die Mitte zwischen den beiden extremen Formen der Luft und der Erde. Daher finden sich auch Uebergänge des Wassers zu der einen und der andern Form: es wird zu starrem Eis, aber auch zu elastischem Dunst. Das Wasser der Meere kann an seiner Oberfläche und bis auf eine gewisse Tiefe noch Gegenstand der Untersuchung werden. Man ist in früheren Zeiten nur in geringe Tiefen eingedrungen, zu Cooks Zeiten nur bis 1500 Fuß. Auf den Nordpolarfahrten fand man Tiefen von 7000 Fuß. Capitän Roß maß 1840 im äthiopischen Ocean nahe der Insel St. Helena Tiefen bis 30,000 Fuß, und Capitän Denham 1853 im südatlantischen Ocean sogar 46,000 Fuß, also eine Tiefe, welche die höchsten Berge der Erde fast um das Doppelte übersteigt. Nicht blos einzelne Punkte, auch den Grund ganzer oceanischer Thalboden, die Temperatur, Bewegung, Brandung der untersten Wasserschichten hat man zum Behuf telegraphischer submariner Anlagen neuerlich gemessen, wie zwischen New York und Irland. Die absolut größte Tiefe kann immer noch unbekannt geblieben sein.

Das Innere der Erde bleibt uns verborgen wie das Aeußerste unserer Atmosphäre. Diese Aetherregion steigt als noch immer einen Druck ausübende Luftsäule wenigstens bis 18 und 20 deutsche Meilen über uns empor, von denen man bisher im Luftballon höchstens nur eine Meile, etwa die Höhe des Chimborasso, erreichen konnte. In noch größere Höhen der äußersten Atmosphäre reicht die Grenze der Dämmerung und das Phänomen der feurigen Sternschnuppen, die nur gegen die äußersten Grenzen der Atmosphäre, in der noch ein Verbrennungsproceß durch den Sauerstoffgehalt der Luft möglich wird, sich entwickeln können. Sie gehören daher noch der Erdatmosphäre an, zu der sie auch ihre Bahn und Bewegung abwärts nehmen müssen. Die Astronomen (zumal Benzenberg u. A.) haben jene feurigen Meteore in ihren Entwickelungen in den verschiedenen Höhen von 5 bis 10, 20 bis 34 Meilen absoluter Erhebung über der Erdoberfläche beobachtet und genau nach Zeit, Ort und Direction gemessen [1]). So kann die Atmosphäre auch noch in diesen großen extremen Höhen Gegenstand der Beobachtung sein. Ihre äußerste Grenze wird sie da haben müssen, wo die Elasticität der Luft oder ihre Expansivkraft noch von der Schwerkraft der Erde gefesselt und verhindert wird, sich immer weiter und weiter in dem allgemeinen leeren Weltraume zu verbreiten. Die Gestalt der Atmosphäre müßte demnach dem Rotationsproceß der Erde gemäß auch eine sphäroide sein, über den Polen eine weit größere Abplattung des Luftsphäroids als die Erde annehmen, über dem Aequator aber die Erdatmosphäre viel höher aufsteigen als über

[1]) Es sind diese jede Nacht erscheinenden Meteore verschieden von den nur periodisch im Jahre im August und November an gewissen Localitäten der Erdbahn sich ereignenden sogenannten Sternschnuppenschauern, die einem noch unbekannten Entwickelungsproceß in dem äußern Weltenraum außerhalb der Erdatmosphäre angehören. Sie gehören nicht zu den terrestrischen, sondern zu den kosmischen Phänomenen.

den Polen. Davon würde dann auch die Brechung der Lichtstrahlen abhängig sein.

Beschränkter bleibt die Beobachtung nach den Tiefen, gegen das Innere des Erdballs zu, das uns trotz aller Hypothesen ein Geheimniß bleibt. Weiter als $\frac{1}{6000}$ des Erdhalbmessers, nicht über ein paar Tausend Fuß, drangen bis jetzt unsere tiefsten Schächte nicht in das Innere der Erde ein. In unsern deutschen Gebirgen reichen sie nicht einmal so tief. Im Erzgebirge um Freiberg gehen die tiefsten Gruben bis 1800 Fuß, ehedem wurden sie soweit befahren, jetzt nur noch bis 1300, weil die größern Tiefen ersoffen sind. Aber auch diese senken sich, wegen ihrer hochliegenden Eingänge, noch nicht einmal 100 Fuß unter den Spiegel des Oceans, da die Eingänge in die Gruben, wie bei Freiberg und an andern Orten, schon auf Berghöhen liegen. Im Harz gingen die tiefsten Schachte bis 1872 Fuß; sie werden gegenwärtig nur bis 1500 Fuß tief befahren. In größere Tiefen senken sich in der Nähe der Meere die Kohlengruben in England und den Niederlanden. Zu Whitehaven in Cumberland werden diese bis zu 980 Fuß unter dem Meeresspiegel bearbeitet. Es sanken dort Erdbrüche in noch größere Tiefen hinab, indeß andere Kohlenlager in ihrer primitiven Lage zurückblieben. Die Kohlengrube von Monkwearmouth bei Durham soll noch bis zu einer Tiefe von 1584 Fuß unter dem Meere, bei einer Temperatur von fast 21° Reaumur bearbeitet werden. Die zu Anchin bei Valenciennes, wird bis 1050 Fuß tief bearbeitet. Sie liegt an sich in der Niederung und reicht noch 900 Fuß unter den Spiegel des Oceans. Eine Grube bei Lüttich reicht nach Nöggerath 300 Lachter (1800 Fuß) tief; also 1620 Fuß unter den Spiegel des Meeres, da ihr Eingang noch 180 Fuß über dem Spiegel der Maas liegt. Der Eingang zu den Steinsalzgruben von Wieliczka auf dem Pflaster des Marktplatzes der Stadt Wieliczka liegt schon 765 Fuß über dem Meere; also reichen sie doch nur bis zu 171 Fuß unter den Spiegel der Ostsee hinab.

Künstliche Bohrversuche, um artesische Brunnen zu gewinnen, oder Salzquellen aus der Tiefe an die Oberfläche zu erheben, haben in neuern Zeiten zu größern Tiefen geführt. In Rehme, im Süden der Porta Westphalica hat man die Tiefe von 2160 Fuß erreicht, und aus dieser ein Wasser von 26° Reaumur Wärme, das 4 Procent Salz enthält und als wirksames Soolbad benutzt wird, erhalten. Durch eine sinnreiche Einrichtung der Bohrmaschine könnte man bis 5000 Fuß Tiefe die äußere Erdschale durchdringen. Zu Mondorf bei Luxemburg ist man durch eine 400 Meter (1231 Fuß) mächtige Schicht von buntem Sandstein und darunter liegendem Zechstein bis zu einer Tiefe von 2700 Fuß mit dem Bohrer eingedrungen, und hat hier noch tiefer eine Salzsoole von 22° Reaumur Wärme ermittelt.

Aber Naturgewalten wie Erdbeben und Vulkane können vielleicht noch größere Tiefen aufdecken. Aus den wüthendsten Vulkanen, aus den Eingeweiden ihrer Krater werden die ungeheuersten Massen innerer Erdschichten, die oft bedeutende Berge bilden, und ganze Erdstriche zudecken, herausgeschleudert. Meist sind sie durch Feuer zu Laven und Schlacke umgeschmolzen. Aber nicht selten finden sich auch noch ungeschmolzene Gebirgsstücke eingewickelt, die bei der Eruption keine Zeit zum Schmelzen hatten, und in ihrer natürlichen Gestalt als Auswürflinge, oft als große Felsblöcke, als Proben von in unendlicher Tiefe vorborgenem Gestein, auf den Abhängen der Vulkane zerstreut werden. Doch beziehen sich alle solche Beobachtungen nur auf vereinzelte Localitäten der Erde; die dazwischen bleibenden Lücken können nur durch Schlüsse, Theorien und Hypothesen ergänzt werden.

Endlich führt die Zunahme der Wärme, etwa bei jedem Hundert Fuß um 1° Reaumur in den tiefen Schachten, und die erhöhte Wärme aller tiefen Bohrwasser und heißen Quellen, die aus dem Innersten der Erde an die Oberfläche hervortreten, zu dem Schlusse, daß bei fortschreitender gleichmäßiger Progression dieser Zunahme schon in einer Tiefe von etwa 50 (oder von nur 5) geographischen Meilen das Innere nur im Zustande allgemeiner Schmelzung sich befinden könne. Danach würde also die feste Erdkruste nur etwa in einer Mächtigkeit von 50 geographischen Meilen den äußeren Kranz des inneren allgemeinen Hitzheerdes umgeben. Ein inneres Erdfeuer würde alle Reactionen der Erdwärme und des Vulkanismus auf der Erdoberfläche bedingen, kein dichter Erdkern, sondern eine feuerflüssige Masse vorhanden sein. Licht und Wärme, sagt daher ein geistvoller Geolog, belehren uns über die äußersten Grenzen unseres irdischen Daseins; der Lichtstrahl aus den fernsten Welträumen, der Wärmegrad aus dem Innersten der Erde.

Englische Physiker haben neuerlich die Beobachtungen an einzelnen Stellen der Erdtiefe durch Schlüsse auf den ganzen Umfang der Erdrinde ausgedehnt, eine Schlußweise, die wir nicht für folgerecht halten können, da uns die gleichmäßig fortschreitende Progression der Zunahme unbekannt bleibt. Die Beobachtung zeigt, so sagen sie, daß bei jeden 100 Fuß in die Tiefe der Erde die Temperatur um einen Grad (Celsius) zunimmt. Bei 10,000 Fuß Tiefe gäbe dies die Temperatur des Siedepunkts, bei 120,000 an 1200° Hitze, bei welcher Gußeisen schmilzt und Basalt flüssig wird. Diese Tiefe von 120,000 Fuß ist gleich 5 geographischen Meilen. Diese 5 Meilen vom Durchmesser der Erde (1719 Meilen) verhalten sich nur wie 1 : 344. Den einen Theil nähme also nur die dünne feste Schale der Erdrinde ein. Alles übrige wäre flüssiges Feuer. Das Verhältniß wäre etwa dasselbe wie bei dem Hühnerei das der dünnen Schale zu dem des Flüssigen. Airy basirte auf diese Annahmen die Hypothese, daß die Erdrinde daher etwa gleich den Eisschollen auf dem Wasser auf jenem elastischen Dampf- und Feuermeer schwimme.

So sollen sich Erdbeben, Berstungen und Hebungen aller Art erklären.

Die Flächenräume der flüssigen und festen Formen oder von Wasser und Land.

Der Flächenraum, den die Erdoberfläche einnimmt, wird nach geographischen Quadratmeilen berechnet. Deren gehen 15 Längenmeilen auf einen Grad des Aequators, oder eine deutsche Meile ist gleich 22,843 Pariser Fuß oder 23,661 rheinländischen Fuß. So kann man die Meile in runder Summe gleich 24,000 Fuß angeben.

Beträgt ein Grad des Erdbogens unter dem Aequator als größtem Kreise 15 geographische Meilen, so ist der Gesammtumfang des Aequators oder des größten Kreises 15 . 360 = 5400 Meilen. Der Umfang des Kreises verhält sich aber zum Durchmesser wie 355 zu 113. Ich erhalte also 5400 : 1718 $\frac{315}{355}$ als Durchmesser der Kugel, oder in runder Summe 1719 geographische Meilen.

Der größte Kreis der Kugel = 5400 Meilen mit dem Diameter = 1719 Längenmeilen multiplicirt giebt die Oberfläche der Erdkugel in Quadratmeilen: 9,282,600 Quadratmeilen. Aber dies wäre die Oberfläche für die ideale vollkommene Kugel der Erde. Nun ist die Erde aber keine vollkommene Kugel, sondern ein an beiden Polen abgeplattetes Sphäroid. Daher wird, bei den verschiedenen Annahmen der Abplattung des Erdsphäroids auch die Berechnung der Oberfläche der Erde sehr verschiedene Summen geben. Sie schwanken zwischen der niedrigsten 9,261,000 Quadratmeilen bis zur höchsten 9,280,000 Quadratmeilen. Wir bleiben bei der runden Summe stehen, die zu geographischen allgemeinen Betrachtungen ausreicht. Hier kommt es nur auf charakterische Verhältnisse an, nicht auf ein Eingehen in Specialitäten. Kein absolut gültige Summen konnten auf diesem Gebiete fortschreitender Messungen und unablässiger Berichtigungen des Positiven überdem noch nicht gewonnen werden. Solche Zahlenangaben und Schätzungen sind nur Annäherungen zur Wahrheit.

Auch die Angabe, welchen Antheil davon das Wasser und das Land nehme, muß schwankend ausfallen. Man sagt gewöhnlich, zwei Drittel kämen auf das Wasser und ein Drittel auf das Land, oder drei Fünftel auf Wasser und zwei Fünftel auf Land. Dies sind nur oberflächliche Schätzungen. Auf genauesten Messungen, die durch A. v. Humboldt nach den besten Landkarten und nach den besten Methoden angestellt wurden, beruht die Angabe, daß, wenn man die Oberfläche der ganzen Erde = 1 setzt, das Meer davon 0,734, das feste Land nur 0,266 einnimmt. Das feste Land beträgt daher wenig mehr als ein Viertel, das Meer beinahe drei Viertel der Erdoberfläche. Das genaueste Verhältniß beider ist bis jetzt noch unmöglich anzugeben, aus Mangel an gehörigen Vermessungen der Länder, zumal der fremden Erdtheile, wie der Meere. In den beiden großen abgeplatteten Erdscheiben des nördlichen und südlichen Polarkreises, welche doch zusammen nahe an 800,000 Quadratmeilen einnehmen, ist das Verhältniß von Wasser und Land noch gänzlich unbekannt.

Die geometrischen Aufnahmen der Länder und Meere gehören überhaupt zu den schwierigsten und kostbarsten Unternehmungen. Die erste Vermessung Frankreichs mit der Meridianmessung von Paris vor 150 Jahren durch die Cassini kostete 4 Millionen, die zweite 16 Millionen; und doch war in diesem Jahrhundert eine dritte, noch kostspieligere, durch den Fortschritt der Instrumente und der Wissenschaften nothwendig geworden. Die wenigsten Staaten haben aber so große Summen auf Vermessungen verwendet, wie Frankreich.

Die Ländergebiete Europas sind noch lange nicht alle genau

vermessen, und die der andern Erdtheile noch viel weniger. Noch zu Anfang dieses Jahrhunderts wurde die erste Karte des türkischen Reiches durch einzelne astronomische Beobachtungen am schwarzen Meer von Beauchamp, und die kritische Bearbeitung derselben durch den Astronomen v. Zach auf der Seeberger Sternwarte so sehr berichtigt, daß der Sultan dadurch allein an den Küsten des schwarzen Meeres einen Raum von 800 Quadratmeilen Land gewann, das zuvor als Wasserfläche dargestellt war.

Der preußische Staat hatte 1819 nach den genauesten damals publicirten Vermessungen ein Areal von 5028 □Meilen. Ohne eine einzige Quadratmeile dazu erworben zu haben, enthielt er 14 Jahre später (1833) 5062 □Meilen, also 34 □Meilen mehr als zuvor, blos durch verbesserte Kartenberechnung und Berichtigung früherer Irrthümer. 1845 zeigte sich ein neuer Zuwachs von 18 □Meilen, wovon allerdings 10 □Meilen, nämlich der Kreis St. Wendel am Rhein, wirklich hinzugeschlagen waren; aber 8 □Meilen Zuwachs gingen nur aus den verbesserten Vermessungen von Pommern und der Neumark und ihrer Kartenberichtigung hervor.

Nur solche Specialaufnahmen und fortgesetzte Berichtigungen können zu positiven und kritisch genauen Daten führen. Aber den wenigsten Ländern sind solche kritische Arbeiten zu Theil geworden. Viele Gestadeländer der Erde mit zerrissenen, zackigen Formen, ja die meisten Inseln der Erde, sind noch unsicher bestimmt, ihre Größen noch wenig gekannt. Daher viele Irrthümer der Karten, sowie der Arealberechnungen, oder bloßen Schätzungen ihrer Oberflächen. Die wechselnden Zahlenangaben in der Geographie erhalten durch den noch unvollkommenen Zustand der Wissenschaft ihre natürliche Erklärung. Es ist ein großer Uebelstand, daß die Zahlenangaben in der Compendiengeographie fast alle von einander verschieden sind. Aber noch ist dies ein nothwendiges Uebel. Man muß nur diesen Angaben keinen größern Werth beilegen, als sie verdienen. Wenn ein so kleiner Länderraum, wie der preußische Staat, solcher Berichtigungen bedurfte, wie viel mehr große Länderräume, wie das russische Reich, oder ganze Erdtheile! Bei den Erdtheilen erhöhen öfters die Unbestimmtheit ihrer Landgrenzen, die Frage über die Zugehörigkeit einzelner Inseln u. s. w. die Discrepanz der Angaben.

So bewegen sich die Angaben über den Flächeninhalt von Europa zwischen 153,529 und 182,571 □M. Die niedrigste Schätzung von Asien beträgt 763,208, die höchste 793,946 □M. Afrika wird zu 531,000, aber auch zu 543,570 □M. angenommen. Amerika wird von Einigen auf 667,000, von andern auf 753,000 □M. berechnet. Der Austral-Continent endlich wird zwischen 130,000 und 151,000 □M. bestimmt.

Asien ist demnach etwa 5mal so groß wie Europa, fast 6mal so groß wie der Continent von Australien. Afrika ist 3mal so groß wie Europa. Amerika ist 4mal so groß wie Europa, gleich groß wie Afrika und Australien. Europa ist also gleich einem Drittel von Afrika, einem Viertel von Amerika, einem Fünftel von Asien.

Das Alles sind nur Versuche, auf diesem schwierigen Gebiete in den allgemeinsten Ausdrücken sich der Wahrheit so viel wie möglich zu nähern. Sie reichen für gegenseitige Vergleichungen hin, in denen uns für ganze Begriffe kurze Zeichen Bedürfniß sind. Wir bezeichnen mit Zahlen Hauptverhältnisse der Räume, ohne sie als eine feststehende Basis zu betrachten, auf welche allgemeine Speculationen zu bauen wären. Zu statistischen Betrachtungen der Staaten können nur solche Flächeninhalts-Angaben dienen, die monographisch auf bestimmte Messungen begründet sind; und auch da wird immer große Vorsicht nöthig sein, um nicht zu irrigen Resultaten zu gelangen. Alle Zahlangaben in generellen Verhältnissen sind nur als Ausdruck von Approximation anzusehen, in der Geographie wie in der Statistik und Politik, mögen sie auch in dictatorischer Form auftreten. Wenn der beliebte sprüchwörtlich gewordene (wie so oft von Benzenberg gebrauchte) Ausdruck „Zahlen entscheiden" einen Sinn haben soll, so müssen die Zahlen die richtigen sein, was sie aber oft nicht sind.

Es giebt noch andere Methoden die Größenverhältnisse zu bezeichnen. Man setzt gewisse Größen als Einheit und giebt die Bruchtheile in ihrem Verhältniß dazu an. Wenn z. B. A. v. Humboldt die Erdoberfläche = 1 setzt, dann nimmt das Meer 0,734, das Land 0,266 ein.

Die entgegengesetzte Methode ist es, ein kleines Maß als Grundmaß anzunehmen, wie etwa eine Meile, oder einen bestimmten Flächenraum, wie eine Quadratmeile, und damit die andern Räume arithmetisch zu bestimmen; dies ist die populärste und allgemeinste geworden. Für geringe Größen ist sie auch leicht begreiflich und behaltbar; bei ihrer Anwendung auf sehr große Räume von Hunderttausenden und Millionen hört ihre Anschaulichkeit freilich fast ganz auf, und ihre Behaltbarkeit ist schwierig. In einem Schreiben an Arago schlägt Balachoff vor, lieber eine größere Fläche, einen Quadratgrad der Erde (15mal 15 Meilen, d. i. 225 Quadratmeilen), als Grundmaß für große Erdräume zu gebrauchen, deren Multipla sich leichter behalten lassen würden. Danach würde die Gesammtoberfläche der Erde 41,126 □Grade, und das Land 10,850 □Grade enthalten, das Meer also 30,276, und somit das Verhältniß von $\frac{1}{4}$ zu $\frac{3}{4}$ sich dem Gedächtniß in der Anschauung besser einverleiben.

In Quadratgraden zu 225 □M. würde Europa 796,18, Asien 3365,46, Afrika 2366,39, die alte Welt 6528,03; Nordamerika 2000, Südamerika 1447,28, Oceanien 875, die neue Welt 4322,28; alle Erdfläche 10,820 Quadratgrade betragen. Multiplicirt man diese Summe mit dem zweiten Grundmaß von 225 □M., so erhält man die Gesammtoberfläche von 2,441,250 □M. nach Balachoffs Berechnung.

Für manche Zwecke mag diese Methode nützlich sein, etwa zur Schätzung für das Augenmaß. Die Insel Cypern soll jener Berechnung nach, dem Grundmaße von 225 □M. entsprechen und als Einheit für das Auge eine leichte Schätzung für andere Räume darbieten, zumal zu Vergleichung des Areals anderer Inseln. Aber dieses Grundmaß scheint uns einer irrigen Kartenberechnung zu entsprechen, und überhaupt diese Methode, so plausibel sie erscheint, noch viel mehr Verirrungen unterworfen zu sein, als die directe Kartenberechnung nach Quadratmeilen.

Gegensatz der Land- und Wasser-Halbkugel.

Die Vertheilung von Land und Wasser auf dem Erdball ist, mögen wir uns die Erde in eine nördliche und südliche, oder in eine östliche und westliche Hemisphäre zerlegen, der Quantität nach sehr ungleich.

Die nördliche Halbkugel hat 1,818,000 □M. Land und 2,812,250 □M. Meer, die südliche 606,000 □M. Land und 4,034,250 □M. Wasser.

Die östliche Halbkugel zeigt 1,734,000 □M. Land und 2,896,280 □M. Meer, die westliche 690,000 □M. Land und 3,940,250 □M. Meer.

Die Vertheilung des Landes ist aber auch der Qualität nach sehr ungleichartig und ganz unsymmetrisch.

Die Symmetrie besteht in der Anordnung gleichartiger Theile, die in gleichen Distanzen zu beiden Seiten eines Punktes, einer Linie oder einer Fläche liegen. So sind die mineralischen Krystallisationen in Beziehung auf ihren Kernpunkt, die Pflanzen in Bezug auf die Axenlinie des Stammes, thierische Organismen in Beziehung auf die Fläche ihres Angesichts und die ganze Gestalt symmetrisch. Das Gesetz der symmetrischen Anordnung fehlt bei dem Erdball gänzlich; seine Anordnung ist anderer, nicht so augenfälliger Art, aber in einem höhern Stil angelegt.

Das Land besteht aus mehreren größern und kleinern Massen: die größern nennt man **Continente**, Vesten, Erdtheile; die kleinern **Inseln**, Eilande. Zwei größere Continente ragen über den Meeresspiegel: die sogenannte **Alte Welt** (Europa, Asien, Afrika), und die **Neue Welt** (Amerika). Das Festland Australiens ist der kleinste Continent, oder wenn man will, die größte Insel. Freilich kann man auch die großen Inseln Neuguinea, Borneo, Sumatra, England und Schottland, Java, Neufundland u. a., eben so gut kleinere Continente nennen, wie man andrerseits die Alte und die Neue Welt die größten Inseln nennen wollte. Nur der Sprachgebrauch setzt diesen Ausdrücken ihre Grenze, an sich werden immer nur Relationen dadurch ausgedrückt.

Diese Continente und Inseln liegen dem größten Theile nach auf der nördlichen Halbkugel der Erde (1,818,000 □M.); kaum ein Drittel davon liegt auf der südlichen Halbkugel (nur 606,000 □M.).

Dieselben Continente und Inseln liegen aber auch so, daß die östliche Halbkugel das bei weitem meiste trockene Land darstellt (1,734,000 □M.); die westliche dagegen nur etwa ein Drittel (nämlich 690,000 □M.) der ganzen trockenen Landmasse trägt. Nur Amerika, sonst kein anderer Continent von Bedeutung liegt hier, sondern nur Inseln.

Die größere Masse des trockenen Landes liegt daher auf der nördlichen und östlichen Halbkugel der Erde vereinigt; die geringere Masse der starren continentalen Form auf der südlichen und westlichen zerstreut. Dort, im Nordosten, ist das Gebiet des Oceans am beschränktesten, im Südwesten am unbeschränktesten. So können wir von einer **nordöstlichen Landhalbkugel**, oder der eigentlich **tellurischen** Seite des Erdballs, und einer **süd-**

westlichen Wasserhalbkugel, oder der eigentlich maritimen Seite des Erdballs, oder mit A. v. Humboldt von einer Landhemisphäre und einer Wasserhemisphäre reden.

Die ungefähre Mitte der Wasserhalbkugel nimmt etwa die Doppelinsel Neuseeland, im Centrum der Oceanischen Südwelt ein. Rund umher ragen in dieselbe die Südspitzen und einige Gestadestriche der Continente hinein. Die Mitte der nordöstlichen Landhalbkugel dagegen nimmt Nordwesteuropa, Norddeutschland, Nordfrankreich und England ein. Die Anwohner der Nordsee und Englands sind die Gegenfüßler (Antipoden) der Neuseeländer. Großbritannien mit den umherliegenden Küstenstaaten Frankreich, Holland, Nordwestdeutschland, bilden das Centrum der continentalen Nordwelt. Auf der Wasserhalbkugel liegen die Länder und Inseln in den Meeren als kleine, vertheilte trockene Gebiete, auf der Erdhalbkugel die Meere innerhalb der Länder (Binnenmeere), selbst der Eisocean und das nordatlantische Meer, das nur als breiter Meereskanal sich fortzieht.

So entsteht ein großer Gegensatz der beiden Erdhalben; der größte und wichtigste, den wir nächst dem klimatischen des Nordens und Südens auf der Erde kennen, der von dem überwiegendsten Einflusse auf das Ganze ist. Namentlich mußte diese ungleichartige Vertheilung der Land- und Wasserfläche bei der ungleichartigen Wärmecapacität ihrer Bestandtheile den größten Einfluß auf die Vertheilung der Wärme und die ganze Klimatik der nördlichen und südlichen Halbkugel der Erde ausüben, und das astronomische Klima der kalten, heißen und gemäßigten Zonen mannigfach modificiren.

Diese Einflüsse sind zuerst durch A. v. Humboldt in ihrem großen Zusammenhange hervorgehoben worden. Wir führen hier nur die aus der physikalischen Geographie bekannten Sätze an.

Das Maximum des Wärmegleichers oder Wärme-Aequators liegt weiter nördlich als der mathematische Aequator, weil das

Festland im Gegensatze zum Flüssigen größere Wärmecapacität besitzt.

Alle anderen Linien gleichartiger Wärme oder Isothermen werden in Folge jener Thatsachen ebenfalls aus ihrer Congruenz mit den mathematischen Parallelkreisen der Erdkugel verschoben und verändert.

In der westlichen Halbkugel bleiben die Isothermen-Curven mehr dem astronomischen Klima und der bekannten Zoneneintheilung gleich, als auf der östlichen Halbkugel, weil diese vorherrschend von Land bedeckt ist. Dort, in Amerika, zumal in seinem Norden, findet eine größere Wärmeabnahme in Folge der überwiegenden Masse der Gewässer statt, als auf der Osthalbe der Erde, wo die Erdmasse vorwiegt.

Aus derselben quantitativ so verschiedenen Vertheilung von Land und Wasser mußte auch eine große Differenz der Wärmeverhältnisse hervorgehen. Die Wärme verbreitet sich mit ihrem Einflusse weniger gegen den Südpol der Erde, als gegen den Nordpol. Während in Lappland, Grönland, Sibirien sich unter dem Polarkreise noch Wälder und bewohnte Kirchspiele finden, fehlt auf der südlichen Halbkugel, in derselben astronomischen Breitenparallele jeder Anbau, jeder Waldwuchs.

Die kalte Polarzone wird im Süden dominirender über die temperirte Zone als im Norden des Erdballs. Die Treibeismassen nähern sich im Süden der Polarwelt weit mehr dem Aequator als im Norden.

Noch ein wichtiges, durch A. v. Humboldt und Dove ermitteltes Phänomen, das man auch ein sehr weit verbreitetes nennen kann, reiht sich diesem großen Causalzusammenhange an. Die atlantischen Gestadeländer der Alten Welt sind wärmer als die ihnen in gleichen Breiten gegenüberliegenden Ostküsten der Neuen Welt. Norwegen, England, Frankreich sind wärmer als Labrador, Canada. Spanien, Portugal, Marocco mit der Berderei sind heißer als Florida und Neu Orleans; Congo und Benguela sind heißer als Brasilien, und doch liegen alle vergleichungsweise aufgeführten Länder unter gleicher astronomischer Breite.

Ein analoges Verhältniß wiederholt sich an den Westgestaden Amerikas. Das nördliche Californien ist wärmer als das ihm in gleichen Parallelen gegenüberliegende Japan, Korea und Peking. Doch sind bei diesen schon complicirten Verhältnissen auch andere Factoren wirksam, wie Winde, Meeresströmungen, Höhen u. s. w., die wir späterhin erst zu berücksichtigen haben.

Beide Erdhalben sind also, wie wir sahen, ganz verschiedenartig. Aber zwischen beiden findet, auf der breiten Grenzzone beider, welche wir den großen Gestade-Gürtel des Erdballs nennen, eine beständige Wechselwirkung und Ausgleichung statt. Er durchschneidet vom Cap der Guten Hoffnung Südafrikas im Nordosten der Mozambique-Straße den Aequator unter einem Winkel von 45°, und begreift die Süd-, Südost- und Ostgestade von ganz Asien über China, Korea und Japan bis Süd-Kamtschatka. Dann wendet sich sein Kreisbogen wieder südostwärts, als Längenbegleiter des ganzen Westgestades von Amerika bis Chili, und zur Südspitze Amerikas, die hier den Beschluß aller continentalen Bildungen macht. Die breite Zone dieses Gestadegürtels ist nur an zwei Stellen unterbrochen: in der Behringsstraße und im Südostocean zwischen Patagonien und Südafrika, in ihrer größten Annäherung an die Nord- und Süd-Polarwelt. Sie hat eine analoge Weltstellung wie die gemäßigte Zone zwischen den heißen und kalten Klimaten. Sie theilt den Charakter der Land- und Wasserwelt und genießt die Vortheile beider. Aber sie liegt nicht conform mit den Parallelkreisen, sondern in diagonaler Richtung um den Erdball in der Richtung der Ekliptik. Sie vermittelt die Schroffheit der Gegensätze. In ihr liegen die wechselnden See- und Landwinde, die Striche der Monsune, die am reichsten begabten Gestadeländer im größten Kreise um den ganzen Erdball. Es zerlegt sich dadurch die Gesammtoberfläche des Erdballs in seine drei Haupttheile, die beiden Contraste von starrer oder rigider und flüssiger oder liquider Oberfläche, und ihre Ausgleichung durch den großen und breiten Gürtel des vielfach gegliederten größten Gestadelandes der Erde. In diesem ist die Klimatik die mannigfaltigste, wechselndste, anregendste, productionsreichste in Pflanzen-, Thier- und Menschenwelt. Die Atlantische Gestadezone von mehr partieller Bedeutung für die sich gegenüber liegenden Küsten der Alten und Neuen Welt hat eine den großen Gestadegürtel kreuzende Hauptdirection von Norden nach Süden.

Wenn durch den Gegensatz der Wasser- und der Landwelt so große klimatische Verschiedenheiten von mächtigstem Einfluß auf die Entwickelung des organischen Lebens hervortreten, so mußte jener Contrast auch das Leben und Weben der Menschen und Völker in ganz verschiedenen Formen und Entfaltungen zur Erscheinung kommen lassen. Dies gilt schon von ihren Naturzuständen. Der Bewohner der Wasserwelt war nur auf seine nächste Nachbarinsel angewiesen, aus ihrem beschränkten Kreise war sein eigener Genius ihn zu befreien nicht im Stande. Mehr noch ergiebt sich ein Unterschied in den Culturgeschichten der Völker, die einen ganz entgegengesetzten Gang der Entwickelung genommen haben.

Die an einander gedrängte Landwelt mußte sich zuerst anregen, entwickeln, cultiviren, die Wasserwelt Jahrtausende länger einen Haufen roher Völkergruppen beherbergen, bis die Schifffahrt entdeckt und die Weltschifffahrt vervollkommnet war. Erst dann konnte sich ein traditionelles Band der Civilisation um alle Völker auch der Wasserwelt schlingen. Erst der Europäer mußte in der Australischen Inselwelt seinen Antipoden Cultur bringen.

Nur eine dunkele Ahnung konnten die Alten von solchen allgemeinen Naturgesetzen haben, da ihnen der höhere Standpunkt der wissenschaftlichen Ueberschau bei ihren noch geringen Welterfahrungen fehlte.

Aber Strabo's Scharfblicke entging doch der große Contrast der trockenen Land- und der feuchten Wasserwelt auf die Organisation des Menschen nicht völlig. Er ist in einer Stelle seines funfzehnten Buches wenigstens angedeutet. Dort ist von der gefeuchteten Luft Indiens, die im Gegensatz der trockenen Luft Libyens nährender und zeugungsfähiger wirke, die Rede. Und dies wendet er nun auf die menschliche Bildung des Aethiopen und des Inders an. „Mit Recht geben Andere der Sonne die Schuld, daß sie bei starkem Mangel oberflächlicher Feuchtigkeit mit ihrem Strahl sich in die Leiber einbrenne; daher wir auch den Inder nicht so kraushaarig und so vollschwarz sehen, wie den Aethiopen, weil jenem feuchte Luft zu Theil wird."

Die Weltstellung der Erdtheile und deren Einfluß auf den Entwickelungsgang der Geschichte.

Außer den dreierlei Formen ihrer Vertheilungen der Flächenräume des Festen und Flüssigen, und des Gegensatzes von Wasser und Land, führt auch die Stellung der Länder zu einer andern, für das Ganze der Erdoberfläche wichtigen Erscheinung.

Es liegt die Frage nahe, welche Stellung die einzelnen Hauptgebiete des Erdlandes oder die Erdtheile, wie wir sie nun einmal herkömmlich zu nennen pflegen, auf dem Erdenrund sowohl gegen das Gesammte, als einzeln genommen gegen einander erhalten haben. Welchen Einfluß hat das sich Nahesein der Landmassen, oder ihre Auseinanderrückung auf ihre Entwickelung haben müssen, oder haben können? Ist die Anordnung der Landmassen nur zufällig, oder gleichgültig? Ist sie blinden Naturgewalten ins Zwecklose hinein überlassen geblieben? Oder erkennen wir auch hier einen organischen Zusammenhang, ein Ziel des Fortschrittes der Entwickelung zu einem großen System? Und ist es dann nicht die Aufgabe der Wissenschaft, sich dieser Idee des Systemes bemächtigen zu lernen, durch solche Forschung erst innern Zusammenhang und Einheit zu gewinnen?

Bei dem Sonnensysteme hatte man von Anfang an die Größen, die Entfernungen, die Abstände und Annäherungen der einzelnen Planeten ins Auge gefaßt, auch die Verhältnisse ihrer gegenseitigen Stellungen auf das genaueste untersucht. Bei dem Erdsysteme hatte man dies übersehen, weil die Räume der Landmassen nicht wandelbar waren. Um desto bedeutender ist der gegenseitige Einfluß durch ihre Fixirung geworden. Ist auch hier kein mechanisches Gravitationsgesetz zu verfolgen, so tritt in dem physischen und organischen Leben dieser Erdräume ein eben so gewaltig gegenseitig gravitirendes, dynamisches Gesetz anziehender und abstoßender Kraftäußerungen hervor, das nicht durch die Mathematik, sondern durch das Licht der Historie aus seinem Dunkel hervortreten konnte. Es leuchtet von selbst ein, daß ein solches Verhältniß der Gegeneinanderstellung oder der grandiosen Gruppirung der Erdmassen in tellurischen Räumen nicht ohne einen großen Einfluß auf die vor- oder rückschreitende Ausbildung ihrer Bevölkerungen, die natürlichen Verbreitungen, Ansiedelungen, Verbindungen der Völker und Staaten: kurz auf den ganzen Entwickelungsgang der Menschen-, Völker- und Staatengeschichte gewesen sein kann. Sollte eine höhere Weltmacht die Erdtheile aus ihren gegenwärtigen Stellungen in andere verschieben, so würde daraus eine andere Weltgeschichte der Menschheit hervorgehen.

So giebt es ein räumliches Grundelement aller Geschichte; so existiren beachtenswerthe große Gesetze der Anordnung.

Das an mathematische Umgrenzungen gewöhnte Auge hat über die Erde ein mathematisches Netz von Längen- und Breitengraben gezogen. Aber solche geradlinige Begrenzungen lassen sich hier in Beziehung auf Weltstellung nicht ziehen. Nicht einmal eine Symmetrie läßt sich nachweisen, die noch zu den Kennzeichen der Krystalle und der organisirten Körper der Naturreiche gehört. Im planetarischen Leben waltet überall ein viel freieres Spiel, ein mannigfacheres Ineinander- und Uebergreifen der Kräfte und Formen; eine höhere Anordnung, die erst später, und auch dann nur erst in elementarsten Umrissen begriffen werden konnte. Wir bleiben bei diesen elementaren Andeutungen stehen.

Als ein deutliches Gesetz der Anordnung des Landes auf der Erdoberfläche erkennen wir

Die pyramidale Südgliederung aller Ländermassen gegen den Ocean.

Das Uebergewicht der trockenen Landmasse ist vorherrschend gegen den Nordpol angehäuft. Südwärts von 55° südlicher Breite kannte man lange kein Festland mehr, und was man in den letzten Jahrzehnten dort vorgefunden und Südpolarland genannt hat, sind Inseln und scheinbar langgestreckte Eisküsten, deren Continentalbestand noch sehr problematisch ist. Den Nordpol umlagern dagegen die beiden großen Landvesten der Alten und neuen Welt in gewaltigen Breitenausdehnungen bis gegen den achtzigsten Grad. Dort nähern sich ihre auslaufenden Glieder, wie in der Behringsstraße, bis auf wenige Meilen. Und selbst die Entfernung Nordwesteuropas bis Island und Grönland ist nur gering gegen die Südenden der Continente, die eben so viele Tausende von Meilen auseinander stehen, wie jene nur Hunderte. Wenn gegen Norden Expansion, so herrscht gegen den Süden Contraction der Länder vor. Die Körper der großen Erdtheile verlaufen sich da in keilförmig ausgehende Länder, Halbinseln, bloße Spitzen, Caps und Inseln. Das haben schon Baco von Verulam, J. R. Forster, Steffens nachgewiesen: Amerika im

Cap Horn bis 55°, Australien in Van Diemensland bis 45°, Afrika im Cap der guten Hoffnung bis 35°. A. v. Humboldt hat diese kegelförmige Südgestaltung der großen Erdtheile den pyramidalen Bau des Südens genannt. Er trug zur verminderten Wärme der Südhemisphäre bei und gab den nördlichen Populationen der Erde bei weitem das Uebergewicht über die Völker der südlichen Erdhälfte, sowohl der Zahl nach als nach jeder Seite der geistigen und höheren Entwickelung.

Aber nicht blos die Südenden der drei Erdtheile zeigen diesen kegelförmig gegliederten pyramidalen Bau; er wiederholt sich auch im Norden in den reichen Gliederungen der Südenden von Europa und Asien. In Europa entdecken wir unser Gesetz in den gesonderten Gliederungen von Spanien, Italien, Griechenland, Morea, der Krim, selbst in den scandinavischen Südspitzen von Norwegen und Schweden. Noch grandioser wiederholt sich südlich-pyramidale Gliederung in Asien mit Arabien, Vorder- und Hinterindien, Korea, und bis nach Kamtschatka und Californien hinauf; ebenso in beiden Hälften Amerikas. Ausnahmen sind selten. Bei Großbritannien schaut die Spitze nach Norden, die Breite nach Süden, was mit ganz besondern Umständen zusammenhängt und als besondere Eigenthümlichkeit erscheint. Die Insel hat für sich einen individuellen Charakter in der Mitte der Landwelt erhalten.

Man hat versucht, sich dieses merkwürdige strahlige, fast sternförmige Auseinanderfahren der starkgegliederten Extremitäten aus einer gemeinsamen compacten Mitte der Erdmassen (wie sich die ganze Ländergruppe in der Horizontalprojection der Kugelfläche, vom Nordpol aus gesehen, so frappant darstellt) auch genetisch zu erklären.

Nach Klöden's scharfsinniger Hypothese muß jene Erscheinung aus den Rotationsbewegungen des Erdballs in seiner Entstehungsperiode, bei dem Uebergange aus dem flüssigen Zustande, während der Erstarrungsperiode in einen festen hergeleitet werden.

Link suchte die Gründe für die Anordnung der Landmassen in derselben Periode des Festwerdens der Erdoberfläche und schrieb sie der bei der Erstarrung nothwendig frei gewordenen elektrischen Affection zu, welche gleich den Lichtenbergischen Figuren auf dem Elektrophor die eigenthümliche Gruppirung der trocken gewordenen Theile auf dem Erdenrund bewirkt habe.

Eine dritte Ansicht drang sich schon J. R. Forster bei seiner Weltumseglung auf. Er glaubte die Gesammtbildung dieser zerrissenen Südenden der Erde einer großen Wasserfluth zuschreiben zu müssen, deren Zerstörung vom Süden gegen Norden und Nordwesten ausgegangen sei. Daher der Parallelismus der Gliederungen und der Einfurchungen über das ganze Gebiet der alten Welt, die steile Vorgebirgsbildung aller Südenden, die breitere Erweiterung aller Gliedermassen gegen Norden. In zwei Durchbrüchen im Atlantischen breiten Kanal, und im engen Kanal der Behringsstraße haben sich zwei Strömungen gegen den Norden Bahn gemacht, indeß alle anderen ihren Widerstand im Hohen Asiens fanden, daher nur particuläre Straßen, Golfe und Einrisse in die Oberflächen bildeten, die sich dann als Seen zeigen. Die durch Pallas zuerst entdeckte, unter den Erdschichten abgelagerte vorsündfluthliche Pflanzen- und Thierwelt schien ihm als Transport aus den Tropen nach dem hohen Norden seine Hypothese zu bestätigen.

Schon Link hat das Unhaltbare dieser Hypothese nachgewiesen [1]). Aber die Thatsache der Gestaltung schien ihm der Be-

[1]) Das Specialstudium dieser niedergelegten Producte hat gezeigt, daß jene Palmenwälder, Thiere u. s. w. wohl Analogie mit den südlicheren haben, jedoch dem Norden angehörten. Sie waren nur einer früheren Zeit eigenthümlich. Auch dürfte nicht anzunehmen sein, daß bei einer so gewaltsamen Fluth ganze Gerippe, Bäume mit Früchten, so erhalten vom Süden nach dem Norden gelangen konnten.

achtung der Geologen würdig; sie ist es für den Geographen nicht weniger. Sie wird ihm bei Betrachtung eines Globus wie einer Landkarte in Mercatorscher Projection einen Schatz von interessanten Anschauungen, Vergleichungen und Reflexionen zuführen, dessen Benutzung zur elementaren Auffassung der Länderformen für den Unterricht sehr zu empfehlen ist.

Pisis folgt einem geometrischen Constructionsgesetze; Necker, Brewster und Dana leiten die Anordnung von magnetischen und andern Gesetzen ab. Wir bleiben hier bei der Thatsache stehen, ohne ihre Entstehung nachweisen zu wollen.

Ein genaueres Studium der Gruppirungen der Länder- und Wassermassen bietet auch noch interessante Vergleichungen mit den Oberflächenbildungen andrer Planeten (wie des Jupiter), zumal aber des uns nahen Mondes dar. Wiederum muß die Oberflächenbildung des Mondes bei der ihm so eigenthümlichen, von der tellurischen so gänzlich verschiedenen Gestaltung zu Aufschlüssen über seine Bildung führen. Auf eine solche systematische Uebersicht einer Gesammtgruppirung der Mondoberfläche ist das classische Werk von Beer und Mädler bei einer getreuen Aufnahme der Mondscheibe eingegangen. Noch andere Anordnungen der Gesammtmassen werden weiter unten hervortreten; hier bleiben wir nur bei dieser einen allgemeinsten stehen und gehen ebenso zu der

Gegeneinanderstellung der Erdtheile unter sich und gegen das Ganze über.

Die Stellung der einzelnen Erdtheile gegen einander ergiebt sich aus ihrer Lage nach den Weltgegenden. Nach diesen haben die Völker in ältester Zeit die kosmischen Gegensätze ihrer Wohnorte bezeichnet.

Asien wurde das Morgenland, Europa und das nördliche Afrika das Abendland, Hesperien genannt. Im Süden lagen die heißen Länder der Aethiopen, im kalten Norden die der Hyperboräer.

Dieser vierfache Gegensatz war viele Jahrhunderte allgemeine Volksansicht, ehe die künstlich gesonderte Ansicht in Erdtheile zur Phönicierzeit (wie Herodot angiebt), allgemein werden konnte. Wirklich ist ein solcher kosmischer Gegensatz in der geographischen Lage auch vollkommen begründet und in Harmonie mit der ganzen Natur und Geschichte der Erdtheile und ihrer Bewohner. Mit Asien, dem Orient, verbinden wir in jeder Hinsicht den Begriff des hohen Alterthums, mit Europa, dem Occident, den der verhältnißmäßig neuern, jüngern Zeit. Wie Aufgang und Niedergang, Morgen und Abend, so contrastirt zwischen beiden Erdtheilen wirklich Alles was sie betrifft.

Die ganze Entwickelungs- und Culturgeschichte des Westens ist aus der des Ostens in ihren Anfängen hervorgegangen. Der Orient ist für uns nicht blos kosmisch der Sonnenaufgang, sondern auch historisch die Wiege der Menschheit, der Völker, und der sich bildenden Herrschaften politischer, religiöser und kunstwissenschaftlicher Art. Alle alten Königsgeschlechter kommen vom Aufgange der Sonne, alle leiten sich von ihr ab, die indischen Sonnengeschlechter wie die persischen, sakischen, scythischen, kaukasischen. Der Occident zeigt nur den Fortschritt des geistiger entwickelten Völker- und Staatslebens. Von den Alten durch das ganze Mittelalter, von Homer bis auf Dante's Purgatorio ist der Westen mit dem Fortschritt und dem Untergange im Todtenreiche, dem Hades und den Inseln der Seligen in Verbindung gesetzt. Daher finden Uebergänge aus dem Morgenlande zum Abendlande statt und umgekehrt. Baktrien, Indien ist dem Vorderasiaten sein Morgenland, Syrien sein Abendland. Den Griechen war Anatolien das Morgenland, Italien mit Sicilien ihr Hesperien. Dem Römer wurde Spanien zu seinem Hesperien, und so entwickelte sich der Begriff immer weiter.

Zwischen Orient und Occident, auf der Südseite des Erdballs, liegt die Libya der Alten, dem hellen, heißen Mittage zugekehrt. In der Mitte der Erde, zu beiden Seiten des Aequators ausgedehnt, nicht etwa am Südpol, ist der wahre Süden der Erde, wie der Mittag in der Mitte der Erde. Dort müssen wir die Phänomene der Tropenwelt in ihren Culminationen, in ihren heißesten und dürrsten Extremen, im äthiopischen Sonnenbrande der Aequatorländer studiren.

Die weiten Breiten der nördlichen Polarländer bilden den wahren kosmischen wie physikalischen Gegensatz zum Orient und Occident, ebenso wie zum libyschen oder afrikanischen Süden des Erdballs. Sie lagern sich als eine flache von Wassern vielfach durchschnittene Erdscheibe rings um den Nordpol herum. Und wo die Verbindung starrer Länderformen etwa nach oben, durch Meeresgassen unterbrochen erscheint, da findet doch eine merkwürdige submarine Verbindung continentaler Wirkungen durch plutonische Phänomene statt. Alle continentale Verlängerung dahinaus fällt ziemlich regelmäßig in eine mittlere Grenze mit dem 70° N.Br. zusammen, wo das Nordcap in Europa, Cap Schalagskoi im Tschuktschenlande in Asien und Gishap und Bathurst-Cap und die Fury- und Heklastraße diese Ausdehnung bezeichnen. Aber nördlich dieser Straße und des Georgia Archipels beginnt die große Gruppe der circumpolaren Inselgruppen.

Die schmale Meerenge der Behringsstraße, welche Nordostasien von Nordwestamerika scheidet, hat nur eine Breite von 12 Meilen; sie ist der Durchbruch des schmalen kamtschatkischen Küstenmeeres in die Polarsee. Viel breiter dagegen ist im Westen das Atlantische Nordmeer zwischen Nordwest-Scandinavien und Nordost-Amerika. Und doch ist es im Vergleich der viel breitern Wasserfläche des südäthiopischen Oceans nur eine schmale Meerenge. Das nördliche Norwegen (unter 70° N.Br.) ist vom nordöstlichen Grönland kaum 200 Meilen entfernt. Dagegen sind die Südenden der Alten und Neuen Welt Tausende von Meilen auseinander gerückt.

Merkwürdig, daß im Norden der continentalen Erdkugel, wo nur schmale Küstenmeere die Erdtheile trennen, noch vulkanische und plutonische Kräfte thätig sind, die fort und fort an einer submarinen Verbindung beider Continente arbeiten.

In dem Kamtschatkischen Küstenmeere liegt die über 200 Meilen lange Inselkette der Aleuten, die man nicht mit Unrecht eine vulkanische Inselbrücke von Asien nach Amerika genannt hat. Sie besteht aus mehr als hundert Inselchen, Felsen und Klippen, unter denen gar manche erst seit Menschengedenken aus dem Meere emporgehoben wurden [1]). Grewingk hat über funfzig wüthende Vulkane in dieser Inselreihe nachgewiesen. Eine andere Vulkanreihe setzt sich sporadischer in den Kurilen gegen Süden, nach Japan zu, gegen den Norden gedrängter in der Landzunge Kamtschatkas fort. Dort kennt man zehn bis 10,000 Fuß hohe Vulkane.

Dieselbe submarine plutonische Thätigkeit war einst im höchsten Grade auch zwischen Nordwesteuropa und Amerika, zwischen Norwegen, Island und Grönland wirksam. Und sie ist es noch immer in hohem Grade, wenn auch einzelne Glieder erstorben sind. Nie jedoch hat sie eine so dicht zusammenhängende Reihe, wie die Aleuten gebildet, sondern ist in einzelnen weit aus einander gerückten großen Küstenstellen und Inselgruppen hervorgetreten. Die Pfeiler einer großen submarinen plutonischen Meeresbrücke zwischen beiden Continenten sind vorhanden, aber nur ein Theil ist so sichtbar aus dem Meeresgrunde emporgehoben. Dazu

---

[1]) Im Jahr 1806 wurde das Emporsteigen einer solchen Insel der Aleuten mit einem Pik oder Kegelberge in der Mitte, die vier deutsche Meilen im Umfange hatte, von den Naturforschern v. Langsdorf und Tilesius beobachtet. Sie heißt Umnak, liegt unter 53° N.Br. im Norden der großen Insel Unalaschka.

gehören die Küstenketten Norwegens und Schottlands, Irlands; die Orkaden, Shetland, Hebridische Inselgruppe, die Faröer mit ihren blasigen, zersprengten Höhlen und Felsenwänden; die große Insel Island mit ihren Lavastrecken, heißen Quellen und Vulkanen; die Jan Mayen-Insel zwischen Spitzbergen und Island, mit ihren furchtbaren Feuerauswürfen, und die Ostküste Grönlands; wie selbst noch weiter gegen Süden die Gruppe der Azoren, aus deren Mitte eine Insel, Sabrina, in anderthalb Jahrhunderten dreimal aus der Tiefe des Meeresgrundes durch Feuergewalt emporgehoben wurde, 1638, 1723 und 1811.

Vorherrschende gegenseitige Annäherung, submarine wie continentale, ist also Charakter der arktischen Polarländer. Europa hat an demselben glücklicher Weise nur in kleineren abgerissenen Küstenstrecken und Gliedern Antheil. Er verschwindet gegen die ungeheuren nordischen Flächen Asiens und Amerikas, ganz Sibirien, Nord-Canada und Eskimoland, sammt den vorgelagerten zahlreichen Inselgruppen.

Diese Polarländer sind nicht auf gleiche Weise, etwa durch Meere oder sonstige Naturverhältnisse, gegen Süden absolut von ihren Nachbargebieten geschieden oder gesondert. Denn der mathematische Polarkreis unter $66\frac{1}{2}^{\circ}$ N.Br. ist nur die astromomische Erleuchtungsgrenze der Polarwelten, aber keineswegs die physikalische Grenzscheide. Die Polarnatur reicht in vielen meteorologischen und den meisten organischen und ethnographischen wie sonstigen physischen Erscheinungen oft weit darüber hinaus, hier und da zieht sie sich auch wohl nördlicher zurück. Wäre das Polarland durch bestimmte Meeresgrenzen oder sonst abgeschieden, wie dies auf der südlichen Halbkugel der Fall ist, so würde die Polarwelt noch viel isolirter geblieben sein, als sie es wirklich ist. Eben dieses Eingreifen der Polarwelt in ihre südlichern freundlichern Nachbargebiete von Europa, Asien und Amerika sollte ihr die Uebergänge zur Civilisation erleichtern.

Dennoch bilden die Polarländer, der Weltstellung nach, immer nur eine große Ländergruppe, die ein geographisch Zusammengehöriges ausmacht, in größter Einförmigkeit ringsum den Nordpol im Kreise umlagert, und überall gleichartige Erscheinungen in Natur- und Völkerverhältnissen darbietet, eben so wie die oft weit aus einander gerückte Tropenwelt. Solche gleichartigen Erscheinungen können ihrer Weltstellung nach immer nur als Ein großes Ganze betrachtet werden. Daß sich untergeordnete Modificationen vorfinden, je nach den Verschiedenheiten der drei Erdtheile Europa, Asien und Amerika, versteht sich von selbst, aber nichts Wesentliches wird dadurch geändert. Im Polarland hört die Bedeutung der künstlichen Abtheilungen in verschiedene Erdtheile auf. Die alte Welt ist hier der neuen Welt gleich.

Der Charakter der Polarwelt in Lufterscheinungen, in Thier- Pflanzen- und Menschenwelt ist die Monotonie. Selbst Lappland, das sich am weitesten von dem Kern der Polarwelt als europäischer Antheil entfernt, zeigt in seinen gerundeten und abgeschliffenen Granit- und Gneisflächen mit starker Zerklüftung der Felsarten dieselbe Einförmigkeit. Die Syenitbildung seiner Berge am Imandra-See zeigt dasselbe Gefüge wie die Inseln im Weißen Meere und an Grönlands Gestaden. Die Kuppen der Berge sind alle statt grün weiß von Lichenenüberzügen des Rennthiermoses. Wie die geognostische, die plastische, die vegetative, so auch die Thierwelt. Ueberall Bären, Füchse, Rennthiere, Seehunde und Walrosse: auch die gefiederte Welt ist monoton, und nicht minder endlich die Menschenwelt.

Amerika bildet allein die ganze westliche, in jeder Hinsicht selbständige Landhalbe der Erdkugel, den jüngeren Occident, der sich aber durch die Erbschaft der Vergangenheit fast eben so zur Selbständigkeit erheben konnte, wie Europa. Den Orient der alten Welt, Asien, hat er in Industrie und Civilisation weit überflügelt.

Die Alte Welt war für Amerika der Anfang, sein Aufgang, sein Orient, aus dem ihm aller Wahrscheinlichkeit nach seine Vorgeschichte, Sage und Cultur hervorgegangen war. Seine ältesten Denkmale in Religion, Architektur und Kunst, die wir nach und nach immer vollständiger kennen lernen, schließen sich, wie verschieden sie sein mögen, an den Stil der alten Welt im Süden. Hieroglyphenschrift fand sich bei den Peruanern und Mexicanern. Eben so die Einbalsamirung der Fürsten; die Kalendereinrichtung auf Kalendersteinen. Dies alles erinnert an den Orient, zumal ist die Annäherung an den indischen Stil nicht zu verkennen.

Der historische Charakter der Neuheit im Gegensatz der Alten Welt ist in Amerika's Entwickelungsgeschichte viel hervortretender als sein etwa jüngerer physikalischer Charakter, den man seit Buffons Theorie ihm hat zuschreiben wollen. Danach supponirte man, Amerika sei erst später aus dem Wasser hervorgetreten, weil es auch heute noch viel mehr als die Alte Welt in Wassern liege und die Feuchte auch auf seinem Trocknen vorherrsche; weil alle thierischen Organismen die Colossalgrößen der asiatischen Welt, wie Elephant, Rhinoceros, Krokodil, Schildkröten, Affen- und Schlangenarten u. s. w. nicht erreichen. Aber in jedem Falle ist der Name der Neuen Welt nur im historischen Sinne festzuhalten.

Mit dem Bekanntwerden Amerikas beginnt wirklich eine neue Periode der Menschen-, Völker- und Staatengeschichte. Denn wie der enge Wohnkreis wurde auch der menschliche Gedankenkreis dadurch zu einer höhern Stufe in der Ideenwelt erhoben. Die Alte Welt war allerdings historisch früher entwickelt und auch höher ausgebildet als die Neue Welt. Aber auch in ihr mußte, bei ihrer damals nur erst theilweise planetarisch möglichen Entwickelung, die Existenz des Menschengeschlechts in ihrer Unvollständigkeit beharren. Nun erst wurde Gesammtentwickelung aller Kräfte und Anlagen des Menschengeschlechts durch die vollständige Kenntniß seines ganzen Erziehungshauses, des Erdballs, möglich.

Daher mußte aber auch die nur abgesonderte einseitige und nur theilweise Entwickelung der ältesten amerikanischen Bevölkerung in Mexico, Peru, Yucatan fast spurlos in ihrer halb errungenen Civilisation auch wieder erlöschen, weil sie von allgemeiner fortschreitender, menschlicher Entwickelung abgeschieden geblieben war. Nur in ihren Stein-Architekturen etwa konnte sie die Jahrhunderte überdauern, nicht in der Beschränktheit ihrer Ideen. Selbst in ihren Urstämmen mußte sie darum untergehen und durch andere Generationen ersetzt werden, wie Canaan durch Israel unterging. Dies war schon durch das natürliche Auseinanderstehen der Erdräume bedingt und in der Gesammtanlage des Planeten begründet. Ja, wäre Amerika früher schon, vor der allgemeinen Verbreitung des Evangeliums und der Festwurzelung der Kirche entdeckt worden und bekannt geblieben, so wäre das zu früh gewesen. Dann möchte dort, unter dem blutigsten Molochdienste, der Sieg des Heidenthums seine größten Triumphe haben feiern können. Denn für eine höhere sittliche Entwickelung war dort noch kein Raum gewonnen.

Als Gegensatz der ganzen continentalen Halbkugel liegt in der Mitte der Wasserhalbkugel im größten Wasserbecken der Erde der Erdtheil Australien, das kleinste isolirte Festland oder die größte Insel. Er bildet den Hauptstamm oder Körper der Oceanischen Inselwelt, die in mehreren hundert Gruppen von Eilanden umher vertheilt ist. So charakterisirt der Name Australien seine Weltstellung im Austral-Ocean allen anderen Erdtheilen gegenüber: Australien ist die oceanische Südwelt der Erdkugel; Afrika ihr continentaler Süden.

Wie die Erde zwei magnetische Nordpole und zwei nordische Kältepole, nämlich den sibirischen im Norden des Baikal, östlich des Taimura Cap (110° OL. Greenw.) und den amerikanischen in der Nähe der Melville Insel (102° WL. Greenw.) besitzt, so hat sie auch zweierlei Südpole im physikalischen Sinne, einen doppelten Süden, den continentalen in Libyen, den maritimen in Neuholland.

Räumlich am entferntesten von allen wurde die australische Südwelt auch zuletzt in den Kreis der cultivirten Völkergemeinschaft aufgenommen. Dagegen nimmt die Civilisation der Menschheit dort, wenn auch nicht ihren höchsten, doch ihren raschesten Fortschritt, ihren schnellsten Aufschwung; sie hatte Jahrhunderte in Jahrzehnten zu durchlaufen, um nicht hinter der Gegenwart zu weit zurückzubleiben.

Seit der Entdeckung der bewohnbaren Landschaften Australiens (durch Cooks erste Umsegelung 1770) ist noch kein volles Jahrhundert verflossen, und überall sind schon Städte, Staaten, Colonien mit europäischer Cultur, Sitte, Gewerbe, Handel, selbst Kunstfleiß und Wissenschaft, in nicht geringer Anzahl aufgeblüht, wie in Sidney, Tasmania, Neuseeland, Sandwich-Inseln. Dieser jüngste Erdtheil hat sich schon mit alle den Vortheilen vielfach und auf eine verhältnißmäßig rasche Weise bereichert, welche die Völker der andern Erdtheile seit Jahrtausenden sich erst mühsam zu erkämpfen und zu erringen hatten. Ganz so, wie jede jüngere Generation den Gewinn der frühern als Erbtheil empfängt; was sie sich freilich auch im Bewußtsein gegenwärtig erhalten sollte.

Je mehr sich die Welt mit Ideen bereichert, sagt A. v. Humboldt, desto rascher wird, unter solchen Verhältnissen, die Progression ihrer Entwickelung sein.

Und diese Wahrheit führt unabweisbar auch von historischen zu geographischen Betrachtungen.

Das historische Element in der Geographischen Wissenschaft.

Indeß so manche Landschaft im continentalen Gebiete der Erde früher eine Stätte hoher Cultur, eine Wiege der Künste und Wissenschaften aus höherem Culturzustande schon wieder in Einöden oder Barbarei zurückgesunken ist, so schreitet die gesellschaftliche und politische Cultur der Völker und Staaten in jenen oceanischen Fernen, auf der mehr maritimen Seite des Erdballs, in jugendlicher Kraft mit raschen Schritten voran. Der Entwickelungsgang ist ein ganz anderer geworden. Entfernungen, Raumunterschiede, Natureinflüsse, selbst Naturproductionen aller Art, weichen immer mehr in ihrem bedingenden Einfluß auf das Persönliche der Volksentwickelung zurück. Oder mit andern Worten: das Menschengeschlecht wird immer freier von den Banden der Naturgewalten, der Mensch immer mehr von der Erdscholle, die ihn geboren, entfesselt. Die Geschichte einzelner Länder und ganzer Erdtheile bestätigt das.

Der erste Bewohner des sandigen Nilthales war ein Wüstenbewohner, wie der Libyer, der nomadische Araber es noch heute ist. Aber das Culturvolk der Aegyptier verwandelte durch Kanalbau und Irrigation die Wüstenei in die reichste Kornkammer der Erde. Sie erhoben sich über die Fessel der Sandwüste, in deren Mitte sie sich durch weise Vertheilung der flüssigen Form durch die feste die reichste Landschaft erschufen. Durch die Faulheit und Tyrannei nachfolgender Geschlechter sank das Thal öfter wieder zurück in seine Wüstenei. Die Thebais ward wieder zur Wüste, die reiche Mareotis zur Sumpflandschaft. Aehnliches wiederholte sich in vielen andern Gebieten Asiens und Europas.

Ein anderes Beispiel bietet die Naturform der Gebirge dar. In den ersten Jahrhunderten nach Christi Geburt war der cultivirte Süden Europas von dem uncultivirten keltischen und germanischen Norden durch eine große natürliche Scheidewand, durch das undurchbrochene, noch unwegsame Hochgebirge des mächtigen Alpenzuges, der ganz Mitteleuropa von West nach Ost durchsetzt, getrennt. Im Süden lagen die Culturstaaten der alten Welt; an den Nordhängen begann der noch rohe keltisch-germanische Norden. Aber diese Scheidewand ist geschwunden, ja sie ist, wie der alljährliche Besuch der Schweizer-Cantone und der Tiroler Gaue zeigt, zu einem allgemeinen Lande der Anziehung für ganz Europa geworden. Welche Verwandlung! Von der Provence bis Steiermark erhoben sich in den Alpen eine reiche Fülle staatlicher Bildungen. Die tiefen Thalschlünde, die größten Höhen sind dicht bevölkert, die Wälder gelichtet, die Felsenwände durchbrochen. Statt einer frühern Hemmung zwischen Süden und Norden, wie zu Julius Cäsars und Augustus Zeiten, ist ein Land allgemeiner Passage entstanden. Die früher unzugänglichen Bergklüfte und Bergfirste, die nur noch Adler umschweben konnten, sind jetzt wie die Pässe des Mont Cenis, Simplon, St. Gotthard, Splügen, Bernardin, und selbst das Stilfser Joch am eisigen Orteles zu gebahnten Straßen geworden. Ueber den Semmering führt sogar der Wunderbau einer Eisenbahn. Man muß zugeben, wie das wilde, unnahbare Roß der Turkestaner Steppe zum gebändigten edlen Hausthiere der civilisirten Welt umgewandelt, ebenso ist dies alpine Segment des Erdringes in ganz andere Relationen zu seinen Umgebungen getreten. Der Einfluß dieser grandiosen Naturform verliert immer mehr und mehr von der bindenden und fesselnden Gewalt für die Völker. Wenn schon die physikalische Natur und die Dimension fast dieselbe bleibt, so ist es das historische Element durch die neugeschaffenen Organe, durch die beseelte Bewegung, durch den Culturfortschritt, welches die Völker sich freier von Naturbeziehungen bewegen lehrt. Die Kraft des Menschen und der Völker bemächtigt sich aber immerfort dieser Naturbedingungen und modificirt sie.

In ähnlichen, jedoch erst auf halbem Wege stehenden Fortschritten sehen wir eben so die östlichen Grenzgebirge Europas, den Ural, früher eine Grenze und Hemmung zweier Erdtheile, seit Peters d. Gr. Zeit zu einem Lande des Ueberganges, des Verkehrs, zu einem Eingangsthor der Civilisation nach Asien sich umgestalten.

Eine ganze Tonleiter solcher Verhältnisse läßt sich durch alle Länder der Erde, vom noch wildesten Kaukasus und nur theilweise überwundenen Himalaya bis zu der gewaltigen Hemmung der Cordilleren verfolgen; überall sind ähnliche Metamorphosen wie die oben geschilderten im Werden.

Wie mit dem Stromthale und dem Gebirgszuge, so ist es mit den Waldregionen Mitteleuropas, den Urwäldern Nordamerikas, den Versumpfungen der Niederlande seit Germanicus Zeit gegangen. Die abstoßendsten Sandwüsten der Sahara sind zu Karawanengebieten, die goldreichen Einöden Australiens und Californiens zu Anziehungspunkten mächtiger Völkerströmungen und Colonisationen, die Eismeere der Nordpolarkreise durch Parry's, Franklin's und Andrer Entdeckungen zu Feldern heroischer Thaten und kühnster Kämpfe der Menschen mit Naturgewalten geworden. Die größten Siege der Civilisation sind zwischen den Eisschollen gefeiert, wo früher nur Tummelplätze der Walfische, Eisbären und Phoken waren.

Noch großartiger sind die Umwandlungen ganzer Erdtheile und Oceane. Früherhin waren die Meere nur Hemmungen der Völker. Nur die flüchtigste Form der Atmosphäre, die Segler der Lüfte, überflogen die weiten Wasserräume. Die Metallschätze der verschiedenen Theile der Erdrinde, die Vegetation, die Thierwelt, die Völkerwelt: alle nehmen erst späterhin ganz veränderte Sphären ihrer räumlichen Verbreitungen ein. Nur Weniges wurde vorher willenlos, wie der Flugsand, die Kokusnuß, das Treibholz, die Eisscholle, der Seetang, von den Strömungen der Winde und Oceane von Gestade zu Gestade gewälzt. Gegenwärtig scheiden die Meere nicht, wie früher, die Länder und Erdtheile; sie sind es, welche die Völker verbinden, ihre Schicksale verknüpfen, auf die bequemste, selbst auf die sicherste Weise, seitdem die Schifffahrt zur vollkommensten Kunst herangereift ist, seitdem der schnellste und leichteste Transport durch die Beseelung der Bewegungen der flüssigen Elemente das Verknüpfungsmittel aller Culturvölker geworden. Gegenwärtig trennen die Meere nicht länger, wie ehedem die Länder und Erdtheile; sie verbinden vielmehr die Völker auf eine ungemein bequeme und sichere Weise. Der Fortschritt der oceanischen Schifffahrt hat sogar die ganze Stellung der Erdtheile, aller Continente, gegen die frühere Zeit zu einer andern umgewandelt. Die isolirteste Insel der Atlantischen Gewässer, St. Helena, Jahrtausende hindurch wie nicht vorhanden, war im zweiten Jahrzehnt unsres Jahrhunderts durch das politische Bedürfniß fast zu einer Nachbarinsel Europas, zu einem Staatsgefängniß des großen Eroberers für Europa geworden; sie stand unausgesetzt unter der Obhut europäischer Politik.

Das Cap der Guten Hoffnung, nach welchem die portugiesische Marine fast hundert Jahre steuerte, bevor es erreicht werden konnte, ist, bei der jetzigen genauesten Kenntniß der Winde, Strömungen und Jahreszeiten, zu einer bloßen Zwischenstation für Segelpacketboote und Dampfschiffe geworden. Man legt diese 2000 geographischen Meilen regelmäßig in 55 bis 60 Tagen zurück und durchfliegt jede 24 Stunden mit der segelnden Fregatte gegen 40 Meilen. Zu einer Fahrt von England nach China hin und zurück brauchte das Segelschiff zu Ende des achtzehnten Jahrhunderts noch 8 bis 9 Monate, wenn das Glück gut war; eine Passage um die halbe Erdkugel, die jetzt auf die Hälfte der Zeit, auf 4 Monate, reducirt ist.

Ganz unerwarteten überraschenden Einfluß haben die Dampfschiffe, durch keine Region der Windstillen gefesselt, auf die Physik des Erdballs ausgeübt. Die schmaleren Meere sind durch Dampfschiffe überall nur in kurze, sichere Brücken des Ueberganges verwandelt, und dadurch fast Gestade an Gestade gerückt, wie im Canal England an Frankreich, Marseille an Algier, Stettin an Stockholm und an Petersburg.

Die Ueberfahrt nach Amerika, das vor Columbus Zeit der alten Welt so unerreichbar war wie die Mondscheibe, zu welcher Columbus von Spanien zu den Antillen 70 Tage gebrauchte, wurde zu Anfang dieses Jahrhunderts zwischen England und Neu-York in 25 Tagen, gegenwärtig durch Dampfschiffe in 15, 13 und selbst schon in 12 Tagen gemacht.

Auch Australien liegt seit der Dampfschifffahrts-Verbindung nicht mehr fern. Ein Segelschiff brauchte ein halbes Jahr, um die 4000 Seemeilen zurückzulegen; das Dampfschiff nur 75 Tage, wozu noch 10 Tage zur Einnahme von Kohlen und Transport über die Landenge von Suez gerechnet werden. Keine Insel liegt mehr, wie ehedem Tausende, außerhalb des Weltverkehrs. Die regste Wechselbeziehung ist zwischen den entferntesten Punkten des Erdballes vorhanden. Sie tauschen ihre Productionen in großer Schnelligkeit mit einander aus. Die Wolle und der Weizen Australiens bestimmt schon den Marktpreis in London und die Baumwolle der Vereinigten Staaten den Preis der Gewebe und des Brodes in Europa. Welche Bedeutung gewinnt es da, wenn das Schraubenschiff statt der Fahrt eines Dampfschiffes von 2½ Monaten dieselbe Fahrt von Bombay um das Südcap von Afrika sogar in weniger als der Hälfte Zeit, in 32 Tagen zurückzulegen im Stande ist!

Aber auch die wasserreichen und colossalen Landströme haben ihre Länge verloren, und sind überall um das Sechs- bis Siebenfache durch die Dampfschifffahrt verkürzt. Sie sind überdem doppelseitig geworden, da sie früher nur abwärts, gegenwärtig auch aufwärts beschifft werden können. Die colossalsten Stromsysteme sind dadurch gebändigt und nach allen Richtungen ihrer Verzweigung zugänglich geworden. Auf dem riesigen Missisippistrome sammt dem Ohio waren vor 10 Jahren schon 300, 1854 schon über 400 Dampfschiffe im Gange, welche alle pulsirenden Hauptadern dieses Systems (das ein Drittel der Oberfläche Europa's, 53,000 □M. bewässern würde) auf und ab in den lebendigsten gegenseitigen Verkehr setzen. Auf dem Indus, Ganges, Irawaddi, Nil, La Plata, und selbst auf dem Riesen aller Ströme des Erdballs, dem Amazonas, der mit seinem Geäder halb Europa (88,000 □M.) bewässern würde, haben schon ähnliche Dampfschifffahrten begonnen. Welche gegenseitige Annäherungen stehen an solchen Stromlinien von 400 und 300 Längenmeilen Uferstrichen und Uferstädten bevor, die früherhin fast unerreichbar weit auseinander lagen. Schon an unsern europäischen nur geringen Stromlinien, wie an Donau und Rhein — welche Nachbarschaften sind dadurch schon hervorgerufen zwischen Süddeutschland, dem Pontus, dem Orient, Trapezunt, zwischen den Märkten von Mainz, Cöln und London! Auch alle Landseen sind verkleinert und ihre Ufer der Civilisation gewonnen worden, vom Balaton in Ungarn bis zum Kaspischen und Aral See in Asien und der großen Seengruppe in Nordamerika.

Wahrlich, der mächtige Einfluß des historischen Elements auf die Entwickelung des Planeten und seine geographischen Verhältnisse tritt auf das Bestimmteste entgegen. Aber dieser Einfluß ist nicht für alle Erdstellen derselbe, nicht für alle Localitäten gleich. Wie es zurückbleibende Völker giebt, so auch zurückbleibende Erdstellen, während andere als planetarisch besonders bevorzugte in dem Entwickelungsprozesse deutlich hervortreten. Und eine solche Stellung nimmt unter andern auch Europa entschieden ein. Europa, unter allen Erdtheilen in seiner eigenthümlichen centralen Weltstellung zur Land- und Wasserhalbe der Erde, ist derjenige, welcher mit allen Formen und Gliederungen derselben im vortheilhaftesten Contacte steht; in dieser Auszeichnung ist ihm keiner der andern gleich. England in dieser centralen Mitte der Länder mit Meeresstraßen nach allen Seiten ward dadurch von selbst auf die Beherrschung der Oceane gewiesen.

Auch die Erdstellen haben, wie die Völkerstämme des Planeten, bei seinem Werden ihre eigenthümlichen Entwickelungsfähigkeiten für die verschiedenen Zeiten als Mitgift zu ihrer Ausbildung für das Weltganze erhalten. Dies offenbart sich mit jeder neuen Zukunft mehr und mehr. Die Erde ist kein festgestelltes mechanisches Uhrwerk, sie ist ein fortschreitender göttlicher Organismus. Die Bedeutung der Erde haftet nicht an der einzelnen Erdlocalität auf gleiche Weise für alle Jahrtausende. Auch sie kann ihre unbedingte göttliche Mission, die sie vom Anfang der Schöpfung an im Sternenheere erhalten hatte, durch ihre temporäre rechtzeitige Einwirkung in den Gang des organischen Entwickelungsprocesses des Kosmos und in der Bestimmung des Planeten erfüllen. Das zeigt sich an der Vergangenheit Asiens, an der Gegenwart Europas und mancher Theile der neuen Welt, während ganz Afrika erst noch eine große Zukunft bevorsteht, wenn die Zeit des Einflusses des historischen Elements auf seine räumlichen Zustände erschienen sein wird. Bisher war das nur an wenigen Stellen desselben, am Randgebiete, der Fall. Der centrale Continent der Alten Welt hat seinen ethnographischen Impuls überlebt, und ist in einen für das Ganze mehr neutralen Schlummerzustand zurückgesunken. Die Wirksamkeit des Erdtheiles für das planetarische Ganze hat ihr Inneres nach außen, vom Centrum auf die Peripherie gewandt. Es stehen die Länderbreiten Asiens und ihre Populationen viel weniger, als zu Alexanders Zeiten, oder während der Völkerwanderungen und in den muhamedanischen und mongolischen Umwälzungsperioden, durch Landstraßen oder Binnenverkehr in wechselseitiger Communication. Dagegen hat sich der maritime Verkehr durch Küstenstriche, Häfen und Gestadelinien, außerordentlich gegen die früheren Zeiten entwickelt. Die Peripherien haben sich überall durch Schifffahrt und sichere Küstenbestimmungen, durch Dampfschifffahrt und Handelsinteresse und durch die fortschreitenden Eingriffe Europas genähert. Die centralen Theile sind dagegen durch Feindseligkeiten, Unsicherheit, politische und religiöse Wirren aller Art aus einander gerückt.

Das beweist theils die nur theilweise Zugänglichkeit der meist ungebahnten Gebirgsketten des Ural, Kaukasus, Taurus und anderer, noch weit mehr aber die Barbarei der Völker, die feindlichen politischen Systeme, am meisten der Gegensatz des Muhamedanismus gegen das Christenthum. Dies ist der Fluch, den die Völker der Erde sich selbst bereitet haben. Die Glaubensscheidewand ist das furchtbarste Hemmniß, das seit Jahrhunderten Innerasien elend macht, theilweise vernichtet und von der übrigen Welt und ihren Fortschritten isolirt hat. Doch auch diese Verhältnisse sind nur stationär, nicht absolut festgewurzelt, sondern wandelbar. Die politische Scheidewand der Chinesen, die religiöse Scheidewand der Muhamedaner ist theilweise unter unsern Augen eingerissen. Wege werden immer mehr gebahnt, auch auf dem Euphrat und Tigris der Muselmänner durch Dampfschifffahrt und archäologische Interessen Vermittelung veranlaßt, und die Donauschifffahrt hat schon längst Mitteleuropa dem schroffen Sultanat von Constantinopel und dem ganzen muhamedanischen Vorderasien näher gebracht. Das Missionswesen arbeitet am Verein der Ideen, wie die Schifffahrt und Dampfschifffahrt am Verein der Völker und ihrer Productionen gearbeitet hat.

Der fortschreitenden Perfectibilität des Erdballs sind überhaupt keine Grenzen gesteckt. Eine Durchbrechung der Landenge von Panama, die Ausführung jenes vielfach projectirten Kanals durch Mittelamerika würde die Ostküsten Asiens von Korea, China, Japan dem atlantischen Gestadelande, der europäischen Civilisation (oder der ganzen Westhälfte Europas, auf einmal um 1500 Meilen näher bringen. Um ein Viertel des größten Erdkreises würde der directe Verkehr zwischen der europäischen und der chinesischen Welt begünstigt sein, wenn man nicht mehr das Cap Horn zu umfahren hätte. Und das ganze Ostgestade Amerikas würde dadurch mit seinem eigenen Westgestade erst in directe Verbindung treten, und der Erdtheil sich in der That verdoppeln. Der projectirte Kanal von Suez würde eben so die Annäherung Ostindiens zur alten Continentalwelt über Syrien und Aegypten an Griechenland und Italien herbeiführen und eine ganze Schaar von Uferstationen bedingen. Die Wegebahnung des Ural, des Kaukasus, des Himalaya, der Cordilleren bleibt dem Eingriff des historischen Elementes noch zu vollführen übrig, das seinen Einfluß auf die Rocky Mountains oder das Felsengebirge Nordamerikas, zur Verbindung seines Ostens mit dem Westen zu üben beginnt. Eisenbahnen durch die centralen Gebiete Afrikas würden dem Schicksale der Negerwelt eine andere Wendung geben. Die möglichen Metamorphosen, denen der Planet durch das Element der Geschichte, in Beziehung auf seine Raumverhältnisse entgegengeht, sind nicht voraus zu sehen, nicht voraus zu berechnen.

Gehen wir von diesen Blicken in die noch ferne Zukunft auf die frühern Jahrhunderte, frühesten Jahrtausende zurück, auf jene Zeiten, als die Völkergeschlechter überall noch ohne Kunstmittel, lediglich auf sich selbst und auf ihre Heimath beschränkt, ja an ihre Erdscholle wie gefesselt waren. Weltverbindung durch Meere und offene Oceane fand noch nicht statt, überall waren stationäre Verhältnisse vorherrschend. Damals hatte demnach die Weltstellung der Länder und Erdtheile nach ihren größten räumlichen Annäherungen gegen einander eine natürlich ganz andere, wichtigere Bedeutung als heutzutage, wo wir zur Stellung der Continente auch noch die der Oceane und ihre Bewegungen zum Gesammtbilde mit hinzunehmen müssen. Die Wanderungsgeschichte der Urvölker der Erde, die Verbreitung der Culturgeschichte des Menschengeschlechts, die Uebertragungen und Verpflanzungen aller

Naturproductionen verschiedener Länder und Klimate, sowie die Traditionen der wichtigsten Ideen, gingen von dem Innern der Alten Welt erst nach ihren Peripherien und Extremitäten aus. Die Art dieses Fortschreitens und Verbreitens, wie es die Geschichte verfolgt, bietet auch ein geographisches Phänomen zur Beobachtung dar, welches vom allgemeinsten Gesetze der Raumvertheilung, von der Weltstellung der Erdtheile selbst nothwendig bedingt ward. Ohne diese würde der Weltgang ein ganz anderer geworden sein. Nicht von den äußersten Gliedern etwa im Norden, Osten, Süden oder Westen nahm dies Phänomen seinen Ausgang. Es trat aus der geographischen Mitte hervor, aus dem Conflict des Orients, des Südens und des Occidents.

Westasien, Nordostafrika, Südosteuropa wurden die ersten und ältesten Culturländer der Erde, deneu die Völker der übrigen Erdbreiten das Licht, wenn schon durch die zweite und dritte Hand verdanken. Es ist die geographisch begrenzte Erdstrecke von Hochindien bis Griechenland und Italien, und am Nil Aegyptens über den Euphrat und Tanais bis zum Oxusstrom im Baktrischen Lande. Die größte räumliche Annäherung der drei Erdtheile der Alten Welt bildete sich aus zum classischen Boden der Weltgeschichte, durch fünf tiefe Meereseinschnitte merkwürdig gegliedert. Es hat derselbe auf alle Hauptbegebenheiten des Menschengeschlechts, auf Wanderungen der Völker und Ansiedelungen, auf Verbreitung der Menschenracen oder Varietäten, der Sprachstämme, der Völkergeschlechter, der religiösen Culte, der großen Kriegesgeschichten und der Staatensysteme den verschiedensten Einfluß geübt. Den historischen Erscheinungen aller Jahrtausende liegt dieser Erdraum wie eine charakterisirende Folie unter, die jeder derselben ihre räumliche Gestaltung und einen eigenthümlichen Schein giebt. Das Verhältniß seiner Weltstellung wird im Gange der Culturentwickelung, wenn auch nicht mehr so hervorragend, wie in der Periode der Vorwelt, doch zu allen Zeiten von einem vorwiegenden Einflusse bleiben. Er verdient daher durch seinen alten bewährten Adel unstreitig vorzugsweise eine sorgfältigste geographische Erforschung, sorgfältiger als sie ihm gewöhnlich bisher zu Theil geworden ist. Bietet die junge aufsprossende Saat der Länder in Westamerika und Australien für den Fortschritt der Naturwissenschaft und Physik der Erde ein überwiegendes Interesse dar, so dieser classische Boden der alten Welt für die Historie. Die Planetenstellen, wie Indien, Aegypten, Palästina, Griechenland und andere werden in Rücksicht des geistigen Uebergewichtes ihres historischen Elementes, durch alle Geschichtsperioden als die ausgezeichnetsten räumlichen Individualitäten in der Plastik des Erdballs ihre Bedeutung auch für die andern Erdtheile und die Neue Welt behaupten, gleich den hervorragenden Biographien Plutarchs, die ewig gültige Musterbilder in der Geschichte sind. Daraus geht auch der wesentliche Unterschied einer methodischen Behandlung der alten Geographie, die es mit diesem classischen Boden zu thun hat, von der Geographie des Mittelalters hervor. Die letztere, obschon eines erweiterten Erdkreises bedürftig, hat noch nichts mit dem generellen Ueberblick des ganzen Erdenrunds in seinem Weltzusammenhange zu thun, in welchem nun erst die Physik der Erde in der höchsten Bedeutung ihrer grandiosen Naturformen und Mustertypen, so wie in deren Causalzusammenhange, auf Natur und Weltgeschichte in Vergangenheit, Gegenwart, selbst für die Zukunft zur Sprache kommen muß in der allgemeinen vergleichenden Erdkunde der Gegenwart. Denn für die Zukunft beginnt die Erde schon jetzt anderen Umgestaltungen ihrer Verhältnisse entgegenzugehen.

Von diesen allgemeinen Grundzügen gehen wir nun zu der Configuration oder der Gestaltung der Erdoberfläche selbst über, zu deren tieferer Auffassung ihrer Verhältnisse wir nun schon einigermaßen vorbereitet sein werden.

Zweite Abtheilung.

Genauere Betrachtung der Oberfläche der Erde.

Wir gehen nach den einleitenden Vorträgen zu der unmittelbaren Betrachtung der Oberfläche des Erdballs über.

Mit dem flüssigen Theile der Erdoberfläche beschäftigt sich die Hydrographie, mit dem festen, rigiden die Geographie im eigentlichen Sinne.

Die Hydrographie übergehen wir. Abgesehen davon, daß sie uns in fast unermeßbare Gebiete führen würde, bildet ihr eigentliches Studium einen Theil der Nautik. Wir können endlich auch darum getrost an ihr vorübergehen, weil wir vorzügliche Werke über die Oceanographie besitzen. Wir wenden uns also zu dem Festlande und werden die flüssige Masse nur in sofern mit in den Kreis der Betrachtung ziehen, als sie auf die feste Masse von Einfluß ist.

Land nennen wir die vom Meeresspiegel unbedeckte Erdoberfläche, sowohl das eigentliche Festland im engern Sinne (Continent), als auch die Inseln: der Unterschied beider ist ja nur relativ. Zum Festlande gehören also auch alle Einsenkungen desselben, selbst wenn sie von süßem Wasser, wie von Seen oder Flüssen eingenommen sind. Das Festland ist ein Continuum von Unebenheiten im Gegensatz des Meeres, das nur eine gleiche Meeresfläche darbietet. Ebenheit bezeichnet horizontale Gleichheit der Oberfläche; Unebenheit den Contrast von tief und hoch. Mathematische Ebenheit fehlt gänzlich auf der Erdoberfläche, und auch Gleichheit im physischen Sinne ist eine große Seltenheit. Sie ist immer nur auf geringe Räume eingeschränkt, meist alte Seeboden, die nach der Befreiung von ihrem Wasserstande wagerecht erscheinen, wenn sie es auch nicht sind. Die norddeutschen Ebenen sind immer noch sanftwelliger Boden. Die ungarische Donau-

Ebene, die lombardische Po=Ebene haben immer noch bedeutende Senkungen, wenn sie auch dem Auge des Beschauers horizontal erscheinen. Denn Mailand liegt noch 400′ über dem Adria=Meere, wohin sich die Ebene hinabsenkt, obgleich sie bei dieser Stadt und im mittlern Polaufe dem Auge als volle Horizontalfläche erscheint. Pesth ist noch immer 215′ über dem Meere, wenn schon die Senkung der ungarischen Ebene bis zum schwarzen Meere dem Auge fast unmerklich ist. Und die größten Ebenen am Amazonenstrome, auch die berühmten Llanos am Orinoco, die A. v. Humboldt ebenen Meeresflächen vergleicht, haben doch noch ihre bedeutenden Senkungen von West gegen Ost. Die Mitte dieser Llanos im Nordwesten des Orinoco fand er, bei der Stadt Calabazo, 100 geogr. Meilen vom Meere, freilich nur 180 Fuß über der Meeresfläche, also weit niedriger als die Ebene bei Mailand und Pesth, aber doch noch keine absolut horizontale Ebene. Beide größte Horizontalebenen sind es aber nur darum, weil sie trocken gelegter Meeresboden sind. Wie die lombardische Ebene einst längs dem Bassin des Polaufes aus dem Adria=Meere überfluthet wurde als die Wogen noch bis an die Cottischen Alpen und die Apenninen schlugen; eben so niedrig liegt das Meeresufer an der Mündung des Orinoco und Essequebo, und die Atlantische Fluth konnte einst durch das ganze Bassin der Llanos westwärts ohne Hemmung, längs der ganzen Sierra de Venezuela im Norden und der Sierra de la Parime im Süden bis an das Cordilleren=Gebirge von Merida und Pamplona hinfluthen.

Niederungen und Erhebungen bilden also überall die Unebenheiten auf der Erdoberfläche. Beide ragen über den Nullpunkt der Meeresfläche [1]) hervor, und dies ist ihre absolute Höhe. Die Differenz ihrer Erhebungen, in der sie gegenseitig unter einander

[1]) Die ideale Verlängerung des Meeresspiegels, wie solcher unter dem Lande sich fortsetzen würde, liefert die eigentliche Grundfläche, von der alle Messungen ausgehen.

stehen, nennen wir ihre relativen Höhen. Beide geben die Reliefformen der Erdoberfläche. Die absoluten Höhen über dem Meeresspiegel oder dem Horizont des Oceans können auf verschiedene Weise gemessen werden. Liegen sie unmittelbar am Meere, so sind sie durch einfache Winkelmessungen leicht zu bestimmen. Je größer ihr Abstand vom Meere, desto schwieriger die Messung. Nur durch längere und complicirtere Operationen durch Nivellements, durch fortgesetzte Reihen trigonometrischer oder Winkel-Messungen; durch das Barometer zur Abwägung der über ihnen sich erhebenden Luftschichten, oder durch den Apparat mit kochendem Wasser, dessen Siedepunkt in verschiedenen absoluten Höhen verschieden ist, sind absolute Höhen zu ermitteln. Ueber diese Methoden giebt die Physik vollständige Lehre.

Da die Bestimmungen der absoluten Höhen in den frühern Zeiten fast ganz unbeachtet geblieben, und ihre genauesten Ermittelungen oft sehr schwierigen Messungen und Berechnungen unterworfen waren, so sind fast alle Höhenangaben in den frühern Jahrhunderten (wenige, wie die von La Condamine, Saussure und de Luc in den Cordilleren und Schweizer Alpen ausgenommen) nur Schätzungen relativer Höhen gewesen. Alle unwissenschaftlichen Reisenden ohne Meßinstrumente konnten nur relative Höhen abschätzen, und da diese mit den absoluten größtentheils verwechselt wurden, so sind dadurch in die frühern Beschreibungen sehr viele Irrthümer verbreitet worden. Erst in der neuern Zeit ist die Hypsometrie wissenschaftlicher betrieben worden.

Um diesen Irrthümern und dem schwankenden populären Sprachgebrauch, der bei so vielen geographischen Ausdrücken in die compendiarische Beschreibung eingedrungen ist, zu begegnen, folgen wir einer bestimmten Terminologie, die bis jetzt freilich noch willkührlich genannt werden muß, weil die dazu nothwendigen Messungsresultate noch viele Lücken auszufüllen übrig lassen, die aber durch Vervielfachung der Messungen einer fortschreitenden

Berichtigung und endlichen Feststellung fähig bleibt. Wir unterscheiden nicht blos ein relatives, sich auf das Verhältniß zum Meeresspiegel beziehendes, sondern ein absolutes Hochland und Tiefland auf der Erde. Es soll damit keine Definition, keine Erschöpfung des Begriffs gegeben sein, sondern nur das Verhältniß des Gegensatzes in der äußern Erscheinung für verständlichen Sprachgebrauch bezeichnet werden.

Die großen Länderstrecken mit sehr geringer mittlerer Erhebung nennen wir Niederungen oder Tiefländer. Es sind meistentheils flache, weite Länderflächen mit geringen Erhebungen. Die großen Länderstrecken mit sehr bedeutender mittlerer Gesammterhebung nennen wir dagegen Hochländer der Erde, öfters auch Plateauländer genannt. Hochländer oder Plateauländer können auf ihrem Rücken große Horizontalflächen tragen, aber auch wellige oder gehügelte Oberflächen haben, oder auch von sehr hohen Hervorragungen bedeckt sein. Dies ändert das Wesen ihres Charakters nicht um, das in dem stetigen Zusammenhange der bedeutend hohen Massen besteht, also geschlossene Massenerhebung der Erdrinde ist. Der mannigfache mögliche Wechsel ihrer Oberflächen bezeichnet nur verschiedene Modificationen derselben, die denn auch wohl mit den Ausdrücken Flachland, Ebene, Wellenland, Hügelland, Bergland, aber nur in einem andern, nämlich blos relativen Sinne bezeichnet werden können.

Auch aus der Form der Niederung oder des Tieflandes können hier und da einzelne Kegel oder Höhen emporsteigen und sie auf kürzere Strecken unterbrechen, wenn sie sich nur in ihrem Wesen der Niederung weiter im Zusammenhange ihrer Theile gleichartig fortsetzt.

Die Hochländer liegen meistentheils mehr nach dem Innern der Continente zu, die Tiefländer mehr an den Küsten der Meere. Doch giebt es auch Ausnahmen.

In den gegenseitigen Begrenzungen der Hoch- und Tiefländer herrscht die größte Mannigfaltigkeit. Man kann etwa dreierlei Begrenzungen unterscheiden: eine schroffe, plötzliche, mit der ein größter Contrast von Höhe und Tiefe hervortritt; einen allmählichen Uebergang, der kaum zu bemerken ist; oder das Hochland fällt in Stufen oder Terrassen zu der Tiefe.

Doch auch in diesen Uebergängen findet wieder eine so große Mannigfaltigkeit statt, daß sich, wie in allen Naturformen, keine mathematischen Grenzmarken abstecken lassen. Ueberall treten Modificationen der Grundverhältnisse hervor. Das indische Tiefland des Indus und Ganges steigt nordwärts schroff und plötzlich zum Hochlande von Tübet empor. Ebenso das Tiefland der Südseeküste Südamerikas ostwärts schroff zu dem Hochlande von Peru und Quito. Allmählich ist der Uebergang des norddeutschen Tieflandes der Elbe und Oder von dem baltischen und Nordseestrande südwärts durch Mitteldeutschland, Sachsen, Böhmen und Franken zu dem bairischen Hochlande am Nordfuß der Alpengebirge. Terrassenländer mit entwickelten Uebergangsstufen sind das Spanische Hochland von Süd gegen Nord; der Nordabfall des centralen Hochlandes von Asien nordwärts gegen Sibirien; der Ostabfall des Peruanischen Hochlandes gegen das Niederland des Amazonenstromes.

Eben so verschieden sind die absoluten Höhen der Hochländer über dem Meereshorizont. Doch steigt die Gesammterhebung der großen Hochländer keineswegs zu so kolossalen absoluten Höhen auf, wie die der isolirten Gebirgsgipfel und Gebirgsketten. Diese erreichen die Höhe bis zu einer deutschen Meile (24,000 Fuß senkrecht), ja selbst noch in einzelnen Gipfeln darüber hinaus, wie in den Riesenpiks des Himalaya. Im Mount Everett 27,000 F. ist die Masse der Erdrinde zu ihrer größten Höhe emporgestiegen, wenn nicht im Süden desselben noch höhere Punkte aufgefunden werden.

Hochländer.

Die Hochländer als Continuitäten, als stetig geschlossene Massen der Erdrinde, erreichen zwar zuweilen die Hälfte oder den dritten Theil (12000—8000 F.) der höchsten Gebirgshöhe, aber nur selten. Im Durchschnitt liegen sie 4000—5000 F. über dem Meere. Wir nehmen die letztere Höhe willkürlich als einen Eintheilungsgrund für zwei Hauptklassen von Hochländern an. Die einen steigen über das Maß empor, die andern bleiben hinter demselben zurück. Willkürlich nennen wir die Theilung, weil die blos relative Bezeichnung des hoch und niedrig als Maßstab für geographische Verhältnisse zu unbestimmt bleibt. Erst wenn alle Höhen und Tiefen der Erdoberfläche gemessen sein werden, wird sich ein absolut gültiger Maßstab für alle hypsometrischen Verhältnisse in ihrem Durchschnitte für ihre Uebergänge und Extreme finden lassen. Bis dahin kann für einen verständlichen Sprachgebrauch die willkürliche Abtheilung in zwei Klassen dienlich sein, denen sich dann alle andern Modificationen bestimmter und anschaulicher unterordnen.

Hochländer oder Plateaulandschaften erster Höhe oder Größe.

Plateaus erster Klasse nennen wir also massige und stetige Gesammterhebungen, die über 4—5000 F. steigen. Die extreme Erhebung eines Hochlandes erster Klasse nach oben hin ist noch zu ermitteln übrig; nach unten geht diese Form in die zweite Klasse über. Der Uebergang nach unten ist zuweilen sehr schwierig zu ermitteln.

Die Hochplateauflächen Asiens steigen über 14000 F. Es sind die Gegenden um die Quellen des Ganges und des Indus. Ganz Centralasien ist zwar massenhaft mit Hochländern bedeckt, aber sie gehören keineswegs zu den höchsten und verbreitetsten. Sie sind immer noch kolossal durch die weiten Räume, die sie einnehmen, aber nur einige durch ihre große absolute Höhe, während andere in ihren Erhebungen mannigfaltig wechseln.

Das Plateau von Tübet erreicht in seiner ganzen großen Ausdehnung von 400 Meilen Länge und über 100 Meilen Breite (40,000—50,000 □M.) eine mittlere Höhe von 10,800 F. P. über dem Meere, einzelne kleine Räume heben sich noch höher. So das Plateau um die heiligen Manasa-rowara-Seen gegen 14,070 Fuß. Andere Plateaus in ihrer Nähe senken sich tiefer, wie das Industhal, in welchem Leh oder Ladak, die Hauptstadt von Klein-Tübet liegt, bis 9378 Fuß. Ebenso Gertope (die Schäferebene Dab-Shan-tung, das Vaterland der Shawlziegen) und Shipke bis 9804 Fuß. Das Plateau von Groß-Tübet im Osten zu Lhassa, der Capitale, nördlich vom obern Brahmaputra (oder Yam-Dzangbo-tscha) 9000 Fuß. Dazwischen liegen andere mit höhern Berggruppen erfüllte Räume, aber auch tiefere Einsenkungen an den Flußläufen des Indus, Sutledge, Brahmaputra, bis 5460 Fuß, wie um Kaschmir — so daß es auch hier an Wechseln der Oberfläche nicht fehlt.

Das Plateau der Mongolei oder bestimmter der Wüste Gobi oder Chamo kann nur am Südrande gegen Chinas Nordgrenze hin zu dieser ersten Klasse der Hochländer gezählt werden, obwohl es seinem Flächenraum nach weit über 100,000 □Meilen einnimmt. Nur gegen die Nordwendung des Hoangho und gegen Peking steigt es noch zu 8000 F. auf, fällt dagegen im Norden an der chinesischen Grenzmauer zu 5100 Fuß, weiterhin zu 4000 Fuß ab; in der Mitte der hohen Tafelfläche schon zu einer mittlern Höhe von 3600 bis 2400 Fuß gesunken, steigt es an den Quellen des Orchon und der Tula, am Changgai bei Karakorum und der Station Urga wieder zu 462 Fuß auf, senkt sich dann in Terrassenabsätzen viel tiefer hinab, bei der Grenzstadt Nordchina's Kiachta zu 1330 Fuß, zu Selenginsk an der Selenga zu 1632 Fuß, zu Verch-Udaisk ebenda zu 1458 Fuß, bis zum Spiegel des

Baikal-Sees 1332 Fuß nach A. v. Humboldt (1655 nach Erman).

Die westliche Mongolei, jenseits des Meridians von Lhassa ($92\frac{1}{2}^{0}$ O.L. Greenwich), wo der Tarim zum Lop-See fließt, die hohe Bucharei oder das hohe Turkestan wurden früher auch für ein Hochland gehalten. Neuere Forschungen machen diese Annahme unhaltbar. Weiter unten kommen wir auf die angeregte Frage zurück.

Afrika hat auch Hochländer erster Klasse, die sich jedoch nicht zu der enormen Höhe der eben betrachteten zu erheben scheinen. Wie in Asien, so hat auch für Centralafrika die frühere Hypothese von einem sehr weit verbreiteten Hochlande kolossaler Art durch fortschreitende Beobachtungen manche Beschränkung erfahren. Für das Land von 10° bis 4° N.Br. ist es durch Barth und Vogel entschieden, daß so weit gegen Norden kein Hochland vorspringt. Das von Mungo Park erkundete Gebirge Kong, das man als den Nordabfall einer centralen hohen Plateaumasse in Anspruch nahm, ist nicht vorhanden. Die dort wirklich sich erhebenden Berge in Kong sind keine Kettenzüge, sondern nur isolirte Kegelgruppen von mäßiger Höhe; zwischen ihnen hindurch setzt das Tiefland ungestört sich weiter gegen Süden in noch unbekannte Fernen fort. Wo weiter im Süden, ob um die äquatorische Mitte des Erdtheils, oder noch weiter südwärts, das Hochland von Südafrika beginne, bleibt noch unermittelt. Denn die von Rebmann und Krapf im Parallel von Mombaza (unter 1 bis 3° S.Br.) im Innern des Hochlandes erkundeten und gesehenen Schneeberge Kili-Mandscharo und Kenia sind auch nur Riesenberge, aber keine Plateauhöhen erster Klasse. Sie liegen auf einer niedern Plateaufläche von etwa 2000 F., zu welcher Krapf im Jahre 1849 hinaufstieg.

Dagegen steigt das Abyssinische Hochland bis zu der riesigen Höhe eines Plateaus der ersten Klasse empor. Unter

10° N.Br., südwärts der Quellen des Blauen Nils, liegt Ober-Habesch oder das südliche Königreich Schoa mit den Residenzstädten Ankobar und Angololla, 10,000 F. über dem Meere. Noch nördlicher, im Abyssinischen alten Königreiche Gondar maß der deutsche Naturforscher Rüppel 1838 die Höhe des Tzana-Sees bei 7000 F. Meereshöhe; südlicher davon steigt das Land noch höher auf, nördlich von Gondar heben sich die Plateauwogen bis 8000 Fuß, darüber Berge bis zu 14077 Fuß. Die östliche Vorterrasse Axum ist noch 6650 F. über dem Meere.

Noch südlicher als Schoa liegen die Hochländer Kaffa und Enarea. Die Reisenden stimmen darin überein, daß ihre Bewohner hellfarbige Völker seien; Johnston zieht daraus den Schluß, daß das centrale Plateau noch höher als 10,000 Fuß aufsteigen müsse, um hellerhautfarbige Völker, als die Schwarzen der niedrigeren Umgebungen, beherbergen zu können. Er sah selbst viele derselben, die vom fünften Grade südlicher Breite herkamen, nicht von Gebirgen, sondern von Hochebenen.

Das Plateau von Südafrika steigt zu Litaku im Lande der Betschuanen im Norden des Oranje-Rivier bis zu 6000 Fuß auf. Ostwärts hebt es sich gegen die Kette des Schneebergs, wo der Fluß entspringt, noch höher empor, über 10,000 Fuß. Weiter nordwärts ist die Entdeckung seit 1849 bedeutend fortgeschritten. Hier fanden auf einem weiten Plateaulande Oswell und Livingstone den großen See Ṅgami, dessen Spiegel 2825 Fuß nach ihrer Angabe über dem Meere liegt. Das Plateau, dessen tiefste Stelle der See einnimmt, kann nicht unter 3000 Fuß hoch sein, wahrscheinlich an manchen Stellen wohl höher. Nördlich von da unter 14° S.Br. auf der Wasserscheide zwischen Zaire- im Westen und Zambeze im Osten, ist das Plateau nach Livingstone 5000 Fuß hoch. Weiter gegen Westen ist es entschieden höher, und steigt bis zur absoluten Höhe der ersten Klasse auf. Hier erstieg Fr. Galton auf seiner Entdeckungsreise (1850) unter 18°

S.Br. das Hochland Ovampo, ein reiches Ackerland. Auf dem Wege dahin von Süden gegen Norden, unter 21° S.Br., also im Parallel mit dem See Ngami, aber 100 Meilen westlicher, überstieg er im Norden des Swakop=Flusses das Plateauland der Damara, das er durch Messung 6000 Fuß hoch fand. Auf demselben ragen noch höhere Berggipfel in einzelnen Gruppen auf, wie der Koniati, der Ometako, nach Messung bis 8800 Fuß. Vom Swakop=Flusse bis zum Ngami=See zieht ostwärts ein gleichförmiges Hochland fort.

Wenn also hohe Plateaubildung in der äquatorischen Mitte Centralafrikas für die Strecke bis 9° N.Br., ja durch die wiederholten Beschiffungen des Bahr el Abiad oder Weißen Nils bis 4½°, oder selbst bis 4° 10′ nicht angenommen werden kann, so scheidet sich dort gerade am weißen Nil unter 4° 10′ deutlich Niederland und Hochland. Kataracten hindern die weitere Beschiffung. Hier kehrte Pater Knoblecher (1849) zwar um, bestieg aber im Lande des Bary den ersten der dort aufsteigenden Berge. Sein Blick von der Berghöhe unter 4° 10′ N.Br. reichte bis gegen die sehr hohen Berge in der Nähe des Aequators. Merkwürdig, wenn er sagt, daß jene hohen Berge sich in ungeheure Ebenen ausdehnen. Also hier, gegen die obern Quellen des Weißen Nils ebenfalls ein hohes Plateauland. Auf einem solchen Plateau mögen sich dann die von Rebmann und Krapf in der Nähe des Aequator aus der Ferne erblickten Schneeberge erheben, die sie für das Quellgebirge des nordwärts ablaufenden Nilstromes halten.

Auch im Nordwesten Afrikas, unter 10° N.Br., nennt man das Quellgebiet des Senegal und Niger den hohen Sudan, unter Voraussetzung eines quellenreichen Hochlandes, dessen Erhebung auch bedeutender Art zu sein scheint. Doch fehlen alle Messungen und genauere Angaben.

Amerika besitzt viele Plateauländer der ersten Klasse. Zu

den vorzüglichsten gehören diejenigen, welche durch A. v. Humboldt's Arbeiten zuerst gemessen und bekannt wurden. Erst durch ihn konnte überhaupt der Begriff des Plateaulandes der Erde, der bis dahin nur zu häufig mit dem des Gebirglandes vermischt wurde, und völlig unklar geblieben war, in die geographische Betrachtung der Hauptformen der Erdoberfläche eingeführt werden. Da dieser Begriff in seiner Neuheit leicht einer falschen zu generellen Anwendung unterworfen war, so führte ihn derselbe Forscher auch auf seinen wahren Werth zurück, soweit dieser in Folge noch lückenhafter Messungen auf dem Erdball vermittelt werden kann.

Die Resultate bestimmter Messungen, wie sie in Asien und Afrika großentheils noch fehlen, geben folgende Daten für Süd-, Mittel- und Nord-Amerika.

Zu den Plateauländern erster Klasse (sie heißen in Peru die Hohe Welt im Gegensatz zu der Niedern Welt, d. i. der flachen tiefliegenden Küstenebenen) gehören in Südamerika unter 0° das Quito-Plateau, 8960 F. P. über dem Meere, nahe 9000 (Los Pastos im Nordosten, nahe 11,000 F.) und südlich unter 17° S.Br. das Plateau von Oberperu. Hier der kolossale See Titicaca in der Höhe von 12,060 Fuß. Noch höher steigt das Plateau auf der Ostseite des Sees, im Alto de Toledo zu 14,000 Fuß, also bis zur höchsten tübetanischen Plateauhöhe. Unter 20° S.Br. im Süden des Titicaca-Sees die Bergstadt Potosi, deren Straßenpflaster 12,822 Fuß über dem Meere ist

In Centralamerika liegt unter 20° N.Br. das 100 M von Westen nach Osten ausgedehnte Plateau von Mexico 7020 Fuß, im nördlichen Neu-Mexiko das Plateau von Santa Fe am Rio Grande unter 35° N.Br. auf der Ostseite der Rocky Mountains, 7100 Fuß über dem Meere. Wenigstens eben so hoch ist es an deren Westseite nordwärts des Rio Colorado gegen den großen Salzsee der Mormonen hin.

Europa und Australien fehlt diese Form der Massenerhebung der Plateaus erster Klasse, wie überhaupt dem flachen Norden des Erdballs; doch ist es nicht ermittelt, wie weit sie in den höchsten Norden Amerikas hinaufreicht.

Plateauländer zweiter Größe.

Gesammterhebungen großer geschlossener Räume der Erdrinde, die in mittlerer Höhe unter 5000 und 4000 Fuß zurückbleiben, rechnen wir unter die Plateauländer zweiter Klasse. Sie sind viel allgemeiner als jene der ersten Klasse über die Erde vertheilt; in jedem der Erdtheile tritt ihre Form in den mannigfaltigsten Abstufungen, oft bis zum Unscheinbaren hervor, so daß ihre untere Grenze oft nicht leicht zu bestimmen ist. Hier kommt es nur darauf an, der unendlichen Mannigfaltigkeit der Erscheinungen durch gewisse Grundverhältnisse zu Hülfe zu kommen, um den Ueberblick des Ganzen zu ermöglichen und in demselben zu orientiren. Die speciellen Ermittelungen müssen überall das Generelle vervollständigen, und zugleich berichtigen.

Daß im hohen Centralasien nicht alles Land in der ungeheuren Ausdehnung von Tübet bis zum Altai, und von dem Bolor im Westen bis zur chinesischen Gobi im Osten, in demselben Maximum der Plateauhöhe erster Klasse verbleibe, ist durch das russische Nivellement zwischen dem Baikal-See, Kiachta und Peking von Fuß und Bunge (1832) hinreichend dargethan, und durch Klaproth, A. v. Humboldt und Zimmermann auch auf der Westseite der Gobi höchst wahrscheinlich gemacht. Gegen Nordwest aber senken sich von der mittlern Höhe der Gobi von 4000 Fuß Plateaulandschaften, insgesammt der zweiten Klasse angehörig, bis zum Baikal (1332 Fuß über dem Meere) und Saison-See (keine 1000 Fuß), und zu den Vorstufen von Choimailocha, dem chinesischen Grenzposten gegen Sibirien (1000 Fuß) zu den niederen Vorstufen der Plateaufläche von Buchtarminsk (936 Fuß) und Semipalatinsk (708 Fuß) am Irtisch hinab, wo bald die Grenze der großen sibirischen Niederung ihren Anfang nimmt. Im Gesenke des Tarim und Lop=See bis gegen Aksu würde zwar das Gedeihen von Granaten, Weintrauben, wie die berühmten in der Oase von Hami, und die Baumwollencultur, die auch in Ili neuerdings trefflich im Gedeihen ist, auf eine Erniedrigung von 2000, vielleicht selbst bis zu 1200 Fuß absoluter Höhe zurückschließen lassen. Gegenüber der wahren Niederung des asiatischen großen Niederlands unter 500 Fuß könnte man aber selbst diesen Strich als Plateaubildung zweiter Ordnung bezeichnen.

Das Plateauland von Persien oder Iran (in seiner althistorischen Bedeutung) steht gewissermaßen auf der Grenze beider Klassen. Denn während die mittlere absolute Höhe 4000 Fuß beträgt, steigen Anschwellungen viel höher, sinken Eintiefungen unter die Normalhöhe. Sinken und Steigen geht durcheinander.

An seiner östkichen Erhebung gegen den Indus liegt das Plateau Kabul 6000 Fuß (die Stadt Kabul 5988 Fuß) über dem Meere. Am Nordrande das Plateau von Bamyan 7500 Fuß (die Stadt Bamyan im Thale 7462 Fuß). Weiter gegen Süden das Plateau von Kandahar 3500 Fuß (die Stadt Kandahar 3264 Fuß). Das Plateau von Kweltah im Westen des Bolan=Passes 5220 Fuß. Noch südlicher das hohe Plateau der Beludschen bis zu 7000 Fuß (die Stadt Kelat 5418 Fuß).

In der Mitte des östlichen Persischen Plateaus, im alten Gedrosien, Drangiana, Parthien, um den Zareh=See, ist dagegen die Einsenkung des Iranplateaus am stärksten. Mittlere Höhe am Zareh=See 2100 Fuß, zu Herat im Norden 2628 Fuß. Höher steigt es in Westpersien in der Meridianrichtung des Kaspischen Sees: am Nordrande zu Teheran 3672 Fuß, Schahrad im Südosten von Ostrabad 4000 Fuß, Kasbin westwärts von Teheran 4000 Fuß, Samegon 5700 Fuß. Die tiefste Einsenkung bei Kom und Kaschan ist nicht ganz bis 2000 Fuß über dem Meere. Gegen Nordwesten hin erstreckt Iran eine schmale Taille. Da verbindet das Hochland von Azerbidschan, das Feuerland des Zoroaster, Iran mit Armenien. Das verbindende Plateau von 7000 Fuß Mittelhöhe gehört zur ersten Klasse. Westwärts steigt das Armenische Plateauland in verschiedenen Stufen über den Wan-See (5124 Fuß) bis zur Araxes-Ebene 3000 Fuß, auf welcher der doppelte Kegel des Ararat bis 14,656 Fuß emporragt. Aber die Tafelfläche an seinem Nordfuße, wo Edschmiazin liegt, ist nur 2860 Fuß, Erivan etwas höher, 3312 Fuß, Erzerum auf dem Plateau des Taurus, der obern Euphratebene 5730 Fuß.

Die Plateaus von Kleinasien nehmen durch die Mitte der ganzen Halbinsel weit verbreitete Hochebenen ein, gegen Osten (im alten Lykaonien und Cappadocien) 3000 Fuß, westwärts zu 2000 Fuß herabsinkend.

Für diese Form der Armenischen und Lykaonischen Hochebenen hatte schon Strabo, der ihre charakteristische Gestaltung, weil hier seine Heimath war, als Augenzeuge kennen gelernt hatte, den sehr bezeichnenden Ausdruck *ὀροπέδια*, d. i. Bergebenen gebraucht, der vortrefflich unserm Begriffe der Plateaus entspricht, aber sonst im Alterthume selten vorkommt, wie schon A. v. Humboldt bemerkt hat. Strabo wendet ihn auch schon auf andere Oropedien in Sicilien und Indien an.

In Indien zeigt Dekan sehr charakteristische Formen dieser Art, die stufenweise in Mysore, im Punah der Mahratten, in den Tafelflächen Vindjan und Malwa sich von 2000 zu 3000 und 4000 Fuß von Süden gegen Norden erheben. Ein herrliches Terrassenklima und die reichste Fülle aller Naturbedürfnisse zeichnen Dekan aus. Auch China muß Plateauländer dieser Art haben, da der chinesische Ausdruck youen sehr genau eine erhabne große Fläche bezeichnet, die platt ist wie eine Ebene.

In Arabien heben sich die Plateaustufen dieser zweiten

Klasse in umgekehrter Ordnung, wie in Dekan, nämlich von Norden nach Süden. In Syrien im Hauran 2000 Fuß, das Damaskus-Plateau 2200 Fuß, das Plateau von Taif über Mekka 3000 Fuß, das Plateau von Sapaa im südlichen Arabien 4000 Fuß.

In Nordafrika hat sich das früher als Tiefland angenommene Gebiet eines Theils der Sahara durch die Messungen und Arbeiten unsrer deutschen Reisenden Overweg und Vogel auf dem Wege zwischen Tripolis und dem Tschad-See vielmehr zu einem mäßig hohen Tafellande der zweiten Klasse von durchschnittlich 1000 bis 2000 Fuß absoluter Höhe herausgestellt. Es beginnt sogleich mit dem Gharian Plateau (2000 Fuß) im Süden von Tripoli und sinkt erst gegen den Tschad-See zu einem Tieflande von 800 Fuß herab. Die mittlere Höhe beträgt nach Oudney 1500 Fuß. Es entspricht demnach diese mäßige Plateauhöhe der Sahara dem gleich hohen Plateau der Cyrenais (2000 Fuß).

Das Atlas-Plateau im Nordwesten des Erdtheils steigt noch zu einer höhern Stufe, zu 2000 bis 3000 Fuß; doch ist es bis jetzt noch an wenigen Stellen genau gemessen. Das Küstenplateau, auf welchem Marokko liegt, 1300 Fuß; der obere Lauf des Draa-Flusses gegen die Sahara 3000 Fuß; die weite hohe Ebene, auf welcher Timbuktu liegt, nach Renou's Schätzung 1500 bis 1800 Fuß absoluter Höhe.

In Südafrika ist das niedere Plateau der Karru-Ebenen als Vorterrasse des Betjuanen-Plateaus zu dem tiefliegenden Küstenrande der Capcolonie schon auf 3000 Fuß gemessen.

Amerika hat nicht wenig Plateaus der zweiten Klasse aufzuweisen, die aber der hohen Plateaubildungen der ersten Klasse zur Seite weniger beachtet zu werden pflegen, so bedeutende Räume sie auch einnehmen.

Längs der großen Senkung der Cordilleren, gegen die großen Niederungen des Orinoco, Amazonas und La Plata zu, begleiten sie in langen Zügen den Fuß des langen Kettengebirgs, und erscheinen mehr als Stufenländer der Uebergänge vom Hochlande zum Tieflande, als daß sie selbständige Formen bildeten. Da, wo A. v. Humboldt sie gegen die Ebene des Amazonas gemessen, hatten sie nur eine absolute Höhe von 1050 bis 1200 Fuß, aber mehr das Aussehen von wahren Ebenen, und unterschieden sich von dem anstoßenden Tieflande des Amazonenstromes nur durch ihre größere senkrechte Erhebung; ihr Abhang gegen die Stromverengung des Pongo von Manseriche war unmerkbar.

Zwischen den nordöstlichen dreifachen Verzweigungen der Transversalketten der Cordilleren südwärts bis zu den Ebenen des Orinoco wurden von demselben Forscher zehn verschiedene kleinere Plateaubildungen dieser niederen Art gemessen, die unter dem Ausdrucke der Tierras templadas, der temperirten Länder, im Gegensatze der heißen Niederungen (Tierras calientas), und der kalten Höhen (Terras frias) in den Küstenländern von Venezuela und Caracas bekannt sind, und zu mittleren Höhen von 1800 bis zu 6600 Fuß, also bis in die untere Grenze der ersten Klasse der Hochländer sich erheben.

Auch zwischen den Berggruppen Brasiliens werden manche Plateaubildungen niederer Art vertheilt sein, da die Bergzüge dort weniger in großen Ketten als in Gruppen liegen, nicht über 2700 bis 5700 Fuß Höhe zu erreichen scheinen, und zwischen sich große Räume unter dem Namen der Campos ausgebreitet lassen, die keine Niederungen, sondern vielmehr plateauartige Bildungen der Erdrinde von mittlerer Erhebung zu sein scheinen.

Die Südspitze Südamerika's, südwärts des Rio-Negro (45° S.Br.) bis zur Magalhaensstraße, erhebt sich (wie das Plateau der Hottentotten am Südende Afrikas), als Plateau Patagoniens, zu einem wahren Tafellande, von 1200 bis 1400 Fuß Meereshöhe. Es ist von nackten horizontalen Steinschichten, Porphyrgestein, oder ungeheuren Lavaströmen überzogen, und in der Richtung von der Ostküste auf dem Santa-Cruz-Strome von Capitain

Fitz Roy 1837 westwärts beobachtet, bis dahin, wo man in der Ferne die dasselbe begrenzende Schneekette der Cordilleren-Piks längs der Westküste aufsteigen sieht. Es fällt gegen Osten in mehreren Stufenplateaus bis zur schmalen Küstenniederung ab.

In Nordamerika ist auch erst in neuerer Zeit die in ungeheurer Breitenausdehnung in Nord-Texas und Indiana (von Osten nach Westen gegen 250 geogr. Meilen) zu beiden Seiten des Arkansas-Flusses allmählich immer höher aufsteigende Plateaufläche von Arkansas gemessen, die zwischeu St. Louis am Missisippi bis Santa-Fe am obern Rio-Bravo sich von 500 bis zu 7000 Fuß erhebt. Sie steigt in fast gleichförmiger, vorherrschend ebener, oder fast für das Auge unmerklich welliger Oberfläche, unter dem Namen der Prairien bekannt, von Ost gegen West zu verschiedenen Höhen auf. St. Louis im Missisippithale 420 F.; die östliche Arkansas-Plateau-Ebene 1500 bis 3000 F.; das westliche hohe Arkansas-Plateau von 3000 bis 7000 F., wo Santa-Fe in Nord-Neu-Mexico der Vereinsstaaten auf dem hohen Plateau am Ostfuße der Cordillerenkette 7047 F. liegt.

Dieses Tiefland in seiner mittleren Erhebung dehnt sich noch viel weiter nordwärts über den Missouri bis zu den nordischen Canadischen Seen aus. Die großen Seen, der Huronen- und Michigan-See 578 Fuß, und der Obere See 627 Fuß liegen als größte Vertiefungen auf dem dortigen weit ausgebreiteten Canadischen Plateau, das wohl von einigen hundert Fuß bis gegen tausend Fuß als klippiges Plateau aufsteigt, ohne eine eigentliche Gebirgskette zu sein, nur eine Wasserscheide bildend, welche Fremont und Nicollet gemessen haben.

Auch in Australien und Europa fehlt diese Form der niedern Plateaubildung zweiter Klasse nicht. In Australien ist sie jedoch fast nur auf das südöstlich vorspringende Triangelland des Festlandes beschränkt, wo es den bevölkertsten Theil, Neu-Süd-Wales, bildet, und unter dem Namen Kings-Tafelland bis zu

2500 Fuß aufsteigt und unter allen australischen Tafelländern den größten Raum einnimmt.

In Europa ist die Form des niedern Hochlandes am sichtbarsten vertreten durch das Spanische Hochland, das den bei weitem größten Theil der ganzen Halbinsel einnimmt. Auf ihm liegt Madrid in Neu-Castilien 2,100 Fuß, fünfmal höher über dem Meere als Paris im Tieflande an der Seine, gleich hoch wie Innsbruck in der Mitte des Tiefthales des Tyroler Alpenlandes zwischen Hochgebirgen: Toledo in der Einsenkung des Tajo 1734 Fuß über dem Meere. Die mittlere Höhe dieser südlichen Terrasse von Neu-Castilien, welche die Mitte Spaniens einnimmt, beträgt 2000 Fuß. Das nördlich daran grenzende Alt-Castilien, welches durch die querlaufende Gebirgskette der Guadarrama von jener Madrider Hochfläche geschieden ist, liegt um 1000 Fuß höher. Burgos in der Mitte 2700 Fuß, Segovia südlich davon 3100 Fuß. Die mittlere Meereshöhe von Alt-Castilien beträgt 3000 Fuß.

Zunächst folgt das Bayrische Plateau in Süddeutschland 1500—1600 Fuß hoch, eine weite Hochebene, auf der München 1570 F. und Augsburg liegen. Es zieht sich längs dem Donaulaufe von West nach Ost, von der niedern Schweiz (1000 Fuß) ostwärts bis unterhalb Regensburg.

Nach mittlern Berechnungen von A. v. Humboldt folgen die niedrigern Plateaubildungen der Auvergne im südlichen Frankreich mit 1040 Fuß Höhe; niedriger das Plateau von Burgund und Lothringen, das sich zwischen den Vogesen und Ardennen anschließt, 840 Fuß. Limousin, Aveyron, la Forez, Monts und Côte d'Or sind Plateaus.

Das Plateau von Lothringen mit einer mittlern Höhe von 648 Fuß liegt zwischen Rhein und Mosel. Das Plateau von Luxemburg reicht nordwärts zur Eifel, wo Prüm, und zu den Ardennen, wo Malmedy, Eupen, Namur, Lüttich und Aachen an der Grenze gegen das Niederland liegen.

Im mittlern Deutschland nehmen niedere Plateaulandschaften bis zu 1000 Fuß absoluter Höhe die Landschaften von Fulda, Oberhessen, die fränkische Rhön, das kalte Eichsfeld ein, und setzen sich, von Bergländern und Ebenen durchbrochen, durch Oberschlesien, Galizien am Nordfuße der Karpathen, bis Podolien oder Hochpolen bis zum Dnepr, also durch die Mitte von ganz Osteuropa, fort.

Ein nördlicherer Zug solcher an einander sich reihender niederer Plateaubildungen beginnt mit der Jütischen Landhöhe und tritt in Holstein, Meklenburg, dem ganzen Südrande von Pommern, West- und Ostpreußen bis Lithauen zu den Waldaihöhen auf. Er ist durch die reiche Seenzone charakterisirt, die er in vielen kleinen Bassins auf seinem Rücken trägt, und wird von den Flüssen Oder, Weichsel, Memel, Düna quer durchschnitten. Man hat ihn wohl theilweise mit dem Namen der Pommerschen, der Preußischen Seenplatte bezeichnet. In diesen Einsenkungen der Seebetten (ihre Spiegel liegen nur in einer mittlern Höhe von höchstens 300 Fuß), noch mehr in den Querdurchschnitten der Flußthäler, sinkt der Zug schon überall zu den Niederungen des Tieflandes herab, steigt aber in den darüber sich erhebenden flachen Berghöhen doch nur selten über 500 Fuß, also nur hier und da bis zur untersten Grenze niedriger Plateaubildung hinauf. Manche Theile dieser hier und da breitern Seeplatte mögen nur zusammengehäufte Dünenbildungen am Nordrande des großen mitteleuropäischen Tieflandes sein. Am höchsten erhebt der Plateaurücken sich noch in seinem äußersten Ostende, in den Waldai-Höhen, wo seine Bergebenen bis 1000 Fuß mittlerer Höhe erreichen. Ein allerhöchster Punkt erreicht 1098 Fuß.

Ostwärts der Wolga, die auf diesen Höhen ihren Ursprung nimmt, sinken alle Abfälle der Vorstufen durch kaum noch zu nennende niedrigere Anschwellungen oder Plateaustrecken zum Tieflande hinab.

Auf peninsularen Südgliedern Europas, wie in Morea (in Arkadien 2000 Fuß), in der Krim (auf dem Plateau von Simferopol 800—1200 Fuß) tritt diese Naturform der niedrigen Plateaus noch merklich hervor.

Die niedere Form der Plateaubildung ist also in großer Mannigfaltigkeit viel allgemeiner als die höhere Form durch alle Erdtheile verbreitet. Beide Formen nehmen vereint sehr große Räume der Erdrinde ein. Wir können sie wohl mit Recht die stetig geschlossene massige Erhebung der Erdrinde nennen im Gegensatz der vielfach unterbrochenen linearen Erhebungen der Erdrinde, der Gebirgsländer der Erde, die oft mit ihnen verwechselt zu werden pflegen und die bei den Geographen eine überwiegende Beachtung erlangt haben. Jene plastische Form der Plateaubildung war fast ganz in Vergessenheit gerathen. Erst A. v. Humboldt hat zu ihrer Wiederbeachtung verholfen. Durch viele hundert Messungen hat er ihre Form genau bestimmt und auf ihre Bedeutung für die Klimate, für die Krümmung der Isothermenlinien, für Zweige des Ackerbaus, für das physische und moralische Leben der Völker, ja, für den Entwickelungsgang der Weltgeschichte hingewiesen.

Indem wir diese Angaben für eine allgemeine Uebersicht hier schließen, müssen wir allerdings dem Vorwurfe A. v. Humboldts beistimmen, daß in den Geographien nun wieder ein großer Mißbrauch mit dem so lange vernachlässigten Worte Plateau getrieben worden. Wir müssen selbst diesen Vorwurf für unsere in der Allgemeinen Erdkunde, im Großen auf die Plateaus von Inner-afrika und Innerasien gemachte Anwendung gelten lassen. Damals, vor 30 und mehr Jahren war von wirklichen Messungen jener Plateaus noch nicht die Rede, und also unsere Unwissenheit die Ursache einer Generalisirung, welche nach Analogien von den Forschungen in der neuen Welt auf die alte Welt zurückschloß. Die falsche Anwendung dieser Ausdrücke, welche später von verschiedenen Seiten selbst auf artographische Darstellungen übergegangen sind, und oft craß genug, ja im Uebermaß zu versinnlichen suchten, was von uns nur im Allgemeinen angedeutet war, wollen wir auf sich beruhen lassen, und uns ungestört der seitdem außerordentlichen Fortschritte in der Plateaumessung erfreuen. Nur Eins bleibt noch zu erklären übrig. Wir setzen die untere Grenze der Plateaubildung bis gegen 500 Fuß, also tiefer als sie von dem Meister in Allgemeiner physikalischer Geographie im Großen angenommen wird.

„Anschwellungen des Bodens — bestimmt A. v. Humboldt — die einen kaum bemerkbaren Unterschied des Klimas und Vegetations-Charakters annehmen, kann man in der physischen Geographie kaum durch Plateaubildung bezeichnen." Nach seiner Meinung sind also nicht blos absolute Erhebungen für die Bezeichnung bestimmend, sondern auch noch andere harmonisch sie begleitende vegetative und klimatische Verhältnisse. So bleiben ihm Hochland und Tiefland sehr relativ und unbestimmt, wenn sie nicht im Zusammenhange stehen mit Höhen, Klima, Bodenrelief und Temperaturabnahme. Darum gilt Humboldt selbst die centrale Einsenkung Mittelasiens am Taringol kaum noch als Plateaubildung, und Bodenflächen von 200 bis 1200 Fuß absoluter Höhe verschwinden ihm bei seinen grandiosen Betrachtungen so sehr gegen die Gebirgsebenen von 6000 bis 10,000 daß sie von ihm mehr als Tieflande betrachtet werden.

Wir bleiben aber, da wir es nicht blos mit den großen Hauptlineamenten physischer Contraste zu thun haben, für die niedrigeren uns gewährten europäischen Höhenverhältnisse bei der Unterabtheilung des Maßstabes von 500 Fuß absoluter Höhe für das Tiefland, zum Verständniß auch der Specialgeographie stehen. Bei Vergleichung dieser Naturformen zweier Erdtheile, wie Amerika und Europa, kann man allerdings verschiedene Ordnungen dieser numerischen, blos relativen Unterscheidungen kaum umgehen, wo alles, was groß, hoch, klein und niedrig, so verschiedenen Werth hat

Wir gehen nun zu den viel mannigfaltigern und überraschenden Erscheinungen der Gebirge ihren Hauptmomenten nach über.

Gebirgsländer.

Gebirgsländer können nicht in strictem Sinne, gleich den Plateaus, Hochländer genannt werden, weil sie keine geschlossene Gesammterhebungen von ganzen Massen der Erdrinde sind, nicht wie jene massig, d. h. nach allen Seiten in Breite und Länge sich gleichmäßig erheben. Die Gebirge der Erde treten nicht in Erhebungsmassen oder Flächen, sondern in linearischen Richtungen, vorherrschend als Erhebungslinien in bestimmten Normaldirectionen hervor. Gruppirungen von Gebirgszügen, Gebirgsketten, können zwar vereinzelter, oder auch massiger, mehr oder weniger dicht in ihren einzelnen Gliederungen zusammenstoßen aber keineswegs als Continuitäten, und doch ein zusammengehöriges systemartiges Ganze bilden.

Die Gebirge, mit unzähligen Einschnitten, Spalten, Einstürzen, Einsenkungen, tiefen Felsschluchten, Thälern aller Art, nach allen Richtungen unterbrochen, durchschnitten, und darum überall in ihren Massen von einander theilweise oder gänzlich unterschieden, sind der directe Gegensatz der Plateaus. Sie haben zwar öfter auch wohl eine gemeinsame, mehr oder weniger höhere Gesammterhebung als ihre nächsten Umgebungen, der Fuß der Berge. Aber diese gehört nicht zu ihrem Wesen und kann auch fehlen. Diese Gesammterhebung ist relativ nur sehr gering, sie bezeichnet nur den gemeinsamen Fuß des Gebirges. Im Schweizerlande steigen die Gebirge 13000 bis 14000 Fuß empor; der gemeinsame Fuß derselben hat nur 1000 bis 2000 Fuß senkrechte Höhe. Die Trennung überwiegt bei weitem den Zusammenhang.

Der Charakter des Gebirgslandes ist die bedeutende Particularerhebung isolirter Gipfelmassen: große Differenzen innerhalb kleiner Distanzen, im Gegensatz kleiner Differenzen oder Gleichmäßigkeit der Specialhöhen innerhalb großer Distanzen, was den Charakter der Plateaumassen ausmacht. Die Plateaubildung in ihrer Continuität ist Erhebung der Erdrinde mit vorherrschender Gleichheit oder Einförmigkeit der Oberflächenräume. Die Gebirgsbildung ist wieder das gerade Gegentheil, nämlich Erhebung derselben zu einer fortgeschrittenen mannigfaltigsten Entwickelung, zur Individualisirung der Erdlocalitäten. Man kann sie also nicht blos als einen verschiedenen Typus der Hochländer und Plateauländer ansehen. Hier treten Erhebungen langer Berglinien als Ketten mit Gebirgsjochen, in Aesten und Verzweigungen, Vorbergen aller Art, mit ihren individuellen Bergpunkten als Kuppen, Kegel, Piks hervor. Und diese steigen von den niedern zu den mittlern und meilenhohen Riesenhöhen auf.

Und wie diese sich heben, so stürzen gleichzeitig zwischen ihnen die Senkungen und Tiefthäler hinab; je höher die Ketten und Gipfel, desto tiefer die Spalten und Schluchten, die Thäler und alle Arten von Einsenkungen und Abgründen. Den Riesengipfeln der Alpen entsprechen die Felstiefen der Alpenthäler mit ihren Thalengen oder Seefüllungen — den noch kolossalern Felshörnern der Cordilleren ihre steilen Barrancos in Süd-, und die Cañones in Nordamerika. Die Thäler bilden den Gegensatz der Hochgebirgsgipfel. Sie haben so wenig den Charakter des Niederlandes der Erde, wie jene die Einförmigkeit der Plateaulandschaften theilen. Es sind plastische Gestaltungen eigenthümlicher Art, wenn schon unendlicher Mannigfaltigkeit. Das Hochgebirgsland hat auf verhältnißmäßig kleinstem Raume eine doppelte Naturfülle von Formen und Bildungen aller Art beisammen und vereinigt die Contraste des Hochlandes und der Niederung. Die Gebirgsländer, die Hochgebirgsländer, das Alpenland erhielten wichtige Functionen in dem Haushalte der Natur, in der Geschichte und Entwickelung der Völker zu erfüllen und andere als in monotonen Plateaulandschaften, auf denen weniger die Festansiedelung möglich war, sondern das nomadisirende Leben der Völker vorherrschend bleiben mußte. Schon deshalb kann der Geograph Gesammterhebung und Particularerhebung nicht, wie der Geolog, blos als einen verschiedenen Typus des Hochlandes anerkennen, sondern als eine ganz verschiedene Klasse der Erdoberflächengestaltung.

Es kommen aber diese Gebirgslandschaften der Erde mit den kleinern und größern, niedern und hohen Plateaulandschaften der Erde in den mannigfaltigsten Zusammenstellungen, Uebergängen und Combinationen vor, wodurch eben Verwechselungen bei noch ungenauer Ermittelung leicht möglich sind. Bei den noch sehr mangelhaften Messungen vieler Erdgegenden muß man sich vorerst nur mit Wahrscheinlichkeiten in dieser Beziehung begnügen. Scharfe, mathematische Grenzen sind bei den vielen physikalisch möglichen Uebergängen dieser Gruppirungen in einander nur selten nachzuweisen.

Nicht blos die geringere oder größere Höhe ist es, welche die Aufmerksamkeit auf die Gebirge der Erde lenken sollte. Es treten bei ihrer Betrachtung noch viele andre ebenso wesentliche Verhältnisse hervor, die weniger beobachtet zu werden pflegen. Es ist allerdings nicht gleichgültig, ob Gebirge nur einige hundert, oder 1000, 5000, 10,000, 20,000 Fuß in das Laboratorium der oberen Luftschichten, aus denen die Niederschläge in die untern stattfinden, hineinragen. Und so mag denn das Höhenverhältniß zuerst zur Betrachtung kommen.

Man unterscheidet niedere Berge, Vorberge, Hochgebirge, Alpen, Riesenberge. Gegen das ganze Volumen des Erdballs verschwinden zwar die Alpen und selbst die Riesenberge der Erde als ein fast unmerkbares Minimum.

Nur wenige Gipfel übersteigen eine deutsche Meile (der Mount Everett 27,210 Par. Fuß) machen also $\frac{1}{1719}$ des Aequatorial-Durchmessers aus.

Da aber fast alle Berge der Erde sehr viel niedriger sind, so wäre selbst ihr Gesammtvolumen noch von keiner für das Ganze großen Bedeutung. Denn durch Rechnung ist gefunden, daß man aus der Dicke dieser äquatorischen Anschwellung schon das ganze Relief der Erde (seinem Volumen nach) erhöhen könnte, ohne auch nur die polare Abplattung dadurch ausfüllen zu können.

Vom generellen Standpunkte aus erscheint die also abnorme Bergerhöhung der Erdoberfläche so unbedeutend, daß man sie wohl schon früher mit bloßen Runzeln der äußern Oberfläche einer Apfelsine verglichen hat. Richtiger aber verglich sie Dolomieu mit den noch viel geringern Rauhigkeiten an der Oberfläche des Hühnereies.

A. v. Humboldt hat für allgemeine kosmische Zwecke, um den Schwerpunkt des Volumens der Länder zu finden, welche im jetzigen Zustande unsers Planeten sich über den Ocean erheben, sehr mühsame Berechnungen angestellt, und gezeigt, daß man früherhin ein viel zu großes Gewicht auf die Berghöhen bei allgemeinen planetarischen Betrachtungen gelegt hatte. Genaueste Forschungen zeigten ihm, daß die Summe aller Berge Frankreichs, wenn man ihre Masse gleichmäßig über ganz Frankreich vertheilen könnte, dessen ganze Oberfläche doch nicht um mehr als zur mittlern Höhe von 816 Fuß über den jetzigen Meeresspiegel erheben würde. Alle Berge Europas, auf gleiche Weise über diesen Erdtheil verbreitet, würden ihn nur um 630 Fuß erhöhen. In Asien würde die Erhöhung auf 1080 Fuß, in Nordamerika auf 702 Fuß, in Südamerika, wo die gewaltigen Cordilleren eintreten, bis auf 1062 Fuß steigen. In allen vier Continenten zusammengenommen würde die Gesammterhöhung nur 947 Fuß über den Meeresspiegel betragen.

Auch daraus geht das im Ganzen doch sehr geringfügige Volumen der ganzen Summe aller absoluten Erhabenheiten der Erdrinde hervor, so bedeutend auch die relativen Höhen derselben Erhabenheiten in ihren individuellen Vertheilungen auf die verschiedenen einzelnen Localitäten der Erde erscheinen mögen.

Dennoch verdient die Naturform der Gebirgslandschaft als Raumfüllung der Erdoberfläche ganz besondere Betrachtung, da sie nach allen Richtungen hin ungemein einflußreich für Natur und Menschen bleibt, und weil in ihr auch allein die innere Structur der festen Erdkruste ihren Aufschluß findet.

Einzelne Berge, wenn auch von bedeutender Höhe und Umfang, wie der Aetna, Vesuv, Pick von Teneriffa und viele Vulkankegel, sind noch keine Gebirge. Auch wenn sie ohne Verbindung in größerer Zahl regellos wie Maulwurfshaufen auf einer Wiese neben einander liegen sollten, würde man das nur Hügel- oder Bergland nennen, aber noch kein Gebirge, kein Gebirgssystem. Schon die Sprachform, auf Reduplication eines Gemeinsamen hindeutend (wie bei Gesenke als ein zusammenhängendes Sinken), bezeichnet auch nothwendig ein zusammenhängendes Ganze von Höhen.

Die Größe der Gebirge kann sehr wechseln; und eine bestimmte Größe ist nicht gegeben; doch mögen wenige Gebirge sein, die unter 5 Meilen Länge und unter 1500 Fuß Höhe diesen Namen erhalten hätten. Noch andre Nebenverhältnisse tragen das Ihrige zur Bestimmung dieses Begriffes bei, wie ein Gebirgsrücken, oder Kamm, der das Ganze zur Einheit verbindet (eine Wasserscheide schon weniger, obwohl man eine solche dabei voraussetzt); das Gestein, der Fels, woraus das Gebirg besteht; denn schon der Ausdruck Berg ist im Altdeutschen noch gleichbedeutend mit Felsgestein, im Gegensatz lockerer Erde (in der Bergmannssprache „tauber Berg"). Sanddünen, wenn sie auch, wie in Holland, in langen und hohen Reihen, oft aus der Ferne wohl wie Berge auf einander folgen, oder bloße meist künstliche Erdhügel, wie die Tells in den syrischen Steppen, oder andre Anhöhen, selbst bis

1000 Fuß Höhe, hier und da in den norddeutschen Ebenen, wo sie der Holländer, der Niederländer, der Anwohner der Ostsee Berge nennt, bilden noch keine Gebirge. In Süddeutschland und in der Nähe hoher Gebirge werden sie nur Hügel genannt; am Nordfuße der Alpen werden noch viel größere Höhen zur ebenen Schweiz gerechnet. Für die Benennungen der Höhen ist daher stets zu beachten, ob der Berichterstatter im Himalaya oder im Tieflande von Osteuropa zu Hause sei.

Um den so schwankenden Sprachgebrauch einigermaßen zu fixiren, lassen wir den bestimmtern Maßstab für die Verhältnisse der großen Gebirgssysteme der Erde erst mit gleichzeitig veränderten physischen Erscheinungen beginnen. Die Alpen der Schweiz, die Musterbildung eines Gebirges, sind der Ausgangspunkt für Terminologie der Berghöhen geworden.

Obgleich diese physischen Erscheinungen in andern Zonen wechseln, so behalten wir doch den einheimischen Maßstab zur möglichen Vergleichung derselben bei, weil dieser für die Mitte der gemäßigten Zone der allein geltende geworden ist.

Voralpen nennt man die Zone der Gebirge von 2000 bis 5000 Fuß über dem Meere; Mittelalpen die von 5000 bis 8000 Fuß; Hochalpen die von 8000 bis 10,000 Fuß, über denen die Riesengipfel bis zur Montblanchöhe emporragen.

Einen andern Maßstab bieten die kolossalen doppelt so hohen Riesengebirgssysteme des Himalaya und der Cordilleren in Asien und Amerika, der mit jenen leicht in Uebereinstimmung zu bringen ist.

Die lineare Richtung der Gebirge, oder ihre Erhebungslinie, welche so charakteristisch in dem Worte Gebirgskette mitbezeichnet ist, bietet nach Richtung, Umfang, Zahl, Stellung, Gliederung sehr verschiedenartige Verhältnisse dar. Ist die Richtung eine gerade Linie, so kann von einer Längenaxe der Kette die Rede sein, welches die ideale Erhebungsaxe der ganzen Kette bezeichnet. Nach A. v. Humboldts Berechnungen messen in ihrer Länge die Pyrenäen 50 geogr. M., die Alpen vom Montblanc bis zur ungarischen Grenze 112 geogr. M., der Ural 120—444 geogr. M., das Scandinavische Gebirge 240 geogr. M., der Altai 216 geogr. M., der Kuenlün 260 geogr. M., der Thian schan in Inner-China 366—466 geogr. M., der Himalaya 345 geogr. M., der Jablonoi Chrabit 120 geogr. M., der Aldan 90 geogr. M., die Ghats 164 geogr. M., die Anden bis zur Landenge von Panama 960 geogr. M., die Anden bis zur Behringsstraße 2000 geogr. M.

Ueber Anfang und Ende einer Gebirgskette kann die Annahme öfters schwanken, je nachdem man blos auf die Oberfläche oder auch auf die innere Construction und die Bestandtheile Rücksicht nimmt, z. B. beim Ural, ob Nowa Semlja seine Fortsetzung sei, bei den Cordilleren, ob eine oder zwei Ketten durch das Plateau von Mexiko gehen.

Reihen sich mehrere Kettenzüge seitwärts an einander, so gewinnt das Gebirg auch eine größere Breite, und es kann von Querachse die Rede sein, welche im rechten Winkel auf die Längenmassen gerichtet gedacht wird. Darin liegt der Unterschied der Kettengebirge mit vorherrschenden Längendimensionen von den Massengebirgen, in denen auch die Breitendimensionen bedeutender werden und bis zur Dimensionengleichheit fortschreiten können, wie bei Vogesen, dem Schwarzwald, Fichtelgebirge, Harz, Ardennen u. a. Man muß daher einfache und zusammengesetzte Gebirge unterscheiden, die dann Gebirgssysteme bilden. Alle großen Gebirgsketten der Erde bestehen aus mehreren, oft aus sehr vielen Gruppirungen, und sind Gebirgssysteme. Nehmen sie große Höhen und Breiten ein, so fassen wir sie unter den Begriff der Alpenländer zusammen. Oft kann die Gruppirung verworren, regellos erscheinen, aber nur weil unsere Kenntniß noch unvollkommen ist, und das Gesetz ihrer Construction noch unerforscht geblieben. Dieses Gesetz liegt in ihrer Wurzel, in der geologischen Beschaffenheit ihrer Grundlage, von der die äußere Erscheinung in den meisten Fällen erst ihre Gestaltung erhielt, verborgen. Oft ist das äußere Gewand durch hinzugetretene Verhältnisse zerstört, verwittert, oder durch spätere Ueberlagerungen nur verdeckt und unkenntlich geworden. Hier greift die Genesis, das Entstehen, sehr oft bestimmend in die Beurtheilung der äußern Erscheinung in der Gegenwart ein. Die Orographie kann daher erst durch die Geognosie ihre sichere Grundlage erhalten. Aber da diese geognostische Forschung selbst noch sehr unzureichend an vielen Erdstellen geblieben ist, so müssen auch schon die äußern Erscheinungen zu Regulativen ihrer geographischen Beschreibungen dienen. Orographie und Geognosie sind erst werdende Wissenschaften, die Hand in Hand gleichmäßig fortschreiten müssen.

Bei der einfachen Gebirgskette ist die Unterscheidung ihrer Theile leicht: Fuß, Ansteigen zu einem Gebirgsrücken oder Kamm und zu den besondren Kuppen und Gipfeln, die über denselben sich erheben, oder neben demselben oder in verschiedenen Armen und Vorsprüngen oder Vorhöhen verzweigen. Kleinere Gebirgsinseln sind durch ein solches elementares Studium besonders lehrreich als abgeschlossene Ganze. Aber alle größern Gebirge sind keine einfachen, sondern oft sehr zusammengesetzte, vielgliedrige Systeme, deren Zusammenhang und Gestaltung oft sehr schwer zu ermitteln ist. Denn erst aus der Erforschung der einzelnen Glieder kann der Charakter des Ganzen hervorgehen.

Der Fuß auf dem welligen Boden des Gebirgsumkreises oder die Peripherie des Systems kann nur durch genaue Nivellements ermittelt werden. Der Geognost geht aber noch tiefer unter den Fuß, und fragt nach dem Kern, der in der Erdrinde verborgen die Basis des Gesammtfußes bildet, auf dem die zerspaltete Gipfel- und Kettenbildung erst als ein Ganzes zu einem Alles zusammenfassenden Systeme hervorging. Dieser Kern des

Gebirgssystems wird, wie L. v. Buch gezeigt hat, gewöhnlich von Massen gebildet, die eine ellipsoidische Form haben, deren Längenaxe die Queraxe bedeutend überwiegt. Daher die vorherrschenden Längenzüge der Gebirge in der Längenrichtung der Ellipsoide. Die Kette der helvetischen Alpen bietet etwa ein Dutzend solcher elliptischer Kerne von verschiedenen Bestandtheilen dar, die sich in der Tiefe des Fußes sehr verschiedenartig an einander gereiht haben, nach denen die Formen der Oberfläche ihre Gestaltungen und Gruppirungen annehmen. Sie wachsen aus dem Kerne, wie Stämme aus der Wurzel. Wo sich die Kerne in der Tiefe begrenzen, spalten sich auf der Oberfläche die Höhen. Das Aufsteigen der oberflächlichen Erscheinungen kaum auf sehr verschiedene Art geschehen.

1) Die Längenaxen dieser Ketten können unter sich einen Parallelismus behaupten, wie bei einem Theile der helvetischen Alpen, dem Jura, dem Ural, den Cordilleren, dem Himalaya.

2) Die Ketten sind nicht parallel, sondern divergiren, oder convergiren. So divergiren die Alpen im Osten und gabeln sich nach Nordost und Südost, die Rocky Mountains strecken fünf bis sieben divergirende Gliederketten nach der Polarseite aus u. s. w.

Convergirende Ketten können unter verschiedenen Winkeln zusammenstoßen, sie können zu großen massigen, die einzelnen Ketten überragenden Anhäufungen werden, zu Knotenpunkten, die dann öfters auch zu den größten massigen Höhenpunkten und luftigen Gipfeln emporschwellen: So die Westalpen und die Mittelalpen an ihren Nord- und Westenden im Montblanc-Gebirge. A. v. Humboldt unterscheidet fünf Knotenpunkte in den Cordilleren Südamerikas: Porco, Cuzco, Pasco, Assuay und Los Pastos, deren genauere Kenntniß den Bau der Cordilleren erläutert. Aber auch unter sich können die convergirenden Seitenketten sich an verschiedenen Knotenpunkten vereinen, wie die Cordillerenketten in Ober-Peru um den Titicaca See, die drei

Ural-Ketten am Irmel Tau, wie die Himalya-, Kuenlün- und Hindukhu-Ketten im hohen Kaferistan, die Berner Oberalpen, die Walliser und Graubündner Ketten des helvetischen Alpengebirgs im Gebirgsknoten des St. Gotthard u. a. Doch sind solche Auseinanderschnürungen bei den Kettengliedern hinter einander, neben einander, oder in wiederholten Reihen nie ganz regelmäßig oder mathematisch genau, sondern nur in ihren großen Gesammtverhältnissen überschaulich wahrzunehmen, in Specialitäten aber nur mit der Boussole linearisch zu ermitteln. Dann treten die in bestimmten Winkeln sich abwendenden Glieder und Zweige hervor, die ein labyrinthisches Ansehn geben und den Ueberblick erschweren, bis das gemeinsame Gesetz des Gesammtverlaufs meist erst durch die innere geologische Structur aller besondren Theile gefunden und so die Einheit des Zusammenhangs wieder klarer und übersichtlicher sich darstellt [1]).

3) Wenn von einem gemeinsamen höhern Mittelpunkte die Gliederungen der Ketten, sammt ihren Thälern strahlenförmig, radienartig nach allen Richtungen hin auslaufen, so entsteht strahlige Gliederung. Bei Massengebirgen, zumal vulkanischen, scheint eine solche Disposition vorherrschend zu sein, die sonst seltner ist, so im Mont d'or und dem Cantal. An ihren Enden senden die Meeralpen gegen das Mittelmeer, der Ural gegen das Nord-

[1]) Nicht unpassend hat man die Geologie mit einer Anatomie der Gebirgsketten verglichen, weil sie gleich der Anatomie der Organismen genügende Aufschlüsse durch Zerlegung der Ketten über ihren innern und äußern Zusammenhang, durch ihre Bestandtheile und Construction geben kann. Je mehr diese Ketten im Einzelnen geologisch studirt werden können, desto sicherer ist der Aufschluß, den das Ganze dadurch erhält. In sofern haben die kleineren und gesonderten europäischen Gebirgsformen, zumal in Mitteldeutschland, die Grundlagen der geologischen Wissenschaft abgeben können, weil in ihnen die unendliche Mannigfaltigkeit auch aller colossalen Gebirgsformen erst zugänglich und erforschbar werden konnte, um sie in jenen wieder zu erkennen.

eismeer, die Quito-Cordillere gegen den Mexicanischen Meerbusen solche strahlige Gliederung aus.

4) Die ringförmige Gliederung möchte vergleichungsweise den geraden Gegensatz der strahligen bilden. Sie kommt zur Erscheinung, wenn eine mehr kreisförmige Bergumkränzung in ihrer gemeinsamen Mitte keine Gebirgserhöhung, sondern vielmehr eine geringe Einsenkung einschließt. So sind zwei Berglandschaften Mitteleuropa's sehr eigenthümlich gebildet, Böhmen und Siebenbürgen. Zwar ist der kreisförmige Ring bei der Umgebung Böhmens aus mehreren Gebirgsketten von sehr verschiedenen linearen Erhebungsrichtungen gebildet, die nur an ihren Enden zusammentreffen, ohne gerade einen vollständigen Kreis zu bilden. Auch ist die mittlere Einsenkung nur in relativem Sinne ein Tiefland, sondern ein niedriges, bergiges, oft hügeliges oder ebenes Land, das aber in seiner Gesammtüberschauung zu dem unpassenden Ausdruck des böhmischen Kessels verführt hat. Dieselbe Irregularität wiederholt sich auch bei der Siebenbürgischen Landschaft. Ihre Umkränzung besteht auch aus sehr verschiedenen Gruppen, unter sich mehrfach unterbrochener einzelner Gebirgsglieder, welche in Kettenzügen von sehr verschiedenen Höhen (bis 1800 Fuß) und Directionen, nur kreisartig, eine centrale tiefer liegende (bis 2200 Fuß über dem Adria-Meere) scheinbare Ebene umlagern, die aber doch noch eine Berglandschaft genannt werden muß, eben so wie der Böhmische Kessel auch in anderm Sinne eine von Gebirgen umkreiste Plateauebene genannt werden kann. Die ringartige Gliederung ist eines der seltneren Vorkommnisse der Gebirgsbildung. Vollkommene Ringgebirge finden sich häufig im Monde.

5) Eben so selten ist die wirkliche gegenseitige Durchkreuzung von Gebirgsketten ganz entgegengesetzter Richtungen, z. B. von Osten nach Westen und von Norden nach Süden, wie eine solche Erscheinung durch A. v. Humboldt in der Durchkreu-

zung der Parallelketten des Himalaya, Kuenlün und Hindukhu mit den Meridianketten des Bolor oder Belurtagh nachgewiesen ist. Auf die bedeutende Strecke von 35 bis 40° N. Br. ist gitterförmige Bildung von Thälern und Bergketten mit vielfachen Durchbrechungen und hoch anschwellenden Knotenpunkten vorherrschend. Der berühmteste Knotenpunkt ist der hohe Pamir-Paß (zwischen 37° 30′ und 90° 5′ N. Br., gegen 18,000 Fuß hoch geschätzt), historisch seit dem sechsten Jahrhundert bekannt, und schon von Marco Polo, wie auch von älteren griechischen Wanderern beschrieben. Bei den dort anwohnenden Persern heißt er: Dach der Welt. Auch an andern Erdstellen scheint sich solche Durchkreuzung, wenn auch in geringerm Maßstabe, zu wiederholen. So am Altai um den See Tetzkoi, in den westlichen Alpen der Schweiz, auch wohl in den sich durchschneidenden Porphyrketten des Rhodope in Rumelien nach Visquerel. Solche gitterartige Form mancher Gebirgsmassen scheint nur aus den verschiedenen Erhebungsperioden der sich durchkreuzenden ältern und jüngern Gebirgsketten hervorgegangen zu sein. Dabei konnten Zertrümmerungen und Spaltungen, wie Aufrichtungen und Knotenanschwellungen nicht fehlen.

Schon die verschiedenen Gruppirungen der Längen, Breiten und linearen Richtungen, die verschiedene Art des Zusammenhanges und der Unterbrechung ergiebt die verschiedenartigste Charakteristik der Gebirge. Aber noch tritt die Mannigfaltigkeit ihrer senkrechten Erhöhungen und der Wechsel ihrer Einsenkungen hinzu, ihrer Sättel und Pässe. Die Maxima ihrer Erhöhungen und Vertiefungen oder das Verhältniß ihrer Gipfelhöhe zu ihren Einstürzungen, Thälern, Einschnitten, Pässen und Uebergängen giebt ihnen einen eigenthümlichen Culturcharakter für die Nachbarvölker.

Die mittlere Paßhöhe der Gebirge giebt die Höhe des zusammenhängenden Gebirgsrückens oder die Kammhöhe, den Rückgrat, der Communicationspunkte darbietet. Das Verhältniß der mittlern Gipfelhöhe zu dieser mittlern Kammhöhe ist bei den verschiedenen Gebirgen sehr verschieden. A. v. Humboldt hat diese Verhältnisse bei verschiedenen Gebirgssystemen so berechnet:

Himalaya.		Cordilleren.	
Gipfelhöhe	= 25,000 F.	Chimborazo	21,000 F.
Paßhöhe	= 15,000 F.	Paßhöhe	= 10,000 F.
Fuß	= 1,000 F. (Delhi).	Fuß	= = 0 F. (Meer).

Alpen.		Pyrenäen.	
Montblanc	14,500 F.	Maladetta	10,722 F.
Paßhöhe	7,200 F.	Paßhöhe	= 8,000 F.
Fuß	= 12,00 F.	Fuß.	= = 0 F. (Meer).

Oder auch: die Kammhöhe verhält sich zur Gipfelhöhe bei Alpen und Kaukasus wie 1 zu 2, bei Himalaya, Cordilleren von Quito und Alleghany wie 1 zu 1,8, bei Pyrenäen und Cordilleren von Bolivia wie 1 zu 1,5.

Bei den Alpen ist also die Gipfelhöhe das Doppelte der Paßhöhe, ihre Pässe sind also die tiefsten gegen die Höhen, die Alpen am zugänglichsten, am übersteigbarsten, was von Bedeutung für ihren Culturcharakter ist. Ihren Gegensatz bilden die Pyrenäen, das unzugänglichste und trennendste Gebirge von Europa. Die Stellung der Gebirge ist für das Gesammte der tellurischen Verhältnisse der Länder- und Völkerstämme von größter Bedeutung.

Ob centrale Gebirge oder Küstenketten, wie Ural oder Atlas, ob doppelt maritime wie der Kaukasus zwischen Kaspischem und Schwarzem Meer, oder die Mexikanische Kette zwischen zwei Oceane gestellt, der Civilisation am zugänglichsten sind, ob Gebirge Meridianketten sind, wie Ural, Scandinavisches Gebirge, Alleghany in einer Hemisphäre oder die Cordilleren, die aus den Tropenwelten nach beiden Polarwelten sich ausdehnen; oder ob sie den Parallelkreisen der Erde gleichlaufen, also in gleichen Breiten fortstreichen mit nördlichen Schattenseiten und südlichen Sonnenseiten, oder mehr in diagonaler Richtung mit wechselnden Nord- und

Südgehängen, wie die Schweizeralpen von Südwest nach Nordost und der Kaukasus von Nordwest gegen Südost — alle diese Verhältnisse sind von einflußreichster Bedeutung. Von nicht minderer Wichtigkeit ist es, ob die Gebirge nur Randgebirge anderer Plateaumassen sind, die nur einseitige Entwickelung haben, wie der Himalaya gegen Süden, der nördliche Taurus gegen Norden, weil sie die ihnen nord- und südwärts vorgelagerten Plateaubildungen nur begleiten uud daher gegen diese nur geringe Abfälle haben können.

Da Plateauländer meist zu beiden Seiten ihrer Erhebung solche Randgebirge zeigen, so hat man diese auch wohl zweien Rahmen verglichen, zwischen welchen die ebene Plateaulandschaft wie ausgespannt liegt, und gewöhnlich ziemlich gleiche Höhe zeigt. Sind diese Plateaubegleiter aber nicht unmittelbar anstoßend, sondern durch tiefere Einsenkungen von denselben abgerückt, aber noch mit ihnen in gleichen Streichungslinien geblieben, so hat sie A. v. Humboldt nur Umwallungen genannt, wie den Altai an der Nordseite des asiatischen Centralplateaus. Die Senke zwischen dem Altai und dem Centralplateau ist zum Theil mit Seen besetzt. Ebenso könnte der Kaukasus als Umwallung des armenischen Plateaus genannt werden, durch Kur und Araxes getrennt. Doch tritt bei ihm noch ein anderes Verhältniß ein, eine theilweise Verknüpfung mit dem Plateau am Westende durch die Moschischen Berge. Ebenso ist die Pyrenäenkette in der östlichen Hälfte eine Umwallung des castilischen Plateaus, von dem sie durch das Ebrothal abgerückt ist, bildet aber in dem westlichen Drittel ein wahres Randgebirge Ober-Castiliens und des hohen Biscaya.

Lagern Gebirgsketten sich mitten über Plateaubildungen, so daß ihr Fuß schon auf der Plateauhöhe steht, ihre Gipfel dann nur relativ niedrig erscheinen können, obwohl sie doch durch ihre Unterlage schon gehoben, zu sehr großer absoluter Höhe über dem

Meere aufsteigen: so dürfte man diese wohl im Gegensatz anderer, aufgesetzte Gebirge nennen. So der Kuenlün, der Thianschan in Centralasien, die Guadarrama zwischen Alt- und Neu-Castilien, die Stony oder Rocky Mountains in Nordamerika. Oft erscheinen solche aufgesetzte Gebirge als Neben- und Parallelketten mächtiger Randgebirge und scheinen den Doppelrahmen zu vervollständigen, zwischen welchen das Plateau aufgehäuft ist.

Der Geologe hat in diesem Falle den vergleichenden Ausdruck von Nähten gebraucht, weil durch sie die einzelnen Abtheilungen des Plateaus, welche verschiedene Höhen besitzen, wie zusammengeschweißt erscheinen. Die Bergketten sind ihm nämlich ausgefüllte Risse, oder Erdspalten der festen Kruste, die aus der Tiefe durch feuerflüssig hervorgedrungene Massen zugestopft, gewissermaßen das Ganze zusammengeleimt zu haben scheinen. Unsre aufgesetzten Gebirge würden dann, wie andre, ebenfalls hervorgehoben sein, was die Bestandtheile ihrer Massen nachzuweisen hätten.

Auf kleineren überschaulichen Plateaubildungen finden sich auch Analogieen zu dieser Bildungsweise aufgesetzter Gebirge. Die erloschene Vulkangruppe der Auvergne ist so dem Centralplateau des südlichen Frankreich aufgesetzt, das nach Ramond nur eine mittlere Höhe von 1000 Fuß hat. Die ehemalige Vulkangruppe der nördlichen Rheingegend hat so die noch niedrigere Hochebene der dortigen Grauwackenbildung durchbrochen und ist eine dem Plateau aufgesetzte Gebirgskette.

Gänzlich von Plateaubildungen und ihren Randgebirgen sich nach andern Directionen abzweigende Gliederungen scheinen doch immer noch in einer gewissen Beziehung zu jenen zu stehen, wenn sie auch nicht als fortgesetzte Verzweigungen derselben betrachtet werden können. So z. B. der Libanonzug, der von der Süd-Tauruskette sich südwärts durch Syrien und Palästina in rechtem Winkel abwendet, die Kuznetskische Kette und der Alatau, die goldreichen, nordwärts gehenden Abwendungen vom Altai gegen Tomsk, der Jablonoi und Stanowoi Chrabet gegen Nordosten; die noch sehr wenig gekannten Gebirgszüge, welche vom Centralgebirge Hinterindiens südwärts durch die Halbinsel Malakka sich abzweigen u. a. m.

Völlig verschieden von diesen geselligen Stellungen zeigen sich die ganz freistehenden Gebirgssysteme mit gleichartigen Senkungen zu Vertiefungen nach allen Seiten hin, mit vorherrschend doppelter, oft doppelartiger Abdachung bis zu dem Fuß in der Niederung. So sind vorzugsweise die europäischen Gebirge gestaltet, wie Ural, Karpathen, Scandinavische Kette, Alpen, Appenninen und zum Theil noch die Pyrenäen. Sie haben keine einseitige Stromentwickelung, wie Himalaya und Cordillerenketten, und in jeder Hinsicht doppelten Naturreichthum und Naturmannigfaltigkeit erhalten, wodurch die europäischen Systeme für ihre geringen Dimensionen vielfach entschädigt sind. Ihre doppelseitige freie Stellung ließ sie auf beiden Seiten Civilisation entwickeln, nach allen Seiten hin Flüsse entsenden, während vom Himalaya nur Südflüsse, von den Cordilleren nur Ostflüsse herabströmen.

Plateauland und Gebirgsland, so verschiedenartig in ihren Charakteren und Physiognomien, bilden in ihren mannigfaltigsten Bereicherungen und Uebergängen, in ihren einander oft durchdringenden Verhältnissen (die wir bisher nur ihres genauern Verständnisses wegen gesondert betrachtet haben) die wahren Elemente der Hochlandsysteme aus. Ihre Verhältnisse sind unerschöpflich wie die Natur selbst. Nur annäherungsweise können wir nach und nach zu ihrer immer richtigern Anerkenntniß gelangen, ohne sie jedoch vollständig erschöpfend begreifen zu können.

Verhältnisse der Plateausysteme.

Wie die Gebirgssysteme der Erde, so sind auch die Plateausysteme der Erde nicht bloß nach Höhe und Umfang und Areal, sondern auch nach ihren verschiedenen Dimensionen, Formen und Stellungen zu betrachten.

Die amerikanischen Plateaus sind lang gezogen von Norden nach Süden, aber von verhältnißmäßig geringer Ausdehnung von Westen nach Osten. Die asiatischen Plateaus dagegen nicht bloß von großer Länge, sondern auch von großer Breite. Das spanische Plateau, das des Atlassystems, das von Kleinasien sind von ziemlich gleichen Dimensionen der Länge und Breite nach allen Richtungen hin.

Sehr verschieden sind die Terrainverhältnisse der Plateau-Oberflächen. Bald erscheinen diese als wirkliche Hochebenen oder welliges Land, bald als Tafelflächen mit horizontaler Felsplatte (Patagonien, Sahara). Hier tritt Sandhügelland, wie in Theilen der Gobi, dort Steppenland, wie in Theilen von Persien auf. Einige Hochebenen sind mit kleinen Plateaus oder aufsteigenden Terrassen und Stufen, andere mit aufgesetzten einzelnen Bergen, wie dem Demavend, oder mit kleineren Gebirgszügen (Guadarrama) besetzt, andere von mächtigen, riesigen aufgesetzten Bergketten, wie Thianschan und Bogdo-Ola durchzogen. Zuweilen sind Plateaus mit niederen Klippenzügen und Ebenen, wie Westpersien, oder mit tiefen Einsenkungen, wie das Plateau von Turkestan bis zur Gobi mit dem Tarimfluß bis zum Lop See, wie das Plateau von Ostpersien (Arachosien und Drangiana) mit dem Hirmend und Zareh-See; oder nur mit ausgespülten temporären Wasserrinnen, bloßen Erosionsthälern durchfurcht, welche sichtlich nur fließenden Wassern ihre Veränderungen verdanken. So die niedern Plateaulandschaften von Frankreich und Baiern.

Ueberaus wichtig sind Combinationen und Gruppirungen der Plateaus, sowie ihre Stellungen zu den Tiefländern der Erde.

In Afrika nehmen sie vorherrschend nur die größere südliche Hälfte des Erdtheiles ein. Die Niederungen sind vorherrschend in der Nordhälfte, die aber auch ihre Unterbrechungen, unter dem Aequator, in der Sahara und an den nördlichsten Küstenrändern des Atlas- und Barka-Plateaus zeigt.

In Asien ein centrales Hochland mit zwei großen Abstufungen in Ost und West in Turan und Iran und dem absinkenden Stufenlande Turans gegen Norden nach dem Baikal- und Saisan-See zu. Meist steile Abfälle zu ringsum liegenden Tiefländern nach allen Seiten.

In Europa nur sehr sporadisch zerstreute kleine und niedrige Plateaulandschaften mit oft unmerklichen Uebergängen zu ihren Vorstufen und anliegenden Niederungen, doch mit Ausnahme von Spaniens Plateau, das darin einen libysch-schroffen Charakter beibehält.

In Osteuropa die centrale Stellung des einzigen Waldai-Plateaulandes von geringster absoluter Höhe (von 840 bis 1080 Fuß) merkwürdig, das aber durch diese inselartige Lage über das ringsum liegende weite Niederland von der höchsten hydrographischen Bedeutung für das Ganze ist.

Die hydrographischen Bedeutungen für diese Hochlandssysteme, Plateau- wie Gebirgsländer sind von solcher Wichtigkeit, daß sie für sich gesonderte Betrachtung verdienen.

Die Combinationen und Gruppirungen der Plateaus in verschiedenen Erdtheilen können zu den größten Gegensätzen werden, wie dies in Asien und Amerika der Fall ist.

Asien zeigt auch bei aller wahrscheinlichen innern Senkung (der turkestanischen von Kaschghar bis zum Lop-See) dennoch die größte Massenerhebung der Erdrinde nach Länge und Breite mit vorherrschender Plateaubildung höchster, mittlerer und niederer Art, dazu bei aller Uebermacht riesenhoher Randgebirge doch überall dem Raume nach nur untergeordnete Kettenbildungen. Asien ist der Erdtheil der Plateaubildung..

Amerika trägt nicht in seiner Mitte, sondern nur an seinem westlichen Küstenrande die größte kolossale Kettenerhebung der Erdrinde, die Riesenhöhe der Cordilleren mit überall zwar sehr hohen, aber dem arealen Raume nach doch sehr untergeordneten Plateaubildungen. Amerika ist der Erdtheil der Gebirgsketten.

Wenn Afrika's Depressionen nur dessen Nordseite auszeichnen, die von Asien dessen ganze centrale Erhebung rings umlagern — so sind durch Amerikas Kettensystem im Westen seine Depressionen insgesammt, in Süd- wie in Nordamerika, nur auf die Ostseite zurückgedrängt worden.

Das Continent von Australien ist fast nur eine große Depression geblieben, da sein niedriges Plateauland nur seine Südostecke in geringem Umfange einnehmen sollte. Eine größere Mannigfaltigkeit ist kaum denkbar: nirgends Wiederholung, überall neue Schöpfung, Entwickelung, Fortschritt der Verhältnisse!

Erfüllen nicht schon diese großartigen Anordnungen von immer neu sich entwickelnden Gestaltungen und den nothwendig daraus hervorgehenden Mannigfaltigkeiten mit einer Bewunderung, die in dieser organisch fortschreitenden Entfaltung einer scheinbar blos tellurischen, oder planetarischen Schöpfung, auch einen über Alles waltenden Geist für Erreichung noch höherer Zwecke als solche, die blos ein irdisches Dasein befriedigen können, ahnen läßt?

Genesis der Plateau- und Gebirgsbildung.

Geht man auf die Entstehungsweisen und Bildungsursachen, auf die Genesis der Höhenformen auf der Erdoberfläche zurück, so lassen sie sich nur nach ihren äußern Erscheinungen und innern Bestandtheilen hypothetisch beurtheilen.

Wahrscheinlichkeiten, durch Gründe unterstützt, bietet hier die geologische Wissenschaft in ihrer merkwürdig rasch fortgeschrittenen Entwickelung dar. Nur einige Hauptpunkte heben wir hervor in Beziehung auf die massigen und die blos linearen Erhebungen der Erdrinde, weil diese schon im Allgemeinsten eine so große Differenz in ihrer Einwirkung auf den ganzen Zustand des Erdballs und aller seiner äußern Verhältnisse zeigen.

Die Plateaubildung nach ihrer Entstehung.

A. v. Humboldt hat den Ausdruck Intumescenz sehr passend zur populären Bezeichnung für die Entstehungsweise der Plateauländer gebraucht. Plateauländer erscheinen als große, weite, lange und oft auch breite, meist ebene, wellige, hügelige, blasenartige Anschwellungen großer Strecken der Erdrinde nach oben, mit theilweisen Einsenkungen durch Erkaltung und Zurücksinken innerer Räume. Sie blieben dabei in ihrem Innern nach unten in stetigem Zusammenhange, und zeigen nur bedeutende Fracturen nach außen, nicht nach innen, keine Einstürzungen auf und ab, wie diese in ihrem ganzen Verlauf den ganz verschiedenen Charakter der Gebirgsbildungen bezeichnen, sondern zuweilen ein mehr centrales Einsinken in ihrer Mitte. Nur unterirdische emportreibende Gewalten konnten solche große Aufblähungen und Emporhebungen eines Theiles der Erdrinde über andere, niedriger zurückbleibende oder wieder zurücksinkende Theile bewirken. Ihre verschiedenartigen, doch verhältnißmäßigeren Formen zeigen, daß sie nur allmählich emporgehobene Erdbuckel, zur Zeit eines noch weichen, aber zähen, unstreitig erhitztern Zustandes der Erdrinde in den frühesten Bildungsperioden der Planeten sein konnten: Massenerhebungen mit Flächen, im Gegensatz der linearen Kettenzüge, die nur aus einzelnen langen Spalten der Erdrinde hervorgedrängt wurden, durch cyklopische Gewalten emporgehoben in einer allgemeinen plutonischen Hitzperiode des Erdballs, vorzüglich durch die Gewalt hebender Dämpfe. Diesen massigen Erhebungen an der einen Stelle mußten zugleich die großen Einsenkungen der Niederungen und des benachbarten Meeresgrundes an andern Stellen correspondiren. Eine solche Massenerhebung hob den großen den ganzen Erdglobus umspannenden Plateauring, der am ganzen Südostrande der Alten Welt von Südwest nach Nordost emporsteigt, und noch heute in dem Durchschnittswinkel von 45° durch den

Aequator, aber mit vielfach hinzu getretenen Fracturen wahrzunehmen ist. Der Diagonale des rhomboedrisch gestalteten Plateaus Ostasiens, welche das Centralplateau von Südwest nach Nordost im tübetischen Hochlande durchsetzt, und zugleich die Axe der größten Anschwellung bezeichnet, entspricht zugleich die Richtung der größten Massenanschwellung des genannten großen Plateauringes. Dieser fällt vorherrschend gegen die Oceane mit schroffen Steilstirnen oder plötzlich in die größte Seetiefe, während er in entgegengesetzter Richtung gegen Nordwest nach den Binnenländern der Alten Welt zu in Absätzen, Abfällen, Abstufungen immer in größere Niederungen zurücksinkt, in die libysche, arabische, kaspische, sibirische und osteuropäische, endlich in die nordpolare Niederung.

In dieser Stirnwand des Plateauringes liegen die hohen Tafelländer Süd- und Nordostafrikas, Abyssiniens, Südarabiens, Persiens, Beludschistans, Norddekans, Kaferistans, ganz Tübets, Ost-Tanguts und der östlichen Gobi in der Mandschurei.

Diesem großen Plateauringe der massigen Emporschwellungen entspricht auf der Gegenseite der Erde der Normalzug der Cordilleren-Vulkane, der mit jenem Plateauringe den größten Erhebungskranz auf eine andere Weise vollendend zu einem Ganzen umschließt.

Die Gebirgsbildung nach ihrer Entstehung.

Die linearen Emporhebungen des Erdbodens, die gewaltsamen und oft plötzlichen Emportreibungen der Gebirgsketten sind in der Richtung kürzerer oder längerer Spalten der Erdrinde auf einmal, oder in vielen verschiedenen Successionen nach einander, emporgestoßen. Die Gleichartigkeit oder Verschiedenheit ihrer meist in krystallinische Gesteinsarten geschmolzenen über oder neben einander gelagerten Bestandtheile, giebt hierüber Aufschluß. Oft sind die Massen bloßgelegt. Oft kann man nur aus einzelnen Theilen derselben auf das Ganze zurückschließen. Immerhin sind die Gebirge den zusammenhängenden verschlossenen Plateaus gegenüber die aufgeschlossene Hebungswelt. Die oft senkrecht emporgerichteten Massen zeigen die Gewalt, mit der sie bis zu den enormen Höhen empvorgehoben wurden, und die Strahlen der Felsschichten gewöhnlich die Richtung ihres Verlaufs. Die Spaltenrichtung der Erdkruste war die erste vorhergehende Bedingung der Gebirgszüge; die Ausfüllung der Erdspalten durch die Gebirgsketten erst die secundäre Erscheinung. Die Anschwellung des Continents in Gestalt von Plateaus von Persien bis zur Gobi in der Hauptaxe Nord 60° Ost scheint mit der ältesten Revolution zusammenzuhängen, welche emporgeschobene continentale Massen erlitten haben. Die Gebirge sind daher jünger als die Intumescenz oder die Emporhebung der Plateaus. Von den primitiven Spalten rigid gewordener Erdrinde ward also die Direction der Gebirgszüge abhängig. Der Durchbruch geschah nothwendig da, wo die größte Gewalt thätig war, oder wo bei auch nur mäßiger Gewalt sich die schwächste Stelle des Widerstandes vorfand.

Solche Stellen erschienen offenbar an den meisten Plateaurändern der Erde. Ihre Hebung mußte Schwächungen der Erdkruste und Fracturen veranlaßt haben. Dies erklärt es, warum an solchen Stellen nothwendig die mächtigsten Randgebirge der Erde hervortreten mußten. Und je mehr die Spalte sich nach der Seitenrichtung weitete, desto breiter wurden die Gebirgssysteme durch die Succession oder die Successionsreihen der immer zu den alten Ausfüllungen hinzutretenden neueren Ausfüllungen. Diese konnten sich dann wie die Blätter eines Buchs in den verschiedenartigsten Schichten und Gängen an einander legen, je nachdem der Schmelzproceß in der Tiefe im Verlaufe der Zeiten immer andre krystallinische Productionen emporhob. So reihten sich viele Gebirgsschichten neben einander und über einander, und stiegen nach ihrer Leicht- oder Schwerflüssigkeit und ihren Erstarrungen zu den wechselndsten Höhen an, auf und ab, und in oft wiederholten Ansätzen, worüber ihre verschiedenen Gebirgsformationen Aufschluß geben.

So erklärt sich die doppelartige Gestaltungsform der beiderlei Hebungen, der wilde Durchbruchscharakter der linearen Gebirgszüge, gegen den sanfteren stetigen und allmähligen Anschwellungscharakter der breiten Plateauländer; und die Mannigfaltigkeit der Bestandtheile der einen, wie die Einförmigkeit der Oberflächen der andern.

Lagen die Erdspalten unter den Meereshöhen, so traten ihre Ausfüllungsmassen nur mit ihren höhern Rücken und Gipfeln, als Inselketten und Inselpiks, auf unterbrochene Weise über die Spiegelfläche des Meeres hervor. Wo Labyrinthe von Spaltungen oder Haufen von Gängen sich ausfüllten, da traten auch ganze Gebirgsländer hervor. Waren keine primitiven Spaltungsrichtungen da, oder wurden die Gebirgsketten nicht durch abgeschwächte Striche der Erdkruste hervorgelockt, so mochte der gewaltsame Schmelzungsproceß vom Hitzheerde sich erst den Durchbruch nach oben durch einzelne Vulkane bohren, oder durch lange Vulkanreihen ihre linearischen Durchbrüche bilden und durch Feuereruptionen und fortdauernde Erschütterungen und Ejaculationen aller Art offen erhalten. Traten solche Vulkanreihen neben einander in parallelen Zügen hervor, so konnten sie auch ganze Strecken der Erdkruste zwischen sich, gleichsam wie auf ihren Schultern plötzlich mit sich emporheben, und so die Cordilleren-Plateaus von geringer Breite, großer Länge und den zu beiden Seiten emporgestiegenen Vulkanreihen entsprechenden absoluten Höhen gestalten, welche dieser weniger stetigen Bildungsweise vielleicht die vielen Analogieen mit den vulkanischen Bildungen ihrer beiderseitigen Randgebirgsketten verdanken.

Von den Spaltungsrichtungen der rigid gewordenen Kruste der Erdrinde ward demnach die generelle Direction der Ausfüllungsmassen oder der Gebirgsketten abhängig. Der Ural, die Scandinavischen Gebirge, die Alleghanis, die Ghats u. s. w. in der Richtung der Meridiane — andere in andern Richtungen gehoben.

Die verschiedenen Gebirgsarten der Ausfüllungsgesteine belehren über die verschiedenen Arten der Schmelzprocesse; die Aneinanderreihungen der Formationen über die verschiedenen Successionen ihrer Bildungsperioden, und also über das höhere oder jüngere Alter, über die primitive und secundäre Genesis der Gebirgszüge. Hieraus ist ein ganzes System von den Altersfolgen der Gebirge hervorgegangen, das in chronologische Reihen und verschiedene Formationen gebracht ist.

Viele krystallinische Gebirgsarten sind durch die Chemie als durch Feuerbildung geschmolzene und wieder erstarrte Massen anerkannt: Granite, Porphyre, Gneuß, krystallinische Schiefer und sogenannte metamorphosirte Gesteine. Man hielt sie früher für primitive oder Urgebirgsarten, die aber nach dieser Hebungstheorie jünger emporgehoben erscheinen als andere.

Die meisten Gebirgszüge sind erst durch viele successive Wiederholungen ihrer Hebungen zu dem geworden, was sie jetzt sind. Dazu waren viele Jahrhunderte und Jahrtausende nothwendig. Nur wenige scheinen wegen ihrer einförmigsten Bestandtheile nur einmaliger Hebung und Erstarrung ihre ganze Existenz zu verdanken, wie etwa der Stock der Centralkarpathen. Wo fortgehende Emporhebungen mit Feuer und Flamme ausbrachen, und Durchbrüche geschmolzener Massen (Laven) zum Fließen aus einzelnen Feuerschlünden stattfanden, da öffneten sich Krater, da entstanden Vulkane und ganze vulkanische Gebirgszüge. An einzelnen Punkten blieben Vulkangruppen oder Vulkankegel zurück. Sie konnten auch in ihrer Schmelzperiode erkalten und ihre Vulkane gänzlich erlöschen oder sich beruhigen; dann blieben doch die plutonischen Massen zurück in ihren sichtbaren frühern Formen: die Puys de Dome, die böhmischen basaltischen Piks, das trachytische Siebengebirge, die Katakekaumene (Brandland) in Kleinasien und Hauran, Island, Theile der Cordillerenkette, der Sundischen, der Südsee-Inseln u. s. w., der Bogdo-ola und seine Vulkanreihe im Thianschan.

Aber auch andere Naturkräfte als das Feuer konnten Gebirgs- und Plateauländer umgestalten, Meeresbedeckungen mit ihren Niederschlägen, Schlammmassen, Thon-, Lehm-, Sandmassen in horizontalen Schichten oder Flötzen sie überlagern. Auch diese neptunischen Niederschläge konnten in verschiedenen Perioden sich wiederholen. Die ältesten dieser neptunischen horizontalen Niederschläge wurden durch die Plateaubildungen auf ihrem Rücken zu größern Höhen emporgehoben, wo sie sich leicht in ihren Schichtungen mit wenig Veränderungen erhalten konnten. Aber auch auf den Erdspalten emporquellender Gebirgszüge konnten Fragmente des früheren Meeresgrundes und der neptunischen Erddecken sammt ihren Thieren und Meerpflanzen, die in ihren Schlammschichten herbergten, mit auf ihrem Rücken zu den kolossalen Höhen emporheben, wo sie nun durch Hitze und Erstarrung in Petrefacten verwandelt in vielfach zerrissenen Parzellen und Metamorphosen den Besteiger der Hochgipfel in Verwunderung setzen können. So wurden Kreidelager mit ihren Muschelresten und Infusorien auf den höchsten Gipfeln der Anden durch A. v. Humboldt und L. v. Buch beschrieben, wie sie von Ehrenberg anderwärts in weiten Flächen der Niederungen und des Meerbodens gefunden sind.

Andere frühere und spätere neptunische Niederschläge sind in ihrer anfänglichen Lage auf dem Meeresgrunde, oder in den Niederungen der Erde zurückgeblieben. An solchen Stellen besteht die Erdkruste aus horizontalen oder nur sanft geneigten Schichten, sogenannten Flötzen, als secundären und tertiären Gesteinslagern, die ihren neptunischen Ursprung nicht verleugnen können, wie die Kalk-, Thon-, Sand-, Mergel-, Gyps- und andere Schichten, die dann wieder von noch jüngeren Erzeugnissen, den Bildungen des Diluviums und Alluviums, das bis in die Gegenwart fortdauert, überlagert werden konnten [1]).

---

[1]) So mannigfaltig die Bildungsursachen und Verhältnisse, unter denen diese Erhebungsmassen der Erde hervortreten konnten, sich darbieten, so mannigfaltig ist auch ihre Materie und Form nach innen und außen. So wechselnd ihre Ausbreitung, Richtung, Mächtigkeit, Höhe und succesive Wiederholung wirkender plutonischer und neptunischer Gewalten, so verschieden ihre Altersfolge und die ganze Natur der ihnen an- und aufgelagerten Massen, so unerschöpflich die vielfachen localen Erscheinungen in ihren Gestaltungen, Durchbrüchen, Zerreißungen von unten nach oben oder zur Seite, und in den damit verbundenen eigenthümlichen Productionen, nach denen man den mineralogischen Reichthum derselben zu benennen pflegt.

Die jüngeren Ausfüllungen der Spalten und Zerrüttungen lassen sich in den immer enger werdenden erstarrten Felswänden nicht selten von den ältern, weitern leicht unterscheiden. Es sind die Gänge, in denen meist aus den größten Tiefen der Hitzheerde die Erze, die Sublimationen wie Goldsand, die Salze, die gediegenen Metalle, wie Gold, Platin, Kupfer, Magneteisenstein und Edelsteinkrystalle u. a. bis zur erstarrten Oberfläche der Erdrinde, doch selten bis ganz zu Tage drangen, so daß erst die Kunst des Bergbaus sie hervorrufen mußte.

Aber auch mächtige Gänge (Dykes), oder Dämme und Steinmauern drangen massenhaft auf diese Weise als Porphyre, Basalte, Trachyte u. s. w. hier und da hervor, und bilden merkwürdige Formen der Gebirgsbildungen in verschiedenen Durchschneidungen der Erdrinde an ihrer Oberfläche. Der Mineralreichthum giebt den verschiedenen Theilen der Erdrinde wieder ganz eigene Charaktere und Werthe für die Menschen.

Mit der theoretischen und erforschenden Untersuchung dieser Verhältnisse haben es die Wissenschaften der Mineralogie, Geognosie, Geologie zu thun; wir haben von ihnen nur einige allgemeine Resultate und Betrachtungen erborgt, weil sie die Grundlage aller Oberflächenerscheinungen in ihrer Wurzel zu vertreten haben. Die Geologie wird in ihrer so großartig fortgeschrittenen Entwickelung immer mehr und mehr einer fortschreitenden Geographie unentbehrlich werden als ihre nothwendige Basis. Beide sind in ihren Elementen verschwisterte sich gegenseitig nothwendig ergänzende, vervollständigende Disciplinen.

Das Niederland, die Tiefländer der Erde.

Diese Form der Erdoberfläche bildet den großen Gegensatz gegen das Hochland und Gebirgsland, oder gegen die Hochlands-Systeme der Erde nach allen ihren Modificationen. Niederland, Tiefland nennen wir diejenigen großen Erdräume, die sich nur um wenige hundert Fuß über die Meeresfläche erheben. Alle Verticalen, welche von ihren Oberflächen auf diesen idealen Durchschnitt gemessen werden, bestimmen ihre absolute Erhebung. Jede numerische Vergleichung einer Niederung mit ihren höheren Umgebungen führt nur zu einem blos relativen Verhältniß derselben zu diesen Umgebungen, wie z. B. die Niederung der Bergthäler bei Thälern zu den über ihnen emporragenden Berghöhen. Solche relative Niederungen können sehr hoch über dem Meere liegen, wie das Tiefthal von Chamouny am Nordfuß des Montblanc 3000 Fuß über dem Meere liegt. Beide Begriffe sind ganz verschiedener Art, obwohl sie sehr häufig mit einander verwechselt worden sind.

Hier ist nur von der absoluten, großen und allgemein verbreiteten Form des Tieflands der Erde die Rede, gegen welches jene relativen Niederungen und Thaltiefen selbst Bergebenen oder hohe Plateauränder sein könnten.

Wir nehmen auch hier, wie bei den Erhebungen, nur willkürlich einen Maßstab nach der obern Grenze an, wenn wir sagen, das absolute niedere Tiefland steige höchstens nur bis 500 Fuß über den Spiegel der Meeresfläche auf.

Große Landstrecken, wenn sie auch fast unmerklich für das Auge sich noch in sanften gleichartigem Ansteigen höher, und selbst als Flachland erheben, können dann immer noch als relatives Tiefland erscheinen, aber sie gehören dann schon nicht mehr der absoluten Niederung an, sondern liegen wenigstens schon auf der Grenze des Uebergangs zu den sanften Abdachungen, oder zu dem Fuß des Berglandes oder der Bergebene.

Flachland bezeichnet den Gegensatz zu Hügelland oder Bergland, aber nicht den Begriff einer absoluten Niederung, mit der dieser Ausdruck doch ebenfalls öfter verwechselt wird.

Die untere Grenze des Tieflandes ist klar und bestimmt genug. Es ist die Meeresfläche, gegen welche sehr häufig eine sanfte Senkung des Niederlandes vorherrschend bleibt. Oft gebraucht man den nicht völlig adäquaten Ausdruck, daß die Uferebene gegen das Meer einschieße und selbst noch unter dessen Oberfläche hinabsinke. Was vom Meeresspiegel bedeckt wird ist Meeresgrund.

Viele Niederungen erheben sich kaum so eben über die bewegliche Meeresfläche, stehen ihrem ruhigen Spiegel fast gleich und werden durch ihre Bewegungen überfluthet, wenn sie ihr nahe liegen. Ja viele mögen ihre Bildung erst solchen Ueberfluthungen verdanken. Sie sind Ausfüllungen früherer Meeresgolfe, wie die geringe Erhebung der Llanos von Caracas, deren gegen Osten sich senkende Form dem ostwestlichen Rotationsstrome ganz geöffnet ist oder wie die lombardische Niederung ostwärts gegen den Adria Golf. Andre im Innern der Continente gelegene Niederungen können noch unter den Meeresspiegel hinabsinken, obwohl solche Einsenkungen der Erdoberfläche nur selten vorkommen und auf ein paar absonderliche Erdstellen beschränkt zu sein scheinen. Zu solchen negativen Niederungen, wie man sie nennt, gehört die große Kaspisch=Aralische Einsenkung der alten Welt im Bucharischen Tieflande, und die Einsenkung des Jordanthales mit dem Todten Meere; ähnlich die Suezsteppe um die bittern Salzseen auf der Grenze von Afrika und Asien; vielleicht auch im Süden des Biled ul Dscherid im Westen der Sahara und Central=Australien.

Auch als Producte von Menschenhand konnten solche partielle Einsenkungen entstehen, wie die Marschländer hinter den Deichen oder Kunstdämmen gegen die Meere, die ihm oft nur erst mühsam abgerungen sind: in Holland, Schleswig, Ostfriesland, in den Niederungen der Weichsel, der Weser, des Nils, des Ganges und andrer Strommündungen.

Die größten und ausgedehntesten Niederungen nehmen wohl den sibirischen Norden von Asien, den canadischen und polaren Norden Amerikas ein. Viele Strecken auch tief landein, sind von Meerwasser, das von hohen Fluthen stagnirend zurückblieb, noch eingenommen. Hier liegen die schwer zugänglichen Sumpf- Morast- und Seeboden des flachen Nordens. Aber auch unter dem Aequator sind sehr weite Niederungen ausgebreitet, wie in den libyschen Wüsten der Sahara, obwohl diese auch öfter von niederen Plateaustrecken unterbrochen werden und kein so gleichförmiges Tiefland sind wie man früher anzunehmen geneigt war. Auch die nordaustralischen Niederungen gehören hierher, und zumal die tief landeinwärts reichenden äquatorischen des untern Amazonenstroms. Denn obwohl sie auch noch im mittlern Laufe desselben bis zum Pongo de Manseriche als wahre Ebenen mit kaum merklichem Abhange erscheinen, so liegt die dortige Ebene nach A. v. Humboldts Barometermessungen, wenige einzelne kleine Hügel von Alpenkalkstein abgerechnet, in einer absoluten mittlern Höhe von 1050—1200 Fuß. Diese mittlern Marañon-Ebenen sind daher wahre Ebenen, aber nicht zur Klasse des großen Niederlandes oder Tieflandes des untern Amazonas gehörig, und gegen das wirkliche Tiefland der Llanos von Caracas, die noch keine 200 Fuß über dem Meere liegen, ein wenn schon nur niederes Hochland, das, so flach es auch aussieht, doch die Plateauhöhe des Waldai sehr übersteigt.

Dagegen sind fast alle Mündungsländer großer Stromsysteme wahre Tiefländer zu nennen, wie das Deltaland Aegyptens am Nil, Bengalen am Ganges und Indus oder Sind (die nur durch das niedere Plateauland zwischen Delhi (1000 Fuß) und Multan geschieden sind,) Babylonien am untern Euphratsysteme; die Ostebene China's zwischen dem Gelben und Blauen Strom;

Senegambien zwischen Senegal und Gambia. Da die Stromsysteme des Missisippi, Orinoco, Amazonas und La Plata in Amerika so kolossale Größe besitzen und die gewaltigsten Wassermassen zu den Mündungen senden, so finden sich auch in ihren Mündungsländern die größten und weitesten Niederungen. Im Missisippithale reichen sie vom Mexicanischen Golf bis zur Vereinigung des Missouri und Missisippi hinauf, an welchem die Stadt St. Louis noch keine 500 Fuß über dem Meeresspiegel liegt. Die nördlichen und zumal die westlichen sanft ansteigenden Flachländer der Prairien von Arkansas steigen jedoch bald, obwohl für das Auge fast unmerklich, zu höhern Terrassen von 1500—2000 Fuß im Council Grove bis Arkansas auf, und dann noch höher als Bergebenen oder Plateauformen über 3000 bis 6000 Fuß empor. Man kann sie also nicht mehr im engern Sinne zu dem eigentlichen Tieflande zählen.

Auch am St. Lorenz ist dessen Tiefland von der weiten Mündung aufwärts bis zum Ontario-See (232 Fuß) und dem Erie-See (565 Fuß) nur auf einige Uferstrecken beschränkt, und bildet keine großen und weiten gleichförmigen Niederungen. Klippige Höhen und Felsrippen, deren absolute Höhe wir nicht berechnen können, durchsetzen das Niederungsland am St. Lorenz.

Dagegen reichen die großen und weiten Ebenen Südamerikas am Orinoco, Amazonas, La Plata als Pampas und Savannen tiefer in das Binnenland hinein, als wir bis jetzt noch mit einiger Sicherheit aus Mangel an Höhenmessungen nachweisen können. In keinem Erdtheile scheint das Tiefland in so großem Verhältniß zum Hochlande zu stehen wie in Amerika. Das ebene Land nimmt in Südamerika ostwärts der Cordilleren vier Fünftel des ganzen Areals ein. Nur gegen ein Fünftel ist Hochland. Wenn auch noch manche niedere Berg- und Plateaulandschaft sich zwischen diesem ebenern Lande innen lagert, so wird doch ein bedeutender Theil desselben den großen Niederungen dieser südlichen

Hälfte des Erdtheils angehören. Man hat mit Recht ganz Amerika das Land der großen Depressionen der Erde genannt, weil diese den überwiegenden Charakter seiner ganzen Ostseite bilden, so daß dort das Tiefland zwei Theile des Ganzen einnimmt, das Hochland nur einen Theil.

In Asien hat sich dagegen nach genauen hypsometrischen Beobachtungen der neuesten Zeit das Tiefland um ein bedeutendes vermindert. Das Hochland erstreckt sich nämlich nach v. Middendorf's Beobachtungen im Nordosten des Jenisei viel weiter gegen das Nordgestade Sibiriens und das Tschuktschische Vorland, als man früher annahm, wodurch die früher auf 186,300 □Meilen berechnete sibirische Niederung westwärts bis zum Ural auf 102,000 □Meilen sich verringert. Dennoch nimmt dieses sibirische Tiefland sammt dem centralen bucharischen oder turanischen (48,000 □Meilen) und den übrigen äußern, zerstreuten Tiefländern (60,000 □Meilen) nach derselben Berechnung noch immer die ungeheuer ausgebreitete Niederung von 210,000 □Meilen in Asien ein (das Hochland im weitesten Sinne 440,000 □Meilen), welche mehr als die doppelte Größe von ganz Europa beträgt.

In Afrika ist außer den kleinen genannten Mündungsländern der Ströme Tiefland kaum näher nachzuweisen. Denn dem ganzen äquatorischen Süden Afrikas fehlt es gänzlich. Im lybischen Norden Afrikas, wo früher die ganze Sahara als ein zusammenhängendes Tiefland galt, sind jene Unterbrechungen von niedern Plateaubildungen hervorgetreten, von denen oben schon die Rede war. Der Flächeninhalt des Tieflandes ist dadurch unstreitig sehr geschmälert. Wir haben nur durch Vogel's Barometerbeobachtungen erfahren, daß des Tsad-Sees Umgebungen im Nordwesten desselben in mittlerer Höhe bis zu 1200 Fuß ansteigen; der Spiegel des Tsad-Sees noch 850 Fuß über dem Meere liegt, also die Einsenkung der Fläche daselbst noch nicht bis zu der von uns angenommenen Grenze des großen Tieflandes der Erde herabreicht.

In Australien scheint die Form des Tieflandes vorherrschend geblieben zu sein, wenn auch hier und da durch wenige gemachte Messungen mehr Ausnahmen als zuvor hervortreten sollten.

In Europa sind drei große Niederungen zu unterscheiden. Das größte Tiefland, das mitteleuropäische, umfaßt die Gestade der Nordsee, die Gestadeländer der Ostsee, tief landein, mit noch südöstlichen Fortsetzungen. Ein zweites nicht weniger großes Tiefland nimmt das nördliche Rußland in seiner Senkung gegen das Nordeismeer und das Weiße Meer ein. Es macht nur einen Theil der großen polaren Niederung aus und schließt sich an die sibirische Niederung an, welche nur der Ural von ihr scheidet. Ein drittes ist das pontisch-kaspische Tiefland.

Die germanisch-sarmatisch-russische Niederung Mitteleuropa's.

Das mitteleuropäische Tiefland durchzieht ohne Unterbrechung von den Rheinmündungen ganz Mitteleuropa bis zur mittleren Wolga und dem Ural. Es ist vorherrschend das Land der Ebenen, ein Flachland mit sanften welligen Erhebungen, die am Nord- und am Südrande hier und da einen Charakter niedrigster Plateauländer annehmen, aber mit ihren wenigen Kuppen nur selten sich über die obere Grenze des Tieflandes von 500 Fuß erheben. Es beginnt mit dem Schelde-Rheindelta, in Holland, durchzieht das niedere Westfalen, Niedersachsen, die Marken, Niederschlesien, das niedere Galizien und Polen bis über den obern Dnepr und die mittlere Wolga. Es ließe sich selbst in den schmalen Stromthälern aufwärts am Rhein bis Straßburg (474 Fuß), an der Weser bis Cassel (486 Fuß), an der Elbe bis Dresden (280 Fuß) aufwärts verfolgen.

Amsterdam 0 Fuß über dem Meere, mit dem ganzen Rheindelta, das in der Bucht des Rheinstroms sich als Niederung über Düsseldorf (107 Fuß) bis Cöln (110 Fuß) hinaufzieht. Das Niederland des Rheinlaufs beginnt unterhalb Mainz mit der Spiegelfläche des Rheinlaufs bei Bingen am Einfluß der Nahe (240 Fuß). Münster mit der Bucht von Paderborn 400 Fuß. Ostwärts der Weser und Aller die Lüneburger Haide als größte Hebung bis zu den Grenzen der Marken, zur Elbe und Havel, 300—400 Fuß. Braunschweig 200 Fuß, Magdeburg 128 Fuß.

Die Niederung setzt sich fort in der Bucht von Magdeburg bis Wittenberg (204 Fuß), bis Dresden (280 Fuß), wo die Elbe hervorströmt, bis Niederschlesien, wo Breslau 375 Fuß, dessen nächste umgebende Höhen nirgends bis 500 Fuß ansteigen (Grund der Sternwarte 453 Fuß).

Wie zwischen dem Rheindelta und der trockengelegten Meeresbucht von Paderborn, von der Ems bis zur Weser, Aller und mittlern Elbe das große Vorland des Harzes mit dem Brocken 3500 Fuß hoch gegen den Norden (Minden 87 Fuß, Hannover 240 Fuß, Braunschweig 210 Fuß, Hildesheim 214 Fuß) bis zu $52\frac{1}{2}°$ N.Br. vorspringt, wodurch dort die Breite des Tieflandes sehr verengt wird: ebenso tritt im Osten der Leipziger Bucht, aus welcher die Mulde, Elbe, Elster hervorströmen, das große Vorland der Lausitz und Nordschlesiens mit dem Riesengebirge (5000 Fuß) nordwärts in die große Ebene bis zu 51° N.Br. vor.

Eine dritte Bucht ist die Schlesische Bucht, aus welcher die Oder herausströmt gegen Nordwesten, und bei Oppeln und Brieg in den Südrand der großen Ebene eintritt. Ein drittes gebirgiges Vorland an der Ostseite der Oder bis zur mittlern Weichsel, die Tarnowitzer Höhen in Oberschlesien hat 1000 Fuß mittlerer Höhe. Das Plateau der Vorkarpathen, auf dessen Rücken Krakau liegt (669 Fuß über dem Meere) und die nördlichste Berggruppe von Kielce zwischen Pilica und Weichsel, auf ihrem linken Ufer am Heil. Kreuzberg 1920 Fuß, am Katharinenberg 2000 Fuß.

Die Niederung setzt in großer, von Nord nach Süd immer zunehmender Breite ostwärts fort durch die flachen Einsenkungen der mittlern Weichsel bei Warschau 330 Fuß, die lithauischen Sumpfwaldungen des Bug, durch die sarmatischen Niederungen von Minsk und Pinsk am Przypec zum mittlern Dnepr bis Kiew gegen Südosten, bis Orscha und Smolensk im Nordosten. Pinsk in der Mitte dieser Niederung liegt nur 408 Fuß über dem Meere. An der Nordseite wird sie erst von den südlichen geringen Vorhöhen des Waldaiplateaus überragt (um Smolensk 792 Fuß, im Plateau von Osmana im Südosten von Minsk 882 Fuß), an der Südseite von Kiew, von dem niedern Plateau Wolhyniens und Podoliens (Hochpolen, die Granitplatte), dessen absolute Höhe noch unbekannt, am Ursprunge des Bug gegen 1000 geschätzt ist.

Es ist dies die lithauisch-sarmatische Niederung, welche im Osten des Dnepr in die centrale russische Wolganiederung übergeht, in deren Mitte, wo Moskau früher 456 Fuß, 336 Fuß nach v. Gerstner Eisenbahn-Nivellement, 288 Fuß nach v. Humboldt und Rose, oder 325 Fuß; — und Kasan am Spiegel der Wolga nur 54 Fuß nach Knorr und A. v. Humboldt, die Uferhöhen 270 Fuß nach Knorr. Südwärts reicht sie bis Simbirsk (181 Fuß nach Galle). Die große mittlere Breite dieses Niederlandes von Norden nach Süden (zwischen Smolensk und Kiew an 100 Meilen), und die Centrallage in der Mitte des Ostcontinents von Europa ist durch die Entfernung von allen Meeren, 100 bis 120 Meilen nach allen Richtungen, ausgezeichnet.

Die Bildung der Niederung nach ihrer Entstehung und die nördliche Randerhebung.

Das geringe Niveau dieser Niederung, in ihrer Oberfläche dem Meeresspiegel zunächst stehend, trägt in den wesentlichen Theilen ihrer Oberflächen, zwischen den Dünenhöhen im Norden und den Hügelketten im Süden auch den Charakter eines erst in den jüngsten Perioden der Oberflächenbildung vom Meere entblößten Landstriches. Selten gestörte Gleichförmigkeit und Einförmigkeit der Bedeckung von einem Ende zum andern (über 500 Meilen von der Schelde bis zur Wolga am Ural) bezeichnen diesen orographischen Charakter, dem auch sein geognostischer und genetischer entspricht. Ueberall, bis zu oft noch undurchsunkener Mächtigkeit, zeigen sich nur lose zusammengefügte Schichten des aufgeschwemmten Landes in unregelmäßiger Folge verbreitet, wie sie an andern Orten noch heute durch die Wirkungen weit ausgedehnter Wasserflächen gebildet werden. Zahlreiche Erscheinnngen beweisen, daß die Natur dieser Bildung von dem Eintreten der Grenzen des heutigen Meeresspiegels nicht unterbrochen wird. Also ist die ganze Ausdehnung als der Boden eines noch ungemessenen Beckens zu betrachten, in dessen Vertiefungen einst die Wasser der Ostsee und der südlichen Nordsee zurückgeblieben waren. Die alten Küsten liegen jetzt tief landein. Ist dieser Küstensaum überschritten, dann erst ändert sich die landschaftliche Ansicht, weit mehr noch die Beschaffenheit ihres innern Zusammenhanges. Anstehende Massen von Gesteinen der verschiedensten Bildung zeigen überall, nahe zu Tage entblößt, die beobachtbare Grundlage, die in der Niederung selbst verborgen bleibt. Diese Küste gleicht ganz den noch heutigen Meeresküsten, wo Felsgrund die Grenze der Gewässer bildet. Das Land ist frei vom Einwirken des Meeres der benachbarten Tiefe; aber es greift mannigfach ein. Vorsprünge, vereinzelte Inselmassen gestalten sich zu Vorbergen, Inseln und Meeresbuchten. Dies sind die verschiedenen jetzt trocken gelegten Meerbusen des Rheins, die Buchten von Paderborn, von Leipzig, die schlesische Bucht. Jenes sind die niedern Vorberge und plateauartigen Vorsprünge des bergigen Mitteldeutschlands und Europas in den Bergländern: der westfälischen Mark von Elberfeld über Dortmund, die Ruhr bis zur Lippe; des Teutoburger Waldes bis zur Weser: dann der Wesergebirge und der Harzberge bis zur mittlern Elbe; des Thüringerwaldes und Erzgebirges um die Leipziger Bucht bis zur obern Elbe; der Lausitzer Berge und des Riesengebirges bis zu den Glatzer Bergen bis zur obern Oder; die Trebnitzer Berghöhen Schlesiens und die niederen Plateauhöhen der Vorkarpathen um Krakau bis zu den Berghöhen von Kielce und dem Zusammenfluß des San mit der Weichsel. Es folgen als Südrand der immer breiter werdenden Niederung die bis 1000 Fuß hohen Plateaubildungen Galiziens (wo Lemberg 900 Fuß über dem Meere), Wolhyniens und Podoliens dann flache Plateauzüge bis zum Dnepr.

Die geognostische Schilderung der Ränder dieses Meeres, das einst Europa umflossen hat, ist wichtig, weil man daraus auch auf die Ursachen dieser großen Katastrophe zurückschließen kann [1]). Wir bleiben hier nur bei dem geographischen Gesammtcharakter dieser für Mitteleuropa so wichtigen Naturform der großen germanisch-sarmatisch-russischen Niederung stehen.

Schon bei Betrachtung der niedrigsten Plateaubildung ist erwähnt, daß am Nordsaume dieser großen Ostseeniederung, der niedern Hügelzüge der pommerschen und preußischen Seeplatte die Küstenniederung von dem mittlern rein continentalen Niederlande in einer mittlern Höhe von etwa 300 Fuß theilweise abscheide, und hier und da in einzelnen aufsteigenden Höhen als ein Uebergang vom Niederlande zum untern Plateaustreif angesehen werden könne.

Hier ist zu bemerken, daß jene schmalen und langen, meist aus lockerm Sand und andern losen Erdmassen aufgehäuften Züge jener baltischen Seenplatte am Südrande Pommerns und Preußens großentheils für angehäufte Dünenreihen eines spätern sich gegen Norden zurückziehenden Meeresrandes angesehen werden können. In ihren tiefern See- und Flußthälern, wie im tiefen Weichseldurchbruch unterhalb Thorn, haben sich nur lockere Schuttmassen,

---

[1]) S. Fr. Hoffmann Uebersicht der orographischen und geognostischen Verhältnisse des nordwestlichen Deutschland. Einleitung.

keine festen anstehenden Gesteinsschichten gezeigt. Doch scheint dies nicht überall der Fall zu sein, obwohl in den cisuralischen, baltischen Depressionen vorherrschend dünenartige Undulationen in diesen Zügen auftreten, von denen einige doch auch größere Höhe erreichen als man früher vermuthete. Es sind freilich nur partielle, isolirte Massenerhebungen, die aber doch hier und da bis gegen 1000 Fuß steigen können. Am Ostende der pommerschen Seenplatte, westlich von Danzig, zwischen dieser Stadt und Bütow, wo das Sandufer weit gegen Norden vortritt, liegen mehrere Dörfer 400 Fuß über dem Meere. Der Thurmberg (54° 13′ 29″ N.Br.) steigt bis 1024 Fuß, der Berg bei Ober-Buschkau östlich vom Thurmberg 814 Fuß, der Berg bei Hulterfeld 846 Fuß, der Höckerberg bei Schönberg 902 Fuß.

„Der Thurmberg, früher unbekannt, bemerkt A. v. Humboldt (Centr. As. I. S. 69), möchte wohl zwischen dem Harz und dem Ural die höchste beachtenswerthe Berghöhe sein, der nur etwa eine oder die andere Stelle des Waldai gleichkommt.“ Seine Lage dicht am Meere ist besonders beachtenswerth. Sehr wahrscheinlich ist es nach A. v. Humboldt, daß diese Unebenheiten da, wo der Sand und das aufgeschwemmte Land in Meklenburg, Pommern, Ostpreußen Höhenzüge oder niedere Platten bildet, nicht allein den Phänomenen der Dünen des alten Litorales angehören, sondern daß auch die ursprüngliche Ursache ihrer Bildung in einer Ortsveränderung und Aufrichtung von Kalkstein- und Juraschichten gesucht werden muß, die unter dem losen Boden verborgen liegen. Die eigenthümliche Anhäufung gut erhaltener Meeresfossilien in dem Sandboden dieser Länder scheint die Nähe wirklicher Felsbänke zu beweisen.

Diese Anschwellungen sind es, welche in derselben nordöstlichen Verlängerung, in der immer breiter werdenden plateauartigen Bildung der Wasserscheiderücken im Norden von Smolensk und dem Dnepr-Ursprunge, im Waldai und weiter ostwärts in den sogenannten Uwalli zwischen Wolga und Düna, bis Perm an der Kama fortsetzen. Bis dahin bilden sie den Nordrand der mitteleuropäischen großen Niederung im Süden, und scheiden sie von der nordrussischen Niederung, die sich zum Nordeismeer senkt. Als isolirte bis jetzt gemessene einzelne Höhenpunkte in diesem Nordrande, welcher meist unter der Höhe des Waldaizuges (unter 1000 Fuß) liegt, sind uns außer den schon genannten nur wenige bekannt. In Ostpreußen und Liefland giebt es Anschwellungen von mehr als 600 Fuß; 12 Meilen südlich von Dorpat der culminirende Punkt Munnamäggi nach Struve's geodätischen Messungen 996 Fuß; südlich von Wilna die Höhen von Puzewitsch 990 Fuß.

Es folgt der in gleicher Richtung gegen Nordosten sich ausdehnende niedere Plateauzug des Waldai, der die Quellhöhe einiger Hauptströme und die Wasserscheide zwischen Süd und Nord bildet. Auf dem Wege von Petersburg nach Moskau fand A. v. Humboldt dessen Höhe jenseit Nowaja-Jjetza 660 Fuß, den culminirenden Punkt Popowa-Gora 792 Fuß, nach Pansner 876 Fuß. Die Berghöhe zwischen Waldai südwärts gegen Ostaschkow bei Mosti-Derewna nach Pansner 1032 Fuß; der höchste Punkt nach Gr. Helmersen 1098 Fuß. Noch weiter in Osten, wo zwischen den Waldaihöhen und der Seengruppe zwischen dem Seliger See und dem Bielo-Osero der von vielen Flüssen und Kanälen durchbrochene nordwestliche Landrücken als Uwalli oder Wasserscheide mehr und mehr von dieser Höhe sich senkt, steigt noch einmal im Westen von Perm und Kama die Höhe von Suri bis zu 1014 Fuß, also bis zur Waldaihöhe auf. Uwalli ist nur der slavische Name solcher eigenthümlicher für das Auge fast unmerkbarer niedriger Bergrücken, die nach verschiedenen Richtungen Polen, Lithauen, Rußland durchziehen, früher als Wasserscheiden mit Gebirgsketten verwechselt und selbst auf Karten so dargestellt wurden; ein Irrthum, von dem sich der Fortschritt der Messungen befreit hat. Hydographisch bleiben sie jedoch immer wichtige Elevationselemente.

Das Pontisch-Kaspische Tiefland, die große Einsenkung der Alten Welt.

Dieses zweite große Tiefland ist die unmittelbare Fortsetzung des mitteleuropäisch-russischen Tieflandes mit entschiedener Senkung gegen den pontischen Süden, welche alle Flußläufe desselben bezeichnet. Es erstreckt sich von der Donaumündung über den untern Dnestr, Bog, Dnepr, Don und Wolga bis zum Kaspischen See und setzt sich auch noch weiter ostwärts fort bis zum Aralsee. Hier senkt sich die Sibirische Niederung fast ohne alle Unterbrechung in die Aralische Niederung hinab. Die südöstliche Niederung von Europa im Zusammenhange mit der westsibirischen (102,000 □M.) ist eine der räumlich weitesten Niederungen der ganzen Erde. Nur durch die lange meridiane Gebirgskette des Uralzuges von 50° bis 67° N.Br. wird die baltisch-sarmatische Niederung von der westsibirischen geschieden, durch die Uralkette mit ihrer kaum zwischen 4000 und 5000 Fuß im Maximum sich erhebenden Kammlinie und sehr geringen Breite ihres Erdspaltes, aus dem ihre Parallelketten hervorgehoben wurden. Den Ural weggedacht würde eine Linie von Breda zwischen den Mündungen der Schelde, der Maas und des Rheins, sich zwischen $51\frac{1}{2}°$ bis $48\frac{1}{2}°$ N.Br. über Tobolsk bis Semipalatinsk am Obi an der chinesisch-sibirischen Grenze ununterbrochen über aufgeschwemmte Ebene in das Hügelland, Haide- und Steppenland fortsetzen, in einer Länge, die A. v. Humboldt mit der dreifachen Länge des Amazonenlaufs von Westen nach Osten vergleicht!

Gegen Süden wird die cisuralische, europäische Seite der pontischen Niederung vom Schwarzen Meere nur durch eine niedere Granitplatte getrennt, die von Wolhynien und Podolien gegen Osten die Dnepr-Katarakte durchsetzt, gegen Südosten immer schmaler wird und erst bei Taganrog am untern Don und Asowschen Meere ihr Ende findet. So wird der schmale Steppensaum des nördlichen Pontusgestades von der im Innern gegen Süden immer weiter vorrückenden Tiefebene Kleinrußlands, der fruchtbaren Ukraine geschieden. Die Höhe dieses niedern Plateauzuges wurde in seiner westlichsten wahrscheinlich größten Erhebung in Podolien südöstlich vom Brody nur geschätzt auf 1000 Fuß Meereshöhe. Leider fehlt jede Höhenmessung weiter ostwärts am Dnepr-Plateau, wo sich die Felsplatten über den Spiegel der Porogi nur etwa bis 700 Fuß erheben.

Die schmale Sandsteppe südwärts der Granitplatte ist sandiges Steppenland, das im Norden der Krim als pontischer Küstensaum nach Osten bis zur nordkaukasischen Wolgasteppe zwischen Don, Wolga und Kaspischem See gleichartig fortzieht und in die große Kirghisensteppe ostwärts der Wolga bis zum Jaik und zur Ostseite des Baschkiren-Ural übergeht. Reiche Salzseen zeichnen sie aus, wie der Elton, der nur 24 Fuß über dem Ocean liegt, während weiter östlich die Gruppe der Salzseen am Kamysch und Samara sogar in einer Depression von —138 Fuß liegen sollen, also noch um 60 Fuß tiefer als der Spiegel des Kaspischen Sees. Doch bedarf diese Angabe noch der Bestätigung.

Aus dieser Niederung steigen nur ein paar isolirte Bergkegel empor, die ungeachtet ihrer geringen absoluten Höhe, wegen der Einsamkeit der Niederung, aus der sie emporragen, von den dortigen Bewohnern zu den Wundern der Steppenwelt gezählt werden. Der kleine Bogdo im Süden des Elton, und noch südlicher der große Bogdo 504 Fuß über dem Oceane nach Humboldt, 617 Fuß über dem Kaspischen See nach Murchison, und in südöstlicher Nähe der Berg Arsargar 331 Fuß nach Murchison. Der große Bogdo besteht aus Muschelkalkstein und steinsalzreichen Sandsteinschichten.

Die Kirghisensteppe trennt durch etwas, aber kaum merklich höhere Anschwellung die nördliche sibirische Tiefebene von der südlicheren kaspisch-uralisch tiefern Einsenkung. Doch zieht hier kein

Kettengebirge quer durch, wie es früher vom Ural ostwärts bis zum Altai auf Karten blos hypothetisch eingetragen war. Es ist nur ein sehr flach erscheinendes und sehr niedriges Tafelland von 780—960 Fuß mittlerer Erhebung, während die nördliche sibirische Niederung am Obi und Tobol zu Omsk auf 280 Fuß, zu Tora auf 192 Fuß, zu Tobolsk auf 108 Fuß herabsinkt. Vielleicht daß man diese mäßige Tafelerhebung im Osten der Wolga eben so wie die Erhebung der Granitplatte im Westen der Wolga und des Don, wie manche andre ähnliche zurückgebliebene Anschwellung des Steinbodens nur als noch nicht zur Entwickelung gelangte Bergzüge (terrae tumores nach Frontinus) betrachten kann, deren Erkaltung frühzeitiger eintrat, als bei den ihr zu beiden Seiten in gleicher Normalrichtung gegen Nordwest und gegen Südost fortstreichenden mächtigen Gebirgszügen der Karpaten und des hohen Kaukasus.

Die große Einsenkung der Alten Welt beginnt erst mit der südwärts immer weiter fortschreitenden Vertiefung des Wolgabeckens unterhalb Simbirsk, bis der Lauf des Stromes unter 51¾° N.Br. im Parallel von Orenburg und Saratow die letzten, kaum noch hemmenden Querzüge des dortigen Hügelbodens im Obstschei Syrt durchbricht und nun dem tieferen Schlunde des Kaspischen Sees zueilt, mit welchem der des Aralsees in naher Verbindung steht. Die hier sich zeigende große Depression oder Concavität auf der Grenze von Europa und Asien, durch ihre Stellung, so fern von den großen Oceanen, in der Concentration der festen Landmassen, überhaupt schon sehr merkwürdig, ist, wenigstens in dieser Großartigkeit auf der Erdoberfläche ganz ohne Beispiel. Vielleicht würde sich, bemerkt A. v. Humbolt, dieses Depressionsphänomen auf mehreren Punkten im Innern der Continente wiederholen, wenn man die tertiären Auflagerungen und aufgeschwemmten Absätze, die sie überlagern, abheben könnte. Eine gewiß nicht wenig fruchtbare Ansicht des großen Geognosten über die Gesammterdbildung, die wir jedoch nicht weiter verfolgen können, da wir es nur mit der jetzigen Oberfläche zu thun haben.

Der Obstschei Syrt ist der niedere Landrücken, der sich vom Baschkiren-Ural westwärts von Orenburg abzweigt, und nördlich Uralsk und des Uralflusses, im Süden der Samara zur Wolga bei Saratow zieht, und auf deren östlichem Uferrande wiederum bis zu 600 Fuß emporsteigt, und die Wolga südwärts dicht am Uferrande bis Zarizin und Sarepta begleitet.

Orenburg auf dem Obstschei Syrt, da wo er sich vom Ural abzweigt, hat 255 Fuß Meereshöhe. Uralsk liegt schon viel tiefer, nur 234 Fuß hoch. Der Spiegel der Wolga am Durchbruch des Obstschei Syrt bei Saratow in voller Niederung nur noch 36 Fuß; die westliche Uferhöhe der Wolga über Saratow 562 Fuß; Zarizin bei Sarepta liegt schon 30 Fuß unter dem Spiegel des Oceans, nachdem die Wolga zwischen Saratow über Kamyschin (wo der Durchbruch) bis Zarizin auf einer Strecke von etwa 40 Meilen südwärts ein Gefälle von 66 Fuß durchlaufen hat. Westlich von Zarizin und Sarepta ist die westliche die Wolga begleitende Uferhöhe, die ciswolgaische Fortsetzung des Obstschei Syrt, auch schon von 562 bis zu 394, also um 168 Fuß herabgesunken. Hier wendet sich diese Uferhöhe plötzlich gegen Süden in die Manitschsteppe, zu 75 Fuß absinkend, gegen Westen im rechten Winkel zum Nordende des Asowschen Meeres. Die Wolga aber divergirt von ihrem bisherigen südlichen Normallaufe gegen Südosten und durchzieht die Astrakhanische Kalmückensteppe, die bei Astrakhan an ihrer Mündung schon 72 Fuß unter dem Spiegel des Meeres liegt. Der Spiegel des Kaspischen Meeres liegt noch um 4 Fuß tiefer als der Uferboden, auf dem die Stadt Astrakhan erbaut ist.

Die früherhin schwankenden Angaben über eine 300 Fuß tiefere Lage des Kaspischen Seespiegels unter dem Spiegel des Oceans beruhten nur auf Vermuthungen, die schon der Naturforscher Pallas aussprach. Der Einfluß dieser großen Einsenkung auf das wärmere Klima dieser Gegend, die eigenthümliche Vegetation der Salzsteppe und die Bedeckung des Blachfeldes mit den salzigen Morästen, wie mit großen Bänken von Auster- und andern Muschelschalen leiteten ihn auf die Vorstellung, daß hier ein einstiger überflutheter Meeresboden trocken gelegt sei. In dem nach Norden höher und steil aufsteigenden Südabfalle des Obstschei-Syrt, den er sich bis 400 Fuß über diesen Tiefboden erheben sah, glaubte er an den eigenthümlich zertrümmerten und gestalteten Schichtenbildungen den alten nördlichen Uferrand dieses einstigen Binnenmeeres nachweisen zu können, in welches die Wolga einst unterhalb Saratow und Kamyschin sich eingemündet habe. Diese Vermuthung einer bis 300 Fuß gehenden tieferen Lage des Kaspischen Seespiegels schien durch barometrische Nivellements von Parrot und Engelhardt (1811) Bestätigung zu erhalten. Viele Hypothesen wurden auf diese Voraussetzung gegründet, bis durch A. v. Humboldt gegen die große Tiefe Zweifel erregt wurden. Sie beruhten auf der Unsicherheit barometrischer Nivellements nach damaliger Methode und mit noch unvollkommenen Instrumenten. Nur ein trigonometrisches Nivellement zwischen dem Schwarzen und Kaspischen Meere von Taganrog bis Astrakhan, konnte einen sichern Aufschluß geben, und dies wurde im Jahr 1837 von den Astronomen Fuß, Sabler und Sawitsch auf Veranlassung des russischen Gouvernements ausgeführt. Das Resultat zeigte, daß der Spiegel des Kaspischen Sees nicht 300 oder 350 Fuß unter dem Ocean liege, sondern 12,7 Toisen oder 76,32 Par. Fuß nach Struve, oder nach einer anderweitig ausgeführten Berechnung durch Galle, die mit dieser überraschend übereinstimmte, 77 bis nahe 78 Par. Fuß.

Auch der Spiegel des Aral-Sees in derselben aralokaspischen Einsenkung erhielt seine bestimmtere Stellung nach Höhe und Umfang. Ein barometrisches Stations-Nivellement wurde auf der Expedition des General Berg mitten im Winter 1826 bei starker

Kälte von Sagoskin, Anjou, Duhamel ausgeführt. Man fing am östlichsten Golf des Kaspischen Sees in Nordosten am Mertwoi Koltok (Todter Golf) das Nivellement an, führte es über die dortige Platte des 500 bis 600 Fuß hohen Ust Urt oder des Truchmenen-Isthmus unter 45° N.Br., bis an das Westufer des Aralsees, und erhielt das Resultat, daß das Niveau des Kaspischen Sees um 110 Fuß tiefer liege als der Spiegel des Aralsees. Zieht man davon die — 76 Fuß Depression des Kaspischen Sees ab, so bleiben + 33 oder nicht volle + 34 Fuß absolute Höhe für den Spiegel des Aralsees übrig. Bei der Unsicherheit, welcher dieses barometrische Nivellement gegen ein trigonometrisches noch unterworfen bleibt, wäre es nicht unmöglich, daß eine genauere Ermittelung das Resultat geben könnte, daß der Spiegel doch in gleichem Niveau mit dem des Kaspischen Sees liege. Nach Eichwalds Profilangabe seiner Reise auf dem Kaspischen Meere läge der Aralsee nur 28 Fuß über dem Kaspischen Meere. Für jetzt aber müssen wir bei dem Resultate von + 33 bis 34 Fuß über dem Ocean stehen bleiben.

Auch ohne das Aralische Gebiet, welches jedoch auch noch zum Niederlande gehört, mit in Rechnung zu ziehen, hat man die continentale trockne Umkreisung des Kaspischen Gebietes, dessen Boden unter dem Spiegel des Schwarzen Meeres liegt, auf 6000 □M. berechnet (Struve noch auf etwas mehr). Noch sind zwar die geodätischen Linien, welche gleich dem Nullpunkt des Schwarzen Meeres, nicht überall um den Kaspischen See genau gemessen, doch läßt sich diese Linie der submarinen Einsenkung von der Wolga zum Jaik oder Uralfluß, von da zur Emba und zu der Nordspitze des Aralsees, und von da zur Gruppe des nordöstlicher liegenden Steppensees Aksakal Barbi, durch die immer gleichbleibende Ebene mit ziemlicher Sicherheit verfolgen. Bei dem geometrischen Nivellement bemerkte man sogleich, wenn man auf dieser geodätischen Linie unter den Oceanspiegel hinabstieg, eine auffallende und wesentliche Veränderung des Terrains, das man sogleich als alten Meeresboden erkennen mußte.

Aus diesen Umgrenzungsangaben ergiebt sich der große Arealumfang des Kaspischen Tieflandes. Rechnet man zu diesen 6000 □Meilen noch die über 7000 □Meilen (7500 nach A. v. Humboldt) der Wasserfläche des Kaspischen Sees hinzu, so beträgt die ganze Kaspische Einsenkung 13,000 □Meilen, ein Flächenraum größer als Frankreich, als Deutschland, dem nur der Flächenraum des ganzen österreichischen Kaiserstaates von 12120 □Meilen verglichen werden kann! Wollte man hierzu noch die Einsenkung des Aralsees (dessen Fläche allein 1124 □M. beträgt) hinzurechnen mit seinen noch nicht ermessenen, östlich viel weiter durch Seereihen in ganz ähnlichem Niveau reichenden Vertiefungen, so würde das Areal der Einsenkung noch von weit größerem Umfange werden. Und fügt man die nordsibirische mit ihr fast gleichstehende Niederung hinzu, so würde dies größte Niederland wenigstens anderthalbmal die Größe von ganz Europa erreichen.

Die Entstehung der Pontisch-Kaspischen Einsenkung.

Bedenkt man den weiten Umfang dieser Kaspischen Niederung, die einen großen Theil der größten Gesammtniederung des ganzen Erdballs nach der Binnenseite der Alten Welt einnimmt, und im Kaspischen Seeboden noch die Tiefe von 500 bis 600 Fuß senkrechten Einsturzes erreicht: so drängt sich bei einem so außerordentlichen Phänomen, das bis jetzt einzig in der Oberflächenbildung der Erde dasteht, die Frage auf: Wie wurde eine Bildung möglich, die allen andern Naturverhältnissen zu widersprechen scheint? Die Antwort, gehörig erwogen, könnte für die ganze Bildungsgeschichte der Erdkruste nicht ohne wichtige Aufschlüsse bleiben.

Doch kann zur Zeit solche Antwort noch nicht mit völliger Bestimmtheit gegeben werden. Wir haben erst die elementarsten Elemente der Erscheinung kennen lernen; es sind noch unendlich viele Beobachtungen zu ihrer genauesten Kenntniß nothwendig. Indeß hat es doch nicht an vorläufigen Betrachtungen und Bemühungen gefehlt, sich über das Wesentliche dieser großartigen und außerordentlichen Erscheinungen, wenn auch nur hypothetisch, einigen Aufschluß zu verschaffen. Wir haben schon angedeutet, daß wir mit einem großen Gesammtgesetze der plateauartigen Ringerhebung und des Gesammteinschießens der Binnenländer nach der Tiefenseite der Erde zum Theil jene Gesammteinsenkung uns zu erklären vermögen.

Die Einsenkung findet am Südende des Steilrandes des Kaspischen Sees gegen das Persische Plateau ihren tiefsten Einsturz-und ihr Ende. Dort erheben sich im Halbkreis die höchsten Gebirgs- und Plateauränder Mittelasiens. Im Westen der Kaukasus mit den bis 15000 und 17000 Fuß hohen Riesengipfeln Kasbeg und Elborus, mit dem Kratersee auf seinem mächtigen Gipfel und den von Cascaden erstarrter Lavaströme, die sich einst von seinem Eruptionskegel herab stürzten, bedeckten Tiefen und mächtigen plateauartigen Gewölben am weitesten Umfange. Diese Gipfel beweisen die einst örtlich hebende Kraft der vulkanischen Thätigkeit an dieser Stelle im Westen.

Im Süden erhebt sich über der armenischen Hochebene des Araxesplateaus in gleich geringem Abstande von der Kaspischen Einsenkung das majestätische plutonische Gewölbe des mächtigen Ararat zu fast gleicher Höhe von 14,656 Fuß. Eine ganze Reihe ähnlich hoher Eruptionskegel am Göktschai-See mit wilden Lavaströmen überschüttet, welche die weiten und riesigen Trachytdome in Hocharmenien überziehen, beweisen genug, daß auch hier gewaltige Strecken der Erdrinde durch Feuerbildungen emporgeblähet wurden, und an mehrern Orten auch wieder in Calderas (kesselartige Vertiefungen) und Barrancas (enge und tiefe Erdspalten) einstürzten.

Ueber dem tiefsten Schlunde des Kaspischen Sees, der in

seinem Seeboden bis auf 420, 480 und 600 Fuß, nach Hanway's Sondirung sogar bis auf 2700 Fuß hinabstürzen soll, steigt ganz dicht am Meere steil das Persische Küstengebirge und das dahinter liegende Plateau von Teheran zu 3400 Fuß, und über diesem die vulkanischen Gipfel des Demawend 20,000 und Enczan 6600 Fuß. In der Kette des steilen Küstengebirges des Albordsch-Systems liegen überall über 5000 Fuß hoch emporsteigende Randgebirgsketten, die im Schemrun im Nordwesten von Teheran zu 8560 Fuß, im Südwesten des Demawend über Churchurah zu 7650 Fuß, im Südosten des Demawend zu Newo zu 8540 Fuß, im Osten desselben zu Nejofter im Seriakuh zu 7200 Fuß, und dicht im Süden über Asterabad im Schahkuh und Surdukkuh bis zu 7270 Fuß emporschwellen, fast alles plutonisch aufgeblähte gewaltige Trachytgebirgsmassen. Noch weiter ostwärts sinkt zwar der riesige Anschwellungsring von seiner kolossalen Höhe im nördlichen Tauruszuge gegen Nischapur, Mesched 1872 Fuß, Herat 2628 Fuß, zu einer mittlern Höhe von 3400 bis 4000 Fuß herab. Aber er steigt ostwärts von Herat sehr bald wieder in den Plateauhöhen von Bamigan und Kabul zu 7000 und 8000 Fuß, und in den Gipfelhöhen der Kolubeba zu 16,800 Fuß. Der Hindukhu über Dschellalabad hebt sich zu 18,984 Fuß, in den Hochebenen des Bolor am Issikul zu 14,664 Fuß, und im noch ungemessenen Pamir, der als Paß zu 18,000 Fuß hoch geschätzt ist.

Hier stehen wir nahe dem 40sten Grad nördlicher Breite, von dem nordwärts die Gebirgsketten allmählich tiefer sich zu senken scheinen, nachdem sie gegen Osten noch den hohen Thianschan abgesendet haben. Von diesem innersten Winkel des Hindukhu und des Bolor, wo die Quellen des Oxus im Badak schon gegen Westen hervorbrechen, nimmt nun dieser wasserreiche Strom als Amu Darja oder Gihon aus dem hohen Baktrien seinen Lauf durch das Bucharische Tafelland, das zu Buchara schon auf 1116 Fuß herabgesunken ist, gegen Nordwesten direct zum Aral- und

Kaspischen See. Er bezeichnet also selbst die Richtung des Gebirgsabfalls zu jener großen Einsenkung, der großen Depression im Osten des Kaukasus und Armeniens, im Norden des persischen Hochlandes, und im Westen des Hindukhu- und Bolor-Systems oder des Imaus der Alten.

Der untere Lauf des Oxus abwärts von Buchara wühlt sich nur noch in lockere Schutt-, Kiesel- und Sandmassen ein, und konnte daher während Jahrhunderten in leichten Verschiebungen vom Kaspischen See zum Aral-See sich umändern, eben sowie der Lauf des alten Jaxartes oder Syr Darja zum Aralsee. Das große Bucharische Blachfeld ist hier nur mit lockerm Schuttgeröll überschüttet, dem größern Theile nach Steppe und alter Seeboden, der eben so wie die nördlicheren flacheren Umgebungen des Kaspischen- und Aral-Sees auf frühere Katastrophen zurückweist, welche mit ihren Trümmern erst das ganze Gebiet ausfüllten und überdeckten.

Schon Halley suchte sich die Entstehung dieser großen Einsenkung des Kaspischen Meeres zu erklären, und nahm in seiner Abhandlung über die Kometen den Stoß einer Kometenkugel von ungeheuren Dimensionen zu Hülfe. Arago dagegen suchte zur Erklärung, statt unbekannte Himmelskräfte herbeizurufen, die auf dem tellurischen Erdenrund noch heute thätigen Kräfte, die plutonischen und Dampf-Gewalten, in Anspruch zu nehmen. Niemand, bemerkt er, zweifle heutzutage noch an der Hebungstheorie, durch welche die Geologie so überzeugend die Entstehung der Hochsysteme der Erde in ihren Formen und innern Bestandtheilen nachweist. Emporhebung großer Massen setze aber nothwendig Erzeugung eines leeren Raumes in den umliegenden Ländern voraus, aus dem dieselben emporgehoben wurden. Und damit sei auch die Möglichkeit des Wiedereinsinkens derselben verbunden. Daher erscheine es sehr natürlich, auch bei dem im großen Halbkreise gehobenen kolossalen Gebirgs- und Plateauring anzunehmen, daß zwischen ihm ein merkliches Sinken in Folge des Hebens stattgefunden.

Bei linearen Gebirgserhebungen haben die linearen Thalsenkungen ihren gleichen Entstehungsgrund; bei rundlich erhobenen Vulkanbildungen findet in dem Einsinken ihrer gemeinsamen Mitte etwas Aehnliches statt, wie in den Calderas der Vulkane, welche tiefe rundliche Thäler bilden, die in die Tiefe wieder zurücksanken, aus der sie gehoben wurden; freilich in viel kleinern Dimensionen als hier. So ist es bei den sogenannten Erhebungskratern v. Buch's der Fall, die dann breite Ausgänge nach einer Seite aus der Caldera gewinnen, wie auf der Insel Palma, oder bei der Val di Bove bei dem Aetna. Solche Einstürze wurden zu Wasserbecken, wenn sie mit dem Meere zusammenhängen, wie in dem Krater von Santorin, oder blieben geschlossen, wenn sie im Binnenlande liegen, wie der Laacher See. Da der große Kranz des Ringgebirges um die Kaspische Einsenkung hauptsächlich aus plutonisch aufgeblähten Trachytmassen zu bestehen scheint, so liegt dieselbe analoge Bildungsweise nicht zu fern. Freilich müßte sie sich in ganz andern kolossalen Dimensionen bewegt haben, auch mußten noch andre Umstände hinzutreten, daß sich nordwärts die Einsenkung in ein so breites und langes Blachfeld ausdehnen konnte. Begreiflicher Weise mußte sich dasselbe aber mit den Trümmern der bei dieser Katastrophe nothwendig vorgegangenen Zerstörungen überfüllen; die Tiefe dieser Ueberschüttungen würde vielleicht durch Bohrversuche zu ergründen sein. Mehrere Revolutionen der Erdoberfläche gingen nach der ersten Bildung der turanischen Concavität unstreitig noch vor sich, ehe sie ihre jetzige Oberflächengestalt erhielt. Aus einem großen Binnenmeere sind erst nach und nach, durch nachfolgende partielle Senkungen, Hebungen und Zuschlämmungen, die jetzigen Zustände hervorgegangen.

Aral- und Kaspische See blieben nur als seichte mit Wasser bedeckte Tiefen an den tiefsten Stellen zurück, indeß die andern minder tiefen Concavitäten von den weit verbreiteten Wassern befreit wurden, die einst auch mit dem Nordeismeerbecken in Sibirien (der bittern Salzsee der Chinesen) und den Pontischen Gewässern durch die Manitschsteppe zum Asowschen Meere zusammenhingen. Genauerer Nachweis hierüber kann nur bei einer Specialbetrachtung der Formen des Kaspischen Sees erfolgen. Hier genügt es nur noch zu bemerken, daß die Wasser des Aral- und Kaspischen Sees bitter und salzig sind, obwohl weniger als das Wasser des Oceans; daß ihr Boden mit Schlammmassen und Sand überzogen ist; der Aral-See nur eine Tiefe von 90 bis 222 Fuß hat, der Kaspische See aber von einem im Norden seichten Wasser gegen Süden in immer größere Tiefe hinabsinkt. Auf der Ueberfahrt von Baku zum Balchan Meerbusen, gegen die Mitte, im Anfang des südlichen Drittheils des Sees, fand Eichwald in einer Tiefe von 600 Fuß keinen Grund mehr und diese große Tiefe hielt südwärts im tiefsten Schlunde des Sees, zunächst von Masanderan und Ghilan an, bis nach Ensellis dichten Küstenrand, wo man den Grund mit losen Kieselsteinen bedeckt fand. Aus solcher Tiefe vermochten also plutonische Kräfte das Maximum der Ringkranzhöhen emporzuheben.

Nach A. v. Humboldt's Ansicht umschließt die große Aushöhlung des Kaspischen Beckens außer dem Binnenmeere dieses Namens noch eine große Fläche von gegenwärtig Trockengelegtem, das sich nordwärts gegen Saratow und den Obstschoi Syrt ausdehnt; Uralsk liegt unzweifelhaft auch unter dem Niveau des schwarzen Meeres. In kleinerem Maßstabe haben ähnliche Wirkungen auch die Erscheinungen in andern Tiefenlagen bedingt, wie in Holland, China, Niederägypten, Palästina. Seit dem ersten Hervortreten der Continentalmassen, lange vor Hervorhebung der Bergketten aus fortlaufenden Spalten, und während der Dauer dieser großen Convulsionen, die bis in die ältesten geologischen Epochen zurückreichen, muß die Oberfläche der Continental-Ebenen oft partiellen Niveauänderungen unterworfen gewesen sein. Sie schwankte wahrscheinlich in derselben Art von Wellenbewegung, die man noch jetzt tagelang, obwohl in einem weit beschränktern Maßstabe, bei jenen ungeheuren Erdbeben und partiellen Verrückungen von Felsbänken wahrnimmt, die das ganze westliche Südamerika erleidet.

Die Einsenkungen, welche bei den Bewegungen in den ältesten Zeiten permanent geblieben, haben sich allmählich mit angeschwemmtem Boden gefüllt, so daß man, wenn man den harten Fels bloßlegen könnte, kreisförmige Schlünde oder concave Einsenkungen von großem Durchmesser entdecken würde, von denen sich uns im Anblick einer ganz ebenen Gegend heutzutage keine Spur mehr zeigt. So hat Eichwald durch eigene locale Erforschung es sehr wahrscheinlich gemacht, daß die große Emporhebung des Ararat und des armenischen Plateaus, auf welchem dieser Trachytberg ruht, das Kaspische Meer bis gegen den Osten der flachen Steppe von Karabagh und Mogan am untern Araxes bei Baku zurückgetrieben habe. Die Wasser dieses Binnenmeeres erstreckten sich wahrscheinlich vormals bis zum Zusammenfluß des von Nordwest herabkommenden Flusses Bargaschad (oder Bergu-schat, auch Bergumet) unterhalb Jreben mit dem Araxes. Die dortige vulkanische Gebirgsbildung sei entschieden; das Kaspische Meer reichte vor ihrer Erhebung in der Araxesvertiefung bis gegen den Ararat hin, und an mehreren Stellen derselben im Süden von Erivan, zu Saliyan in Schirwan und andern Orten hinterließ es bei seinem Rückzuge Salzniederschläge aus dem reinsten krystallinischen Kochsalz, die dort ganze Berge bilden und ganze Zonen von Salzseen am Ausflusse des Araxes und Kur, die dasselbe noch im Zustande der Auflösung enthalten. Auch die verhältnißmäßig sehr junge Emporhebung der Uralkette, welche erst die östliche sibirische Ebene von dem europäischen Tieflande geschieden hat, wird nicht ohne Einfluß auf die Kaspische Senkung geblieben sein.

Nur zwei verwandte Erscheinungen von Einsenkungen unter das Meeresniveau auf der Erdfläche sind, obwohl in viel kleinerm Umfange, aber von zum Theil noch größerer Tiefe, und von eigenthümlicher Stellung, hier zu beachten: die Einsenkung des Jordanthales und die bittern Salzseen auf der Landenge von Suez, ehe wir von den Contrasten zwischen Hoch und Tief zu den Uebergängen derselben übergehen können.

Die Palästinische Einsenkung des Jordanthales und des Todten Meeres.

Die nächste Verwandtschaft mit jener großen Kaspischen Einsenkung in der Mitte der Alten Welt zeigt das nur viel beschränktere und isolirte Becken des Jordans mit dem Todten Meere, dessen absolute Tiefe unter dem Meeresspiegel erst in den letzten Jahrzehnten ein Gegenstand sorgfältiger Aufmerksamkeit wurde. Manche der frühern Reisenden hatten in dem tiefen Thalkessel des Todten Meeres, und zumal an dessen Nordende um Jericho, eine viel größere Hitze des Klimas wahrgenommen, und manche Pflanze und Frucht dort wachsen sehen, die sie an Gewächse des viel heißern Arabiens und Indiens erinnerten. Der Baum, welcher den arabischen Mekkabalsam trägt, gedeiht in der Oase von Jericho: der Ertrag palästinischen Balsams war das Nadelgeld der ägyptischen Kleopatra. Aber an des Jordanbeckens tiefere Lage unter dem Meeresspiegel dachten zuerst deutsche und englische Reisende, wie v. Schubert und Russegger, v. Wildenbruch, Moore und Bake, später Symonds und Lynch: C. de Berton und Russegger machten die ersten Barometermessungen am Todten Meere, die aber nur schwankende Resultate zwischen 500 bis 1100 Fuß unter dem Meeresspiegel gaben. v. Schuberts Barometer reichte für die Tiefenmessung am Todten Meere nicht aus, aber für die Depression des Tiberias-Sees in der Jordanspalte fand er 535 Fuß unter dem Spiegel des Mittelländischen Meeres. Alle Barometermessungen mußten auch hier noch unsicher bleiben, doch war eine tiefe Einsenkung nicht zu verkennen. Ein Nivellement des Engländers Symonds von Jaffa zum Todten Meere im Jahre 1843, gab zuerst ein sicheres Resultat. Der Spiegel des Todten Meeres liegt in runder Summe 400 Meter = 1231 Par. Fuß unter dem Spiegel des Mittelländischen Meeres bei Jaffa. Die spätere Expedition der Nordamerikaner Lynch, Dale und Anderson (1848) hat folgende Resultate in Messungen ergeben:

Der Spiegel des Tiberias Sees liegt unter dem Meeresspiegel . . . . 612 Par. Fuß.

Der Spiegel des Todten Meeres liegt unter dem Meeresspiegel . . . . 1235 Par. Fuß.

Sondirungen des Todten Meeres, die mit großer Sorgfalt über sein ganzes Bassin ausgeführt wurden, gaben die Wassertiefe

nach Lynch . . . 1227 Par. Fuß,
nach Symonds . . . 1970 Par. Fuß.

Der Gesammteinsturz unter die Oberfläche des Mittelländischen Meeres beträgt nach Lynch 1235 + 1227 = 2462 Fuß, nach Symonds 1235 + 1970 = 3205 Fuß. Es ist dies der größte bekannte Einsturz unter dem Spiegel des Oceans. Jerusalem liegt 2449 Fuß über dem Mittelmeere. Da der Spiegel des Todten Meeres 1235 Fuß unter dem Ocean liegt, so stürzt von der Zinne Jerusalems der Spiegel des Todten Meeres bis zu 2449 + 1235 = 3,684 Fuß hinab, und der ganze Absturz bis zur tiefsten Stelle von 1227 oder 1970 Fuß Wassertiefe beträgt demnach 3684 + 1227 = 4911 Fuß oder 3684 + 1970 = 5654 Fuß senkrechter Tiefe. Steht man auf dem Gipfel des Oelberges bei Jerusalem, so fällt der Blick gegen Südosten in diesen Abgrund, in welchen Sodom und Gomorrha hinabsanken, wenn diese Städte wirklich vom Seewasser zugedeckt wurden. Doch ist in der Erzählung von der schrecklichen Katastrophe zwar von Zerstörung durch Feuer, aber nicht von Bedeckung durch Wasser die Rede.

Das Bassin des Todten Meeres besteht aus zwei sehr verschiedenen Theilen: einem größern nördlichen sehr tiefen Becken, und einem kleinern südlichen sehr seichten, welche beide durch eine flache sandige Halbinsel, el Mesraa, von einander geschieden, nur durch einen schmalen und sehr seichten Kanal mit einander in Verbindung stehen. Jenes nördliche scheint dem Einsturz, dieses südliche der localen partiellen Hebung die Verschiedenheit seiner Bodenverhältnisse zu verdanken. Aber beide weichen in Hinsicht ihrer Breite nicht wesentlich von einander ab; beide sind in derselben directen engen Längsspalte des Jordanthales, die hier nur etwas erweitert ist und von Norden nach Süden gleichmäßig fortsetzt, zwischen den parallelen Streichungslinien der Gebirgsketten in Osten und Westen eingeklemmt. Die Kette in Osten scheint noch 1000 Fuß höher als die in Westen über den Seespiegel hervorzuragen. Die Tiefe beider Becken ist wesentlich verschieden. Das südliche Becken erreicht in seiner Mitte nirgends über 12 Fuß Tiefe und verseichtet an allen Gestadeseiten über die Hälfte, bis zu 5 Fuß und noch weniger, so daß es am Südrande gar nicht mehr mit Barken beschifft werden konnte, sondern diejenigen, welche landen wollten, halbe Stunden hindurch in dem heißen Schlammboden zu waten hatten, der ihnen bis über die Knöchel ging. Das nördlichere weit größere Becken zeigt dagegen fast in seiner ganzen Ausdehnung von Norden nach Süden in der Mitte meist mehr als 1000 Fuß Tiefe, im nördlichen Drittheil sogar in einer langen Strecke einen Abgrund von 1227 Fuß; dieser steigt gegen die Westküste zwar bis zu 800 und 600 Fuß an, behält aber der Küste ganz nahe immer noch eine Tiefe von 500 Fuß. Dieser plötzliche Absturz geht nun ganz dicht am Küstenrande in einen sehr schmalen Ufersaum von geringer Tiefe über, so daß hier nirgends Klippen oder Untiefen die Beschiffung gefährden. An dem

Ostufer bis dicht an die höheren und steilen Bergwände ist der Absturz in die Tiefe des Sees noch steiler und plötzlicher. Ganz nahe dem romantischen Felsenthore der Arnonmündung gegenüber in geringem Abstande vom Ufer zeigt die Sondirung noch die außerordentliche Tiefe von 1052 Fuß und 1058 Fuß. Eine so große Differenz der Tiefen scheint wohl darauf hinzudeuten, daß beide Abtheilungen einer verschiedenen Entstehungs- und Bildungsgeschichte unterworfen waren.

Die plutonische Thätigkeit hat sich in der Erdspalte des Jordanthales bis heute erhalten. Sie wirkt in verschiedenen Symptomen, durch Salzniederschläge, heiße Quellen, Naphthaquellen, Asphaltbildung, Schwefeldünste, Hitzeausströmung, Rauchsäulen, Erderschütterungen fort. Die Jordanspalte blieb vom Tiberias See an unausgefüllt, während fast alle analog entstandenen Erdspalten der Erdoberfläche mit hervorstoßenden Gebirgsmassen zu linearen Kettenzügen gehoben wurden; oder, wo diese nicht hervortraten, theilweise ausgefüllt zu See- oder Stromthälern wurden, wenn Wasserläufe sich zwischen ihren Felsmauern hindurchdrängten, oder in den lockern Schuttmassen durch Wasserspülung in neue windende Bahnen hindurch wälzen konnten. Wo sie sich diese Bahn nicht brechen konnten, blieben sie als Binnenseen stehen. So das Todte Meer, dessen verlängerter südlicher Erdspalt, der Wadi Araba, bis zum Rothen Meer wieder zu hoch aufstieg, um dem Jordanwasser einen Abfluß zum Arabischen Golf zu gewähren.

Sehr viele andre Erdspalten würden als ähnliche Tiefländer gegen ihre Umgebungen erscheinen, wenn sie nicht mit Seewasser gefüllt wären. Die Seeboden fallen öfter plötzlich zu bedeutenden Tiefen gegen den sie umgebenden Landboden hinab, während andre nur lagunenartige Wasserfüllungen oder Flachseen von ganz andrer Natur sind. Die Seen bieten als particuläre, zum Theil mit Wasser ausgefüllte Niederungen der Erdrinde ein besondres Interesse dar; noch bleibt in Beziehung auf Kenntniß der Tiefendimensionen vieles zu wünschen übrig. Das Todte Meer ist bisher als die tiefste dieser Erdspalten bekannt geworden. Die Tiefen des Kaspischen Meeres sind bisher nur unvollkommen ermittelt, und wenn Hanway's Sondirung von 2700 Fuß Vertrauen verdient, sehr bedeutend zu nennen. Der Baikalsee in seiner großen Erdspalte zwischen den steilsten Felsenufern, die überall über ihm emporstarren, wird hinsichtlich seiner Tiefe für unergründlich gehalten, aber sein Spiegel liegt schon 1500 Fuß über dem Meere, daher sein Seegrund schwerlich noch unter das Meeresniveau hinabreichen wird. Die große Gruppe der Canadischen Seen in Nordamerika, von denen die fünf großen Seen des Lorenzstromsystems allein an 5000 □Meilen einnehmen, liegen insgesammt in einer mittlern Höhe von 500—600 Fuß über dem Meere, auf einer Plateaufläche der niedrigsten Art, die zum Theil schon in das Niederland hinabstuft: der Obere See 627 Fuß, der Michigan und Huron See fast gleich, 578, der Erie See 565, der Ontario See 232 Fuß über dem Meere. Die drei obern Seen mit 900 Fuß sondirter Tiefe stürzen also gegen 300 Fuß tief unter den Spiegel des Oceans hinab; der Ontario See aber, 500 Fuß tief, reicht mit seiner Erdspalte noch 268 Fuß tief unter denselben. Die fortgesetzte lineare Tiefe des Lorenzostrombettes ist uns unbekannt. Auch die meisten Schweizerseen, wie Bodensee, Genfersee, Vierwaldstädter-, Zürcher-See und andre Seen, wie, die Hallstädter, Gmünder u. a., die öfter über 1000 Fuß Tiefe messen, gehören solchen Einstürzen der Erdrinde in tiefe Erdspalten an, deren Boden nur mit dünnen Schuttschichten überdeckt, aber nicht ausgefüllt ward, daher die Wasser von ihnen Besitz nehmen konnten. Viele von ihnen mögen auch unter den Spiegel des Oceans hinab reichen.

Die bittern Salzseen (Lacus amari, Fontes amari bei Plinius VI. 23).

Einige bittersalzigen Seen auf dem Isthmus von Suez, auf der Grenze von Afrika und Asien gelegen im Westen und Osten, wie zwischen dem Rothen Meere im Golf von Suez und dem syrischen Meereswinkel, dem Pelusischen des Mittelländischen Meeres, erregten durch diese Lage eine Zeit lang als Niederungen besonderer Art einige Aufmerksamkeit. Während der Occupation Aegyptens durch die Franzosen im Jahr 1799 wurde zum Behuf eines wiederholten Kanalprojectes zwischen beiden Meeren und dem Nillaufe ein Nivellement ausgeführt, das von Le Père in einer eigenen Abtheilung der großen Déscription de l'Egypte veröffentlicht wurde *). Das Resultat war sehr überraschend; es gab den Meerbusen von Suez zur Ebbezeit um 25 Fuß, zur Fluthzeit um 30½ Fuß höher an, als das Niveau des Mittelländischen Meeres, und das schien mit Plinius' Angabe von dem hohen Stande des Rothen Meeres über Aegypten Plin. VI. 23 übereinzustimmen. Die in der Mitte zwischen beiden Meeren liegenden Salzmoräste, welche den Alten schon bekannt waren, sollten demnach bis tief unter den Spiegel des Mittelländischen Meeres, an 20 Fuß, an 50 Fuß unter den Spiegel des Rothen Meeres zu liegen kommen. Der große Unterschied des ungleichen Höhenstandes beider Meeresspiegel erregt zwar einige Zweifel gegen die Richtigkeit der Messung, welche in der Periode kriegerischer Unruhen in Aegypten keine Revision gestattete. Gewisse Umstände, die bei der nach der Messung im Jahr 1800 eintretenden großen Ueberschwemmung durch den Nil, die bis gegen das Thal der bittern Salzseen vordrang, sich zeigten, schienen jedoch das Resultat zu bestä-

[1]) Le Père Memoire sur la Communication de la Mer des Indes avec la Méditerranée par la Mer rouge et l'Isthme de Sues. Paris 1809.

tigen. Sie drang nämlich in das Querthal des Wadi Tumilet ein, in welchem die Salzmoräste oder Seen liegen, wo man die Spuren der alten Kanalbauten der Aegypter entdecken konnte. Man konnte zu der Vorstellung kommen, daß die sandige Landenge von Suez nur ein Product von Dünenanhäufungen und Anschwemmungen beider Meere sei; dann wären die bittersalzigen Seevertiefungen in ihrer Mitte nur als Ueberrest des alten Meeresgrundes zurückgeblieben. Noch neulich sind Vertheidiger jener frühern Messung aufgetreten, vorzüglich Favier, Note sur les Nivellemens dans l'Isthme de Suez. Athén. Franç. 1853. Nr. 31. Seit 1845 sind im Interesse der neu projectirten Kanalverbindung fünf neue Nivellements zu Stande gekommen (z. B. von Bourdaloue und Smaet de Bellefords), welche jene Resultate widerlegen und zeigen, daß nach übereinstimmenden Resultaten der Niveau-Unterschied zwischen beiden Meeren nur ein Minimum (0,18 Meter oder etwa ⅔ Fuß) beträgt, die beiden Oceane also wie überall auf dem Erdenrund im Gleichgewicht stehen. Damit fallen so manche auf jene irrige Annahme gegründete frühere Hypothesen von selbst weg.

Die Uebergänge zwischen den Contrasten, das Stufenland und die Stromsysteme der Erde.

Zwischen den beiden Hauptarten der plastischen Gestaltungen großer Erdräume oder ihrer grandiosen Naturformen finden Uebergänge statt in unendlicher Zahl, in unendlich mannigfaltiger Form.

Wenn der Begriff von Hochland und Niederland in der gleichmäßig stetigen, geringern oder bedeutendern, absoluten Erhebung besteht: so unterscheiden sich die Uebergänge ganz charakteristisch eben dadurch, daß sie keine stetige gleichartige Gesammterhebung haben, sondern eine bestimmte Verschiedenheit, ein Aufsteigen, oder nach der andern Richtung eine Senkung zur Tiefe, und zwar in bestimmter Progression. Ihr wesentlicher Charakter besteht in der Ausgleichung der Höhen und der Tiefen, welche zu einer gemeinsamen dritten Naturform sich gestaltet, zu den gegen den Meeresspiegel geneigten Erdräumen. Wir bezeichnen sie mit einem allgemeinen Ausdruck durch Stufenländer.

Stufenländer und Ströme der Erde.

Die geneigten Erdräume oder Stufenländer, in verschiedener Höhe und Tiefe, über, unter und neben einander gestellt, sind überall die vermittelnden Glieder zwischen den Hoch- und Tiefländern des Erdsphäroids. An den Quellen und Mündungen der Ströme, die ihnen den Weg aus der Höhe nach der Tiefe vorzeichnen, participiren sie an den beiden contrastirenden Hauptformen des Erdlandes; sie greifen bald mehr, bald weniger tief in dieselben ein. Die Art dieser Vermittlung und die Neigung des Gefälles von der Höhe zur Tiefe, der Richtung gegen die Himmelsgegend wie gegen die Meeresgestade giebt jedem der großen Stufenländer der Erde den ihm eigenthümlichen Charakter der Gestaltung wie der Weltstellung. Auch hier treten gewisse willkürliche Annahmen in Hinsicht der räumlichen Größe derselben ein, indem wir keine bestimmte Grenze zwischen großen und kleinen Strömen, die man Flüsse genannt hat, feststellen können. Wie überall in geographischen Verhältnissen sind nur relative Bezeichnungen in Sprachgebrauch gekommen. Die Vergleichung der Stromrinnen nach Breite und Fülle (Capacität) bestimmt das Caliber der Ströme; die Vergleichung nach Länge und Verzweigung ihre Entwickelung. Nach Fülle, Länge und Flächenraum, die sie sammt ihrem Quellenbezirk einnehmen, müssen wir sie, in Beziehung auf einen gewissen Erdtheil insbesondre, oder absolut zum Erdganzen, als Stromsysteme betrachten vom ersten, zweiten, dritten Range. Die Wolga z. B. ist in Beziehung auf Europa zum ersten Range, aber, wie die Donau, in allgemeinerer nur zum zweiten oder dritten Range gehörig. Nicht die Länge allein entscheidet über die Wichtigkeit der Stromverhältnisse. Die Themse, einer der kleinsten Ströme Europas, ist doch einer der wichtigsten. Auch der unbedeutend scheinende Fluß erhält große Wichtigkeit durch die zu ihm gehörige Landschaft. Der kleine wenig beachtete bairische Fluß, die Isar, nimmt in seinem Quellenbezirk bis zur Mündung links 860 fließende Wasser (44 Flüßchen), rechts 433 auf; zu beiden Seiten ergießen sich 131 Seen und 5 Flüsse in die Isar. Sie wird in allem durch 136 Seen, 1293 Quellströme, die sich in 103 Armen in sie ergießen, ernährt. Wie wichtig ist daher ihr Verhältniß zur anliegenden Landschaft! Doch ist die Isar nur einer der 34 Zuflüsse des Donaustromes (nur vom vierten Range derselben), und die Donau selbst ist keiner der Hauptströme der Erde. Ein kurzer, aber wasserreicher Fluß kann relativ für beschränkte Räume und Länder sehr groß und bedeutend erscheinen, obwohl er gegen andre kolossale Ströme der Erde zur Unbedeutendheit herabsinkt. In Beziehung auf das ganze Erdsystem giebt es absolut große Ströme die Tausende von Quadratmeilen einnehmende Stufenländer durchziehen. Das Vorkommen dieser großen Ströme und großen Stufenländer erster Klasse ist doch nur auf eine gewisse Anzahl (kaum ein halbes Hundert auf dem ganzen Erdball) beschränkt. Außer ihnen ist eine große ungezählte Menge in mathematischer Hinsicht kürzerer, geringerer, aber mehr oder weniger analog entwickelter und oft an Wasserfülle und andren Naturverhältnissen eben so reicher Strom- und Stufenlandbildungen, wie von Flüssen und Flüßchen durchzogenen Landstrecken, in Senkungen, Stufen und Absätzen aller Art über den Erdball vertheilt. Diese Formen mögen sich in Klassen zweiter, dritter, vierter Größe, absolut oder für jeden der Erdtheile relativ betrachten lassen. Aber nicht die Größe allein, sondern die ganze Combination der Mannigfaltigkeit in den Verhältnissen muß die charakteristische Individualität der Ströme bestimmen.

Nach der Himmelsgegend giebt es Nordströme, wie die

sibirischen, Nil und Rhein, Elbe, Weser u. s. w.; Südströme, wie Indus, Ganges, Euphrat, La Plata, Missisippi, Wolga;Ostströme, wie die chinesischen, Hoangho und Kiang, die amerikanischen, Amazonas, Orinoco u. a., die Donau; Westströme, wie Oxus und Jaxartes, Senegal, Gambia, Niger, der Colorado in Amerika, in Europa die Seine, Loire, Garonne und die spanisch-portugiesischen Landströme.

Schon diese Stellung nach Weltgegenden giebt den Entwickelungsstufen ganz verschiedene klimatische Verhältnisse und Bedingungen. Ebenso die Stellung zu den Weltmeeren, welche durch Ebben und Fluthen auf den untern Lauf keinen geringen Einfluß ausüben. Das Vorkommen ihrer Quellhöhen auf Hochländern und Gebirgsländern zweiter Klasse oder erster Klasse, ob sie in andern atmosphärischen Luftschichten oder in ewiger Schneehöhe ihren Ursprung nehmen, alles das läßt schon eine so große unerschöpfliche Mannigfaltigkeit der Verhältnisse entstehen, daß schon dadurch allein kein Stromsystem der Erde einem andern Stromsystem gleich ist. Die Ströme sind hydrographische Individualitäten, obwohl sie unter einer Schablone dargestellt zu werden pflegen.

Noch größer wird diese Mannigfaltigkeit durch die plastische Form des zugehörigen Stufenlandes und seine Stellung zum Völkerleben.

Das große Stufenland des Nilstroms ist nach seinen dreierlei großen Abstufungen: Abyssinien, Nubien Aegypten, historisch und plastisch längst bekannt. Das große Stufenland des oceanischen Rheinstroms gliedert sich in Helvetisches Alpenland, mittleres Deutschland und Niederland. Auf ähnliche Weise zerlegen sich fast alle Uebergänge in drei natürliche Hauptstufen, und wo sie noch nicht, wie in den angeführten, schon in historischen Contouren und Hauptmassen hervortreten, sind sie doch leicht auf ihren fortschreitenden Entwickelungsstufen physikalisch nachzuweisen und in ihren analogen Erscheinungen weiter zu verfolgen.

Alle strömenden Wasser haben ihren Anfang von ihren Quellen, mögen sie unterhalb oder oberhalb der Erdoberfläche liegen; an den Quellen beginnt die Fallthätigkeit, das Fließen. Die Quellen liegen stets auf den relativ höhern Punkten, um nach einer Tiefe abfließen zu können; aber keineswegs auf den relativ oder absolut höchsten. Den Zusammenhang dieser relativen Quellhöhen bezeichnet man durch die Linie der Wasserscheide, weil man voraussetzt, daß nach einer entgegengesetzten Neigung dieser Linie die Wasser, wenn sie vorhanden, nach einer entgegengesetzten Neigung abfließen werden (divortia aquarum). Keineswegs ist diese Linie identisch mit dem Rückgrat der Gebirgsketten, obwohl sie zuweilen mit ihnen zusammenfallen kann. Die Wasserscheide ist die Anfangslinie alles strömenden Gewässers, das nach entgegengesetzten Abdachungen oder Senkungen seinen Lauf beginnt. Jedes Stromsystem hat seine eigene Wasserscheideumkränzung; man hat sie auch die Randumfassung seines Gesenkes genannt. Dies Gesenke, als Einheit gedacht, ist das Strombecken, das Bassin des Stromgebietes. Der Anfang dieses Strombassins ist das Quellland, der Entspinnungsbezirk, die Wiege entgegengesetzter Stromgebiete, die in dieser Wiege einander oft ganz benachbart ihr erstes Entstehen und ihre erste Entwickelung haben können, während sie weiterhin divergirend fortschreiten, und ganz entgegengesetzte Richtungen anzunehmen pflegen, wie Rhein und Rhone, Wolga und Dwina. Auf der Wasserscheide der Rocky Mountains liegen die Ursprünge des Missuri und des Columbiastromes nur eine Viertelstunde auseinander; ihre Mündungen aber gehören dem Atlantischen und Stillen Ocean an, und sind in gerader Linie fast 500 Meilen von einander entfernt. Die Mongolen verehren die Scheidegebirge, richten Steinhaufen und Gebetflaggen auf, die Tungusen gehen nie an ihnen vorüber, ohne einen Cederzweig auf diese

Steinhaufen zu werfen, damit, wie sie sagen, die heiligen Scheidegebirge nicht kleiner, sondern größer werden mögen.

Die Hauptrinne des Gesenkes oder Bassins ist der Strom im engeren Sinne; die Nebenrinnen sind die Zuflüsse, Bäche, Riesel u. s. w. Die stärksten und größten Zuflüsse aus dem Quelllande kann man Quellströme nennen — zwei beim Nil, fünf beim Indus, zwei beim Ganges, drei beim Amazonas u. s. w. Alle zu einem gemeinsamen Tiefstrom vereinigt bilden ein Naturganzes. Dies ist das Stromsystem, welches zugleich das Stromgebiet in sich begreift. Diese Begriffe correspondiren. Die feste und die flüssige Form werden in ihrer Einheit und in ihrer gegenseitigen Einwirkung auf einander gedacht.

Das Rinnsal im Thale ist die Endlinie aller Zuflüsse und die Mündung zum Meere der Endpunkt wo alles Fließen aufhört. Quelle und Mündung sind Anfang und Ende des Systems, das zu einer und derselben Fallthätigkeit gehört, die Stromlinie und der Quellbezirk, Centrum und Peripherie des Systems. Alle andern untergeordneten Wasserrinnen machen das Geäder des Stromsystems aus; es sind Zuflüsse, Zubäche; linke und rechte Zuflüsse. Ihre Formen sind denen des ganzen Systems analog, wenn auch von geringern Größen. Ihre gegenseitige Gruppirung und netzartige Verflechtung ist unendlich mannigfaltig. Ihr linearer Verband hat etwas Aehnliches mit der Architektonik eines Baumstammes mit seinen Zweigen, nur im umgekehrt nicht aufsteigenden, sondern sich senkenden Verhältniß.

Selbständige Flüsse sind solche, die sich nicht wieder in andere verlaufen, sondern direct zum Meere ergießen, wenn sie auch nicht zu den großen Landströmen erster Klasse gehören. Sie sind zweiter, dritter Größe u. s. w., zuletzt Küstenflüsse. Andre Flüsse stehen still, ehe sie das Meer erreichen und finden in Landseen ihre Ausgleichung, wie die Wolga im Kaspischen See, Gihon und Sir im Aralsee, der Jordan im Todten Meere. Noch andere verlieren sich in Sandwüsten oder Morastflächen: die Steppenflüsse Afrikas. Noch andere in Felsklüfte und Grotten, wie im Jura und Karst: verschwindende Flüsse. Noch andere stehen vor der Meeresfluth still.

Es giebt continuirliche Flüsse, welche das ganze Jahr in reicher Wasserfülle bleiben; überschwemmende, wie der Nil und viele andre in der Zone der tropischen Regen; temporäre, die nur zeitweise fließen und dann wieder stillstehen, oder ganz aufhören in der dürren Jahreszeit, sich in aneinander gereihten kleinen Seen oder Sumpfstellen (Korallenseen) auflösen, wie viele Steppenflüsse Australiens, u. a.

Nähere Betrachtung der Ströme.

Die Natur der Ströme wird bedingt durch die Fülle ihres Quellenreichthums, durch die Zuführung der Wasser aus dem ganzen Geäder und deren Vertheilung, durch die Art des Gefälles, durch den directen Abstand der Quelle von der Mündung, und der dadurch, wie durch die Bodenverhältnisse veranlaßten Krümmungen der ganzen Stromentwickelung, durch ihre Normaldirection.

Die Wasserfülle ist nach Schneeschmelzen und ewigen Schneelasten, wie nach tropischen Regenzeiten oder wechselnden Jahreszeit-Regen in den temperirten Zonen sehr verschieden, also auch klimatisch bedingt. Dies Gefälle geht vom Stürzen im Hochgebirge zum Strömen in ein Fließen, Schleichen, und an den Mündungen selbst zu einem Stillstehen über. Die Vehemenz der Bewegung hängt von den verschiedenen Neigungswinkeln der Stufenländer ab, welche vom senkrechten Absturz der Felswände (von denen die Wasserfälle herabkommen) und von der mehr und minder steilen zur sanften geneigten und endlich zur ebenen Richtung übergehen.

Die Normaldirection der Ströme wird bestimmt:

1) durch die Beschaffenheit und Structur der Gebirgs- und Erdmassen, welche sie in ihrem Laufe durchschneiden: a) ob in

horizontalen oder verticalen Schichten, z. B. ob sie in einer Gebirgsformation fließen, wie im Granit der Karpathen, wo sie alle parallel, oder strahlenförmig unter einander, alle beim Austritt in die Ebene sich plötzlich wenden; b) ob sie in verschiedenen Gebirgsformationen auf der Grenze von beiden strömen, wie im Uralgebirge und an andern Orten von Rußland, wie die Rhone im Wallisthal, auf der Grenze des Kalkgebirges der Berner Alpen im Norden und der Urgebirgs-Alpen im Süden; ebenso die Isère, das obere Rheinthal in Graubünden, das ganze obere Innthal in Tyrol.

2) Wird die Normaldirection bestimmt durch die gegenseitige Richtung der Zuflüsse in Verbindung mit dem gegenseitigen Verhältniß ihrer Wassermassen und deren Falles. Sehr häufig nimmt beim Zusammenstoß zweier Flüsse die Vereinigung von beiden die mittlere Richtung nach dem Parallelogramm der Kräfte an, wenn kein andres Hinderniß entgegentritt, z. B. wo Kama und Wolga, Theiß und Donau, Rhein und Main, Saone und Rhone zusammentreffen. Wo besonderer Widerstand der Gebirgsmassen eintritt, da zeigt sich dies jedesmal auch in den Abweichungen des Strombettes. Diese Abwendungen sind andere, plötzlichere als die vorigen. Z. B. wo der Rhonedurchbruch aus dem Walliser Thale nach Norden hin abgelenkt wird. Wo die Rhone aus dem Längenthale tritt, da versperren ihr im Westen bei Orsières und Valorsine harte krystallinische Gebirgsmassen den Weg gegen Westen in der Direction ihres Längenthales, dem sie nachher doch wieder folgt bis Lyon. So am doppelten Rheindurchbruch bei Basel aus dem Jura, aus dem Rheingau unterhalb Mainz zwischen Bingen und Caub. So die Dalelf in Schweden, der Tessin im Gotthardgebirge u. s. w.

In festen, geschichteten, krystallinischen Gebirgsmassen zeigen sich häufig unterbrochene, scharfwinklige und rechtwinklig auf einander stehende Thäler im Zickzack, wie z. B. bei dem Rhein zwischen Mainz und Coblenz, bei der Mosel von Trier bis Coblenz lauter Successionen solcher Thäler. Bei ihrem Austritt in leicht zerstörbares Flötzgebirge werden diese scharfen Winkel der Thäler zu sanften Wellenlinien, und ebenso und noch mehr, wenn der Strom in lockeres aufgeschwemmtes Land übergeht. Dies zeigt sich besonders in den Stromsystemen Osteuropas und des ganzen mittlern und südlichen Rußland. Das geübte Auge kann aus einer richtigen Zeichnung des Stromlaufs im Allgemeinen mit ziemlicher Sicherheit auf die Masse des Bettes zurückschließen. Die Ströme durchbrechen, wenn nicht andere mächtigere Kräfte dagegen wirkten, die Gebirgsmassen in denjenigen Richtungen, in welchen sie den geringsten Widerstand finden. Manche Thäler waren ihnen schon vorgebildet durch große Zerreißungen und Zerrüttungen, Verschiebungen auf der Erdoberfläche, andre mußten sie sich erst selbst durchbrechen und ausarbeiten, und hier traten sehr verschiedene Verhältnisse ein. Bei Gebirgsarten mit senkrechter Schichtenstellung laufen sie sehr häufig, ja meist, diesen Schichten parallel in den Längenthälern. Daher häufig die Steilwände der Alpenthäler, im Wallis über der Rhone, in Tyrol über Inn und Etsch, in Graubünden über dem Rhein, im Jura. Die Querdurchbrüche der Schichten sind dann im Verhältniß zu jenen meist sehr kurze Querthäler, die mit ihnen in längern oder kürzern Strecken wechseln. Bei horizontal geschichteten Massen ziehen die Stromthäler nach den Richtungen der ausgezeichneten Kluftabsonderungen.

Der größere Theil der Gebirgsarten hat aber weder senkrechte Schichtenstellung, noch horizontale, sondern eine zwischen beiden geneigte, vom Steilen bis zum Flachen. So z. B. in den meisten Gebirgszügen des mittlern Deutschland. Hier werden also die Durchbrüche der Thalbildung, in sofern sie von Wasserfluthen herrühren, von mehrfachen Ursachen und Widerständen bedingt worden sein, und die Direction der Strombetten wird dann nicht so einfach und charakteristisch aus dem Streichen und Fallen der

Gebirgsschichten sich entwickeln lassen, weil noch andre bedeutende Kräfte als Förderungen oder Hindernisse der Thalbildung zugleich mit einwirkten. Also hat die Schichtung zwar Einfluß, aber keinen generellen auf die Thalbildung ausgeübt. Aber einen vorherrschenden übt sie aus, wo ihr Streichen mit der Längenerstreckung des ganzen Gebirgszuges zusammenfällt, einen minder ausgezeichneten, wo dies nicht der Fall war. Z. B. in den Alpen von Südsüdwest nach Nordnordost, im Jura von Südwest nach Nordost, in den scandinavischen Gebirgen von Süd nach Nord.

Außer der Schichtung der Gebirgsarten hat auch die Lagerung der verschiedenen Gebirgsformationen Einfluß auf die Direction der Ströme gehabt, und zwar einen gleich wichtigen. Die Gebirge bestehen nicht aus einerlei Gebirgsart, sondern aus verschiedenen. Was die Schichtung nur in Beziehung auf einerlei Gebirgsmasse ist, das bezeichnet Lagerung in Beziehung einer Gebirgsmasse auf die andere. Man unterscheidet unterliegende, aufliegende, anliegende Lagen. Diese sind gewöhnlich von verschiedener Altersfolge, z. B. Sandstein, Gyps, Kalkstein, Grauwacke, Granit. Diese Anlagerungen finden nur in unmittelbarer Berührung statt, oder sie sind von einander getrennt durch Thäler, wie z. B. in den Karpathen die Thalebenen die südlichen kalkigen Vorkarpathen von dem hohen Granit der centralen Karpathen scheiden; oder sie sind in unmittelbarer Berührung, wie auf dem Westarme derselben Karpathen. Da wo nun verschiedene Gebirgsformationen und verschiedenartige Gebirgsmassen zusammenstoßen, da ziehen die Ströme lieber auf der Grenze beider hin, als in einer der Quere nach durchsetzenden Richtung. In dieser Längenerstreckung der Lagerung bildeten sich auch die längsten und tiefsten Thäler durch Auswaschungen, weil da der geringere Widerstand der Zertrümmerung stattfand. So im Ural, so bei Isère, Rhone, Aar, Inn, so in allen Längenthälern der Alpen und Pyrenäen, z. B. beim Ebro, wo Gypsauswaschungen eintraten.

Daher der merkwürdige umkreisende Lauf der vier Karpathenflüsse Poprad, Dunajec, Arva, Waag, auf der Grenze des Granitkerns und der secundären Kalk= und Grauwacken=Gebirgsarten. Daher dieselbe Anordnung der Flüsse am Harzgebirge und am Thüringerwald auf den Grenzen der jüngern Gebirgssäume, die sie inselartig umkränzen. Ja dieselbe Anordnung findet sich im größten Maßstabe an den Hauptströmen Süd= und Südost=Asiens bei ihrem Heraustreten aus dem Gebirgsganzen und dessen Gebirgsformation in die Vorstufen. Da strömen Terek, Kuban, Kur, Araxes, Euphrat, Tigris, Indus, Ganges und wahrscheinlich auch die chinesischen Ströme überall auf der Grenze der verschiedenen Gebirgssysteme und Gebirgsarten hin, welche durch ihre Hauptthäler geschieden werden.

Andere Stromthäler scheinen unabhängig von diesen Gesetzen ihr Dasein eigenen Rissen und Gebirgsspalten zu verdanken, die den Charakter plötzlicher Zerreißungen der Erdrinde und großer gewaltsamer Zertrümmerung tragen.

Die lineare Entwickelung des Stromes kann nach seinem obern, mittlern, untern Laufe unterschieden werden. Diesem Laufe und dem ihm zugehörigen Wassernetze entsprechen die drei Stufenlandschaften des Stromsystems und seines Stromgebietes. Nicht nur die Differenz des Höhenabfalles ihres Gesenkes, sondern auch die Abnahme des Neigungswinkels der Gefälle des Stromlaufs und der ganze Naturcomplex aller Erscheinungen im Stromgebiete entspricht diesen dreifachen Abstufungen fast aller hydrographischen Systeme der Erde mit wenigen Ausnahmen. Die numerischen Verhältnisse aller dieser genannten Größen sind so variabel, daß daraus eine unendliche Mannigfaltigkeit von hydrographischen Gestalten hervorgehen konnte.

Sehr verschiedene Charakteristik zeigt der obere, mittlere und untere Lauf der großen Stromsysteme.

Oberer Lauf.

Dieser beginnt von den Wasserscheiden der hohen Quellgebirge und reicht bis zum Austritt aus denselben. Die Thalwiegen der Quellbäche und Quellflüsse gehen von den Erhebungen und Vertiefungen der Wasserscheiden aus. Auf ihnen sind daher die nach entgegengesetzten Meerbecken strömenden Wasser noch einander benachbart. Je weiter von ihnen ab, desto mehr entfernen sich diese von einander. So liegen am Hochwald im Süden der Karpathen und am Bory-Sumpf im Norden derselben die Wasser der Ostsee und des Schwarzen Meeres dicht beisammen. Trageplätze (portages, transports, wolok im Russischen) heißen die größten Annäherungen dieser entgegengesetzten Stromläufe. Es sind die relativ jedesmal tiefsten Einsenkungen der Wasserscheiden — in Hochgebirgen die Pässe, die Sättel — in niedern die Thäler — in flachen Ländern die Hochebenen, am geeignetsten zu Kanalverbindungen, daher z. B. ein Kanal zwischen Ostsee und Schwarzem Meere durch Weichsel und Donau, durch Don, Poprad, Hernad und Theiß durch die Karpathen vorgeschlagen. Es sind die kürzesten Landverbindungen der entgegengesetzten Abhänge der Gebirgszüge. Ihre Vertheilung und Art hängt natürlich von den Gefällen des obern Stromlaufs, von den Neigungswinkeln der Gebirge gegen die Ebenen oder den Horizont ab. Die Gehänge entgegengesetzter Gebirgsabfälle sind meistentheils ungleich, steil auf der einen, sanfter auf der andern Seite. Damit hängt die graduelle Wildheit der Gewässer des obern Laufes zusammen. So sind am Ural die Abhänge steil im Osten, sanft im Westen; am Kaukasus steil im Norden, sanft im Süden; umgekehrt bei den Karpathen und Alpen steil im Süden, sanft im Norden. Das Gefälle wechselt, hält sich aber im Allgemeinen bei allen Gebirgen gewöhnlich zwischen den Inclinationswinkeln von 2 bis 6 Grad Abfall, auf die ganze Breite der Gebirgsketten berechnet. Auf der sehr steilen Nordseite der Pyrenäen beträgt das Gefälle 3 bis 4 Grad, auf der Südseite der Alpen, von den Gipfeln des Mont Rosa und Montblanc bis zu den Ebenen von Piemont 3¾ Grad. Weit geringer ist die Neigung in den niedrigeren Bergzügen. Dieser allgemeine Neigungswinkel ist aber die mittlere Größe, zusammengesetzt aus einer sehr großen Anzahl von besondern, sehr verschiedenartigen Neigungen, die beständig abwechseln und auf und ab schwanken, und bis zu senkrechten Steilwänden ansteigen. Die besonderen Neigungswinkel sind der Regel nach stärker als die mittlern. Ein Neigungswinkel von 15 Grad ist schon sehr steil; er ist das Maximum, um für Lastthiere gangbar zu sein. Ein Neigungswinkel von 7 bis 8 Grad ist schon für Fahrwege von langer Erstreckung das Maximum des Gehänges — alle fahrbaren Gebirgswege müssen geringeres Gefälle haben. Bei Neigungswinkeln von 35 Grad braucht der Mensch zum Uebersteigen der Gehänge schon Hülfsstufen. Eine Neigung von 44 Grad fand A. v. Humboldt in den felsigen Hochgebirgen von Mexico und Peru schon unersteigbar; nur wo noch Pflanzenwuchs sich zeigt und den Fuß fixirt, sind die Abhänge noch etwas steiler zu betreten. Daher sind die Karpathenhöhen wie die Pyrenäengipfel wegen ihrer Steilheit und des geringen Pflanzenwuchses der Höhen schwer zu ersteigen. Die Schweizer Alpen sind ihres reichern Rasenteppichs wegen zugänglicher bei gleicher Steilheit, als die Pyrenäen und Cordilleren. Die reichsten Alpenwiesen haben in den Schweizer Gebirgen höchstens nur einen Neigungswinkel von 20 Grad; bei größerer Steilheit haftet die Vegetation schon schwerer. Den Neigungswinkel, auf welchem noch Erdbedeckung haftet, nimmt Lehman in seiner Theorie nur zu 45 Grad an, nnd nennt ihn natürliche Abdachung, weil Regen die größere Steilheit abflacht. Aber dies ist zu gering angeuommen, da die Vegetation noch steiler aufsteigt (in den Schweizer Alpen), und der mehr oder minder feste

Erdboden bei Fixirung durch Pflanzenwuchs hier sehr große Veränderung in der Natur hervorbringt. Von dieser Neigung steigen steiler auf die Thalwände und Bergseiten der Hochgebirge, bis zu senkrechten Ueberhängen.

Der obere Lauf stürzt oft mehr als daß er fließt, durch felsige Zickzackschluchten und Thäler, ist voll Wasserfälle, Katarakten. Er durchzieht Kesselthäler, Engpässe, Alpenseen, die seinen wilden Lauf erst abklären von den Trümmern, die er mit sich fortreißt, und schlingt durch seine wilden Stürze so viel Luft ein, daß sein Lauf zu einem mehr schaumigen, weißen Silberstrome wird. Erst im ruhigen Laufe wird er krystallhell und im tiefen, stillstehenden See smaragdgrün oder indigoblau. Er ist unschiffbar, ungebändigt, wild romantisch, durchzieht nur Gebirgslandschaften und obere Stufenländer.

Diesen Charakter der Wildbäche haben die Achen in Salzburg, die Gaven in den Pyrenäen, die Elven in Schweden und Norwegen. Die Gaven in den Pyrenäen haben auf jeden Fuß Lauf der Länge nach auch einen Zoll Fall, dazu Strecken von zwei bis drei Fuß Fall. So bei fast allen Alpenwassern, daher sie im beständigen Gebrause viel Luft einschlingen und zu Silberbächen werden. So auch alle Karpathenwasser, ehe sie in die umkreisende Hochebene eintreten. Auch die langen Alpenseen sollen innerhalb des Gebirgs noch bedeutendes Gefälle haben, z. B. der Lago Maggiore zwischen Magadino und Arona 52 Fuß.

In allen Systemen der Hochgebirge Europas zeigt sich diese Form der obern Laufströme vorherrschend. Nordeuropa ist dadurch charakterisirt, daß seine strömenden Gewässer fast nur den Charakter des obern Laufs haben — so schon im nördlichen Rußland, in ganz Schweden, Norwegen und Schottland.

Alle diese Verhältnisse ändern sich beim Austritt aus den Hochgebirgen und den Ländern, die ihren Charakter tragen.

Mittlerer Lauf.

Weit geringer ist das Gefälle unterhalb der Wasserstürze und Alpenseen, oder, bei Flüssen, die nur einen sehr unbedeutenden oder gar keinen obern Lauf von Steilabfällen der Berge haben, wie z. B. bei den meisten im östlichen Europa. Da tritt ein sehr geringer Neigungswinkel der Abhänge ein. Der obere Main hat vom hohen Fichtelgebirge herab innerhalb einer Stunde noch immer ein mittleres Gefälle von 342 Fuß. Weit geringer ist das der meisten übrigen mitteldeutschen Flüsse. Z. B. der Neckar hat von seiner Quelle (2084 F.) bis Heilbronn (450 F.) in 50 Stunden Laufs 32 Fuß Gefälle, oder auf 32 Fuß Lauf nicht einen ganzen Zoll Gefälle. Das Gefälle der Saale vom Fichtelgebirge beträgt auf eine Stunde noch 61 Fuß, das Gefälle der Naab nur 44 Fuß, am unbedeutendsten ist das der Eger. Noch geringere Resultate giebt das Profil des Oderlaufes in Schlesien. Noch unbedeutender ist das Gefälle der Wolga, auf 437 Meilen Lauf nur ein Gefälle von 1400 Fuß, also auf eine Meile nur 3 Fuß 3 bis 4 Zoll; in ihrem untern Laufe muß dies noch weit geringer sein.

Die Wirksamkeit der Wasser muß daher hier auch ganz andre Formen der Flußbetten hervorbringen als im Oberlaufe.

Flußbett nennt man die ganze Breite des Raumes, den der Fluß einnimmt, nach dem Wasserstande oft sehr verschieden, zumal bei den größern Strömen, z. B. Amerikas. Der Missisippi ist bei Natchez bei niedrigem Stande eine englische Meile breit, bei hohem 6 geographische Meilen. Der Orinoco bei St. Tomas ¾ Meilen, bei hohem Wasser 15 Meilen breit. Ebenso finden bei der Wolga und Donau in ihrem untern Laufe große Wechsel der Breite statt. Nach dem Sommerbett der Ströme nimmt man gewöhnlich ihre Normalbreite und Normaltiefe an. Die Stromrinne ist verschieden vom Flußbett, es ist der besondere Theil, welcher der ganzen Flußmasse erst Leben und Bewegung giebt, seine lebendige Ader. Im obern Laufe fällt sie meistentheils mit dem Strombette in eine Linie zusammen; im mittlern und untern Laufe nimmt sie dagegen nur einen sehr kleinen Theil der ganzen Breite ein, aber da bestimmt sie eigentlich die Richtung, Neigung und Geschwindigkeit des Wasserlaufs. Sie liegt gewöhnlich nicht in der Mitte des Stroms, sondern auf einer Seite, und wandert von einer zur andern; sie zeigt sich in der Fahrstraße der Schiffe; sie folgt zwar dem allgemeinen Gefälle, zieht aber zunächst an der steilsten Gebirgswand des Thalbodens hin. Sie erweitert das ganze Strombett immer seitwärts, daher auch die Ströme selbst sogar in weiten Ebenen, wie in den ungarischen, nie in der Mitte derselben hinfließen, sondern immer den Steilseiten zunächst laufen, z. B. an der äußern Peripherie der karpathischen Hochebene alle vier Karpathenströme, deren Steilseiten gegen die Vorkarpathen gerichtet sind — wie in den nördlichen Schweizer Ebenen zwischen Alpen und Jura alle Steilseiten der Strombetten gegen die Jurakette, nicht gegen die den Alpen vorliegende Ebene, gerichtet sind; alle Steilseiten des Ebrothales nicht gegen die Pyrenäen und ihre Ebenen, sondern auswärts gegen die Halbinsel, u. s. w. Alle Ströme Süd- und Mittelrußlands haben daher an den Ostufern ihre flachen, an den Westufern ihre steilen Wände, eben weil an den Ost- und Südostseiten die größern Flächen liegen. In dem ebenern Boden werden durch die Stromrinne die Windungen der Ströme vergrößert. Diese Windungen hemmen die Bewegung. Der Schlangenlauf der Ströme, die Serpentinen, bilden sich; sie machen die Charakterform des mittlern Stromlaufes aus, wie sie jeder Bach auf sanft geneigter Wiesenfläche im Kleinen zeigt. Zwischen diesen Serpentinen und durch sie bilden sich unzählige Inseln, Werder, Auen — z. B. zwischen Basel und dem Rheingau, im Rheinthal; aber mit sehr wenigen Ausnahmen keine Seen — welche den obern Lauf der Ströme charakterisiren. Aber es läßt sich bei diesen Stromthälern des mittlern Laufes sehr häufig auf das bestimmteste nachweisen, daß sie einst weite Seen waren, die jetzt als trockengelegte Becken mit horizontalem Boden erscheinen. — So z. B. ist es nachzuweisen im Rheinthal von Basel bis unter Straßburg zum Bastberg, und wieder von Ladenburg in der Pfalz bis Bingen. So für die Donau von Ulm bis Passau, Linz und Klosterneuburg, und von da wiederholt sich dieselbe Bildung noch einmal von Pesth bis unterhalb Semlin, bis zu den Stromengen von Orsova. So zeigt sich der mittlere Lauf der Wolga von Twer an ostwärts bis zum Westural und südwärts bis Saratow und Kamyschin, wo sie den Obstschei-Syrt durchbricht, als das trockengelegte, gleichartige Bett eines alten Seebodens. An den genannten Seebecken finden sich wegen Gleichheit der Wirkungen die überraschendsten Gleichheiten der Bildung der Erdräume, zumal an ihren Grenzen, Ein- und Ausgängen. Ebenso verhält es sich im mittlern Laufe des Ganges, Indus, Euphrat und der Amerikanischen Ströme. Ja das unentwickelte Stromsystem des Lorenzo in Nordamerika hat diesen Zustand einer Vorzeit noch mit in die Gegenwart herübergenommen. Da sind solche Seenreihen, die in den Ebenen des Mittelrheins, der mittlern Donau und des mittlern Rußland jetzt die fruchtbarsten Fluren bilden, noch jetzt vorhanden in den fünf großen Bassins des Obern Sees, des Michigan-, Huron-, Erie- und Ontario-Sees. Sie constituiren da noch den mittlern Lauf des Stromes selbst, und ein Seebecken ergießt sich da unmittelbar in das andre durch bloße Stufen und Wasserstürze, große Katarakten, die in dem Mittellauf anderer Ströme jetzt fehlen, wenn sie auch einst vorhanden waren. Erst wenn die Wasserfälle abnehmen, kann das Gefälle nach und nach gleichförmiger werden. Die Gleichförmigkeit der Stromgefälle ist daher Zeichen ihrer fortgeschrittenen Entwickelung. In ihnen bleiben nur Stromschnellen statt der Wasserfälle übrig. Die Abnahme der Wasserfälle finden wir bei allen Strömen, auch an Rhein und Donau. Dies zeigen die zugerundeten Felsflächen und die Auswaschungen der Berg- und Thalwände über ihrem Niveau. Am stärksten und im größten Maßstabe zeigt sie sich bei dem vielleicht größten Wasserfalle der Erde, bei dem Niagara. In ihm sehen wir die Geschichte der Gefälle aller anderen Ströme. Der Niagara tritt aus dem Erie in den Ontario-See, der 8 Stunden davon entfernt und 300 Fuß tiefer liegt. Im zweiten Drittheil seines Laufes stürzt er sich 142 Fuß hinab in die Tiefe und strömt dann weiter in einer tiefen Bergspalte, welche er sich selbst erst ausgehöhlt hat in den weichern Gesteinarten zwischen beiden Seen. Dieser Wasserfall befand sich anfänglich am untern Ausgange der Ebene, aber gegenwärtig liegt er um beinahe 2 Stunden weiter aufwärts (36,000 Fuß). Er schreitet noch immer rückwärts, seitdem die Europäer ihn beobachten konnten, und wird wie alle andre einmal ganz verschwinden. Auf ähnliche Art wiederholen sich überall dieselben Erscheinungen, nur in kleinerm Maßstabe und minder sichtbar. Je mehr Felstrümmer, Grus und Schutt die Wassermassen mit sich wälzten, desto eher mußten sie die Felstafeln an ihren Stromengen einreißen, durchbrechen.

Die Uebergänge, welche die fließenden Wasser aus den obern dieser trocken gelegten Seeboden in die untern machen, sind fast insgesammt bei allen Strömen noch sichtbar; nicht durch große Wasserfälle, die nur dem obern Lauf angehören, sondern durch bloße Stromschnellen. Sie sind mehr oder weniger charakterisirt durch Felsengen, Stromverengerungen, Zusammenschnürungen, häufig noch durch Felsbänke, welche die Ströme quer durchsetzen, oder nur als Klippen, Stufen und Untiefen übrig geblieben sind, als die Trümmer von Katarakten der Vor- und Urzeit. Sie sind daran bestimmt erkennbar, daß sie völlige Gleichartigkeit der Bestandtheile und charakteristische Eigenthümlichkeit haben, jedesmal auf beiden Seiten des Stroms und in den Klippenresten der Strommitte auftreten. So z. B. zu beiden Seiten des Rheins unterhalb des Rheingaus in den Stromengen von Bingen bis Bacharach und Caub, mit allen Vorsprüngen der Gebirge, der Felsen, Klippen und Felsinseln im Rheinbette; an der Elbe von Tetschen bis Schandau, Dresden und Meißen. An diesen Stellen befindet sich jedesmal beschleunigte Bewegung der Ströme, da sind die Strudel und Stromschnellen (rapides, sauts der Franzosen, saltos, raudales der Spanier, scheweren der Russen), die Hemmungen der Schiffbarkeit. An ihnen verändern sich die Physiognomien der Stromthäler und die Natur der Landschaften. Hier finden sich die engen Passagen der Landwege längs den Stromläufen, überhaupt historisch und naturhistorisch merkwürdige Stellen, die durchaus nicht zufällig entstanden sind, sondern im großen Zusammenhange mit der Bildung des ganzen Stromsystems stehen, mit den Landschaften der Stufenländer der Erde selbst.

Sie lassen sich vielleicht bei allen Strömen der Erde auffinden. Ihre Kenntniß ist für die Beurtheilung des Stromsystems unentbehrlich; leider sind sie viel zu wenig beachtet und beschrieben. In europäischen Flüssen finden sich im Guadiana die Saltos de Lobo; im Duero die Stromschnellen oberhalb Monte Corvo; im Ebro unterhalb Zaragoza bei Saftago; in der Rhone die Rapides unterhalb Lyon zwischen den Granitbänken von Pierre Encise; in der Loire bei Iguerando unterhalb Roanne; im Mittelrhein unterhalb Straßburg, im Binger Loch bei St. Goar und Andernach; in der Weser an der Porta Westphalica; in der Donau die Strudel bei Grein, die Stromschnellen bei Kloster Neuburg, die Klippenpässe bei Tachtali, Dmirkapi (Eiserne Thor), Orsova; im Dnepr die 13 Wasserfälle oder Porogs unter Katharinoslaw u. a. m.

Dieselben Verhältnisse kehren in allen übrigen Stromsystemen Europas und aller übrigen Erdtheile wieder. Ihre genauere

Beachtung und Erforschung wird noch zu wichtigen Resultaten über den Bau des Erdganzen in den Stufenländern führen.

Wie das starke Gefälle, die großen Kataraкten, die steilen Felsufer und Alpenseen den obern Lauf der Ströme innerhalb der Hochgebirge charakterisiren, so bezeichnen diese Stromschnellen nebst den weiten horizontalen Seeboden zwischen ihnen und die Serpentinen den Mittellauf derselben innerhalb der Stufenländer. Unterhalb der letzten Stromschnellen treten die Ströme gänzlich in den horizontalen Boden des flachen Tieflandes oder in die Niederungen ein, in welchen ihre dritte Charakterform sich zeigt.

Unterer Lauf.

Sobald die Vormauern in den oberen Stufen durchbrochen waren, wurden mit ihren Trümmern die untern Stufen überschüttet. Wir finden auf der Oberfläche der Niederungen im untern und mittlern Laufe der Ströme die Stein- und Erdarten der obern Regionen zerstreut und zertrümmert als Rollkiesel und Schlammmasse. Das Gefälle des untern Laufs nimmt fast bis zum Unmerklichen ab. Verhältnißmäßig am größten scheint das Gefälle in der untern Wolga zu sein: von Kamyschin bis zum Kaspischen Meere über 150 Fuß Gefälle, also auf weniger als 100 Meilen ihres Laufs mehr als 150 Fuß Gefälle. Der Senegal von Podor zum Ocean hat auf 60 Stunden Wegs nur noch 2½ Fuß Fall, der Amazonenstrom auf 40 Meilen landein nur 10½ Fuß Gefälle, also auf 1000 Fuß kaum 2 Linien. Daher dringen die Meeresfluthen in solchen Strömen sehr tief landein in die Continente vor.

Nun treten mehrere Kräfte in beständigem Kampfe gegen einander auf: der Seitendruck der sehr mächtigen Wassermassen, die jährliche Periode der Stromschwellen, der Gegendruck der Ebben und Fluten der Meere an den Mündungen. Noch vor der Herstellung des Gleichgewichts bildet dieser Kampf der Elemente die Strombetten beständig um. Die Wassermasse des Stroms sucht nach Ausgleichung des Niveaus durch die Stromscheidung oder Armtheilung, Bifluenz in zwei Arme, wie der Nil, oder Theilung in mehrere, wie bei Rhein und Donau, oder in sehr viele (gegen 65) in der Wolgamündung. Die Arbeit des Stroms, der Widerstand des Meeres, sowie der gemäßigtere Lauf, in welchem die schwerern mit fortgerissenen Massen leichter zu Boden fallen — diese bewirken den Niederschlag oder die Ablage der Ströme in ihrem untern Laufe. Unter der Wasserfläche erscheinen die Ablagerungen als Sandbänke, Sandinseln, Flußriegel, Barren; über der Wasserfläche als flach angespültes Mündungsland, als Deltas der Ströme. So z. B. am Rhein, am Nil, am Euphrat, Indus, Ganges, Missisippi — an etwa 14 Hauptströmen der Erde. Das Gegentheil, noch nicht gefüllte Räume, sondern weite Mündungen, negative Deltas oder tiefere Einschnitte des Oceans (Inlets of the Ocean) zeigen sich bei etwa 9 andern Hauptwassersystemen der Erde, Ob, Jenisei, Lorenzo, Columbia, La Plata; meist im Norden der Erde, wo die jüngere Flötzbildung fehlt, die den Ansatz der Deltas fördert. Es ist kein lockerer Boden vorhanden und darum können sich die Mündungen der Nordströme nicht mit fruchtbarer Ackerkrume füllen.

Eine andre Eigenthümlichkeit des untern Laufs ist das außerordentlich häufige Wechseln der Stromrinne, das Wandern des Strombettes von einer Seite zur andern. Es ist dies natürliche Folge der leichtern Verschiebbarkeit des aufgeschütteten Erdreichs und des verstärkten Seitendrucks der Wassermasse. Bei dem untern Laufe z. B. des Ganges, Indus, Euphrat, Nil, Rhein, und Po kann dieses Wandern historisch verfolgt werden und giebt durch eine lange Reihe von Jahrhunderten höchst merkwürdige Resultate für die Bildung der Ebenen und die Geschichte der anwohnenden Völker. Vom untern Lauf der Ströme beginnt die alljährlich wiederkehrende allgemeine Ueberschwemmung des Flachlandes unter allen Theilen der wärmeren Erdgegenden, und davon hängt großentheils der neue Ansatz des Thalbodens durch die arbeitenden, Schutt führenden Ströme ab (des Herodot ποταμοὶ ἐργατικοί). Die größere Fruchtbarkeit der Niederungen im untern Laufe, vorzüglich durch die größere Bewässerung und den stärkern Seitendruck der Ströme und ihrer Arme ist bekannt. Dadurch sind Bengalen, Babylonien, Aegypten, die Lombardei, Holland und die Niederlande u. a. die Kornkammern der Nachbarstaaten geworden.

Je nachdem diese Hauptströme ihrer Mündung nach einem Binnenmeere, oder einem Ocean mit Ebbe und Flut zugewendet sind, ändert sich auch wieder die ganze Natur des untern Stromlaufes. Den größten und höchsten Fluten der Oceane sind die Mündungen gegen Ost und Süd, also die der chinesischen, indischen und ostamerikanischen Weltströme zugekehrt, die daher auf mehr als 100 Meilen landein die Natur des Oceans annehmen. Denn so weit in den Continent dringen da die salzigen Meeresfluthen täglich regelmäßig vor, begünstigen die tiefe Einfahrt der Seeschiffe in die Landschaften, und verwandeln hierdurch diese Niederungen in die Uebergänge zwischen Continent und oceanischen Inseln. Alle dem Norden und Westen zugekehrten Mündungen der Weltströme werden schon weniger tief landein von dem Eindringen der Meeresfluthen afficirt. Dahin gehören auch die meisten europäischen Ströme. Eine besondere Eigenthümlichkeit behaupten dagegen die drei Wassersysteme des Nil, der Donau und der Wolga, deren Normaldirection nicht gegen die Oceane, sondern gegen das Innere der Alten Welt gerichtet ist. Sie bilden ein Kleeblatt nicht oceanischer, sondern continentaler Weltströme; an ihnen kann sich keine Ebbe und Flut zeigen. Ihr Mündungsland und unterer Lauf muß daher auch einige verschiedene Verhältnisse darbieten von denen aller andern Ströme der Erde.

Schon früh hat man beobachtet, daß nicht alle Ströme, wenn sie auch das Meer erreichen, einfließen, sondern daß manche vor demselben stehen bleiben. So ist es mit der Themse und den meisten nordamerikanischen Flüssen. Die Fluth des Oceans steigt 20—30 Fuß hoch und bildet einen Damm von Osten nach Westen. Erst wenn die Ebbe eintritt nehmen die Ströme ihren Lauf weiter. Die Stellungen der Ströme gegen die eindringenden Meeresfluthen sind überhaupt sehr verschieden. Die chinesischen Ströme steigen oft durch die eindringende Fluth 40 Fuß höher. Dadurch entsteht ein salziger Meeresstrom. So ist's mit der Themse in London. In der Stadt schöpft man in den obern Schichten salziges Wasser, in der Tiefe süßes. Der Fluthenkampf ist an solchen Mündungen überall vorhanden: Meeresfluth kämpft mit Süßwasserfluth. So am Orinoco, Ganges, an den chinesischen Strömen; am heftigsten sind solche Kämpfe am Lorenzstrom. In allen Erdtheilen giebt es viele kleinere Flüsse und Bäche, die gar keine Mündungen haben und sich mit ihren Wassern unter die Erde verlieren, ehe sie noch die Flußtiefe oder Meerestiefe erreicht haben. Oft brechen sie dann nach einem zurückgelegten unterirdischen Laufe wieder vor, als derselbe Strom, obwohl meistens unter anderm Namen. Am bekanntesten ist die Perte du Rhône im Westen von Genf, der unter einer Kette des Juragebirgs hindurchfließt. Ebenso die Maas, die oberhalb Neufchateau westlich von Nancy in den Vogesen bei Bozoilles unter die Erde sich verliert, unterirdisch zwei Meilen fließt bis Noncourt, wo sie erst wieder hervortritt. Es giebt große Länderstrecken, welche als Regionen solcher verschwindenden Flüsse charakterisirt sind. So die Region des Jura (Kalk) Gebirges, die Region des Südabhanges der österreichischen Kalkalpen an der Drau und Sau. Fast jede Stunde trifft man da auf einen verschwindenden Bach oder Fluß: Sau, Bistra, Laibach, Jschitza, Poik, der Cirknitzer See. In der Region des hohen Plateaus von Hochasien, in der hohen Gobi kennt man 68 Flüsse, die sich so verlieren, im Norden von Tübet sollen 115 solcher Steppenflüsse und Bäche sein. Aehnlich in der chinesischen Provinz Yunnan, im hohen Iran, auf der Hochterrasse der Bedschuanen in Südafrika. In Südamerika auf dem Hochlande, sind zwischen den Cordilleren und dem La Plata 12 große Wasserbecken, Seen ohne Verbindung mit dem Meere und Flüssen: der größte der Titicaca-See, auf dem Plateau von Mittel-Amerika der See von Mexico.

So verschieden wie die Höhe, von der die Quellen herabkommen, so verschieden ist auch das Längenverhältniß und die Theilung der Räume, welche der obere, mittlere und untere Strom zu durchlaufen hat. Davon ist dann auch die verkürztere oder verlängertere Horizontaldistanz der Stufenländer und die mögliche Schiffbarkeit der Stromsysteme abhängig. Denn der obere Lauf hat in der Regel zu große Hemmungen, um bequem schiffbar zu sein, er ist höchstens nur für Kähne zugänglich. Der gebändigtere, tiefere mittlere Lauf der Ströme bietet schon Fahrbarkeit für tiefer gehende beladene Barken dar; nur noch hier und da treten geringere Hemmungen in niedern Klippen oder Felsbänken, in Stromschnellen, Strudeln u. dgl. auf. So im Rhein unterhalb der Wasserfälle von Schaffhausen bis Basel, in seinem mittlern Laufe von da über das Bingerloch oder die St. Goarbank; bei der Donau in den Strudeln bei Grein, bei Orsova.

Der untere Lauf dagegen eröffnet sich oft als ein breites Süßwassermeer, das zumal wenn die oceanische Fluth bis über 10, 50 oder 100 Meilen tief eindringen kann, selbst großen Seeschiffen bis in die Mitte der Continente hineinzusegeln gestattet. Man könnte diese Bildungen als maritime Stromsysteme von andern unterscheiden: die Chinesen nennen sie „Söhne des Oceans."

Die Längenverhältnisse der obern, mittlern und untern Stromläufe sind ungemein wechselnd und verschiedenartig; daher auch der Antheil, den das obere, mittlere, untere Stufenland an der Entwickelung des ganzen Stromgebietes nehmen kann, sehr wechselnd. Der obere Lauf der Wolga ist sehr kurz, der mittlere sehr lang und der untere sehr kurz; ebenso, obwohl in ganz verschiedenen Dimensionen, bei der Weichsel, bei Ganges, Euphrat und Missisippi. Der obere Lauf des Rheines ist dagegen sehr lang, durch die ganze Schweiz bis Basel, der mittlere Lauf auch sehr lang, bis Cöln, der untere sehr kurz bis Rotterdam zum Meere. Ebenso bei Nil, Donau, Indus. Beim Marañon ist der obere Lauf sehr kurz, der mittlere und untere Lauf gegen den obern sehr lang. Bei den chinesischen Strömen Hoangho, Kiang, sind alle drei Abtheilungen verhältnißmäßig gleich lang.

Die Längenverhältnisse der Laufstrecken sind für die Schiffbarkeit der Flüsse, wenn schon wesentliche Bedingungen, doch nicht die einzigen. Noch andere treten hinzu, die Wasserfülle, Tiefe u. dgl., was keinen allgemeinen Gesetzen unterworfen ist, sondern von den Individualitäten der einzelnen Stromsysteme abhängig wird. Jedes Stromsystem bedarf daher zur vollkommenen Erkenntniß seiner Charakteristik seiner eigenen Monographie.

Wir berühren nur noch ein wesentliches Verhältniß, das vom größten Einfluß auf die Mannigfaltigkeit der Entwickelung aller großen Stromgebiete hinsichtlich ihres Areales und ihrer Wasserfülle, ihres Einflusses auf Culturfähigkeit und ethnographische Beziehungen zu ihren Bevölkerungen gewesen ist. Es ist der Abstand der Quelle von der Mündung des Stromes in directer Distanz, verglichen mit dem gekrümmten Wege, den der Stromlauf durch die plastische Oberflächengestaltung seines Stromgebietes zu nehmen genöthigt war, verglichen mit dem Entwickelungslaufe, dem Developpement (nach Buache) des Stroms. Beide Linien fallen in der Regel weit auseinander, decken sich fast niemals. Je verschiedener ihre Größen auseinander liegen, desto größer wird das Areal des Stromgebietes, desto reichhaltiger kann die Menge und Mannigfaltigkeit des Geäders zur Hauptrinne werden, desto größer die Fülle der Gewässer und die Mannigfaltigkeit ihrer Vertheilung.

Ein paar Beispiele an europäischen Flüssen können dies Verhältniß, auf das schon Buache in seinem Parallèle des fleuves die Aufmerksamkeit gelenkt hat, erläutern.

Die Mündung der Wolga hat einen directen Abstand von 210 Meilen von der Quelle. Der gekrümmte Flußlauf beträgt 430 Meilen, die Krümmungen betragen also 220 Meilen Ueberschuß über den directen Abstand. Das Developpement ist also doppelt so groß als der directe Abstand, dadurch das Areal des ganzen Stromgebietes zu der enormen Größe von 30,000 □M. angewachsen. Der directe Abstand liegt in einer diagonalen Richtung von Nordwest nach Südost; aber die normale Richtung des Stromlaufs ist eine wechselnde. Erst eine kurze Strecke von Nord nach Süd, dann im mittlern Laufe eine doppelte, erst gegen Ost bis zum Ural, dann direct gegen Süd und im untern Laufe wieder gegen Südost. Durch diesen Wechsel der Normalrichtung konnten aus weiten Fernen von allen Seiten der Hauptrinne die Zuflüsse aus einer sehr weiten Umkränzung des Quellenbezirks zueilen, was unmöglich gewesen wäre, wenn die Wolga von der Quelle an ihren directen Lauf gegen Südost hätte verfolgen können. Durch diese Wechsel der Normalrichtung und die Abweichung von der directen Richtung wurde das Stromgebiet zu einem kolossalen Bassin, gleich einem Fünftel von ganz Europa, und der Strom zum wasserreichsten von ganz Europa. Nicht blos die absolute Größe, auch dieses Verhältniß der Form hat das Wolga-Tiefland so außerordentlich bereichern können.

Das entgegengesetzte Verhältniß ist im Stromsystem des Dniestr ausgeprägt. Bei der Wolga Maximum der Krümmungen des Laufes zum directen Abstande: bei dem Dniestr Minimum der Krümmungen zum directen Abstande. Der directe Abstand der Dniestr-Mündung von der Quelle beträgt 87 Meilen, die Entwickelung seines Stromlaufes 96 Meilen: die Krümmungen seines Developpements betragen also nur 15 Meilen, nicht einmal ein Sechstel seines Laufes. Die Normalrichtung des Dniestr ist eine und dieselbe, von Nordwesten nach Südosten; sie fällt mit der directen Distanz von der Quelle bis zur Mündung fast in eine und dieselbe Linie zusammen. Es konnten demnach keine Quellen aus sehr weit auseinander liegenden Fernen in seiner Hauptrinne zusammenfließen; sein Stromgebiet blieb wegen des Minimum seiner Krümmungen das unbedeutendste seinem Areale nach, nur ein schmaler Gürtel von gleich unansehnlicher Breite zu beiden Seiten, von Nordwesten gegen Südosten gestreckt, von keinen 1500 □Meilen, ohne allen Reichthum eines Netzgeflechtes von Zuflüssen oder Geäder.

Der Dnepr, sein östlicher Nebenstrom, hat 134 Meilen directen Abstand seiner Mündung von der Quelle, aber auch 214 Meilen Stromentwickelung, also 70 Meilen oder ein Drittel Krümmungslauf, daher reiche Wassergeflechte erhalten, und bewässert ein Areal von 10,000 □Meilen.

Wenn auch in minder scharfen Gegensätzen lassen sich ähnlich entgegengesetzte Verhältnisse auch sonst beobachten. So bei den Systemen von Weichsel, Oder, Elbe, Weser, Rhein, die uns viel näher liegen. Ebenso bei der Donau. Sie bilden die Uebergangsformen aus dem breiten Osteuropa zu dem verengten Westeuropa, daher ihre Dimensionen auch viel beschränkter und weniger von einander verschieden erscheinen; dennoch ist deren Differenz nicht ohne gleichartige Resultate.

Bei der Weichsel beträgt der directe Abstand der Quelle von der Mündung 70 Meilen, die Stromentwickelung 130 Meilen; die Krümmungen also 60 Meilen, über zwei Drittel des Stromlaufs. Dadurch wird der reiche Wasserzufluß vieler weit her strömender Contribuenten möglich, und das Stromgebiet zu einem großen Areal von 3580 □Meilen erweitert, welches zu den bewässertsten und fruchtbarsten des Erdtheiles gehört.

Bei der Oder ist der directe Abstand der Quelle von der

Mündung gleich groß wie bei der Weichsel. Während diese aber ihre Normalrichtung gegen Norden vielfach unterbricht und wechselt, erst gegen Norden, dann gegen Osten bis zum San, dann gegen Norden bis zum Bug, dann gegen Westen bis zur Drewenz, dann erst wieder die Richtung gegen Norden annimmt, und dadurch ein weites Bassin zur Aufnahme weit herkommender Quellflüsse aus den verschiedensten Richtungen gewinnt: so bleibt die Oder in ihrer einförmigen Normalrichtung von Südosten gegen Nordwesten constant, so daß ihre Stromentwickelung nur wenig von der Linie ihres directen Abstandes abweicht. Daher ist das Verhältniß ihrer Krümmung höchstens ein Drittel ihres Stromlaufs, und ihr Stromgebiet um ein ganzes Drittel geringer (2100 □Meilen und ihr Stufenland von weit geringerer Bedeutung als das der Weichsel.

Bei der Elbe ist der directe Abstand von 84 Meilen größer als bei jenen beiden; die Stromentwickelung ist gleich groß wie die der Weichsel, 130 Meilen. Das Verhältniß der Krümmung ist größer als bei der Oder, geringer als bei der Weichsel. Daher das Areal ihres Stromgebietes zwischen beiden stehend, 2800 □Meilen, ihr Stufenland von größerer Bedeutung und Wasserreichthum als das der Oder, aber von geringerer als das der Weichsel.

Noch geringer sind die Verhältnisse von Weser und Ems; dagegen tritt der Rhein wieder eigenthümlich im Westen als germanischer Strom mit seinem Uebergewicht über den slavischen Strom im Osten, die Weichsel, hervor. Der Rhein übertrifft in beiden Hauptverhältnissen das System der Weichsel. Der directe Abstand der Quelle von der Mündung beträgt 90 Meilen, die Entwickelung seines Stromlaufs 150 Meilen; die Krümmungen nähern sich also schon mehr zwei Dritteln des ganzen Laufs. Daher der Zuwachs der Zuflüsse und des Geäders von allen Seiten ungemein reich, das Areal sehr groß, selbst das der Weichsel um 450 □Meilen überbietend, und das Stromgebiet sammt Stufenland von 4030 □Meilen von so großer Bedeutung für Natur und Geschichte von ganz Mitteleuropa.

Dieselben Grundverhältnisse wiederholen sich bei allen Stromsystemen und Stufenländern der Erde, wo sie in den hydrographischen kolossalen Gestaltungen noch viel einflußreicher, ja nach den progressiven oder regressiven Summen dieser verschiedenartigen Theilverhältnisse hervortreten.

Aber auch damit ist die Charakteristik dieser wundervollen Naturform des Stufenlandes und seines Stromsystems auf dem Erdenrund keineswegs erschöpft. Die Mannigfaltigkeit ihrer Erscheinungen hat es bewirkt, daß ihre einheitliche Selbständigkeit in der Plastik des Erdballs bisher von den Geographen als ein organisches Naturganzes von so vielen Individualitäten fast ganz übersehen wurde. Die trocknen linearischen Elemente ihrer Zeichnungen auf den Landkarten haben den Sinn für Betrachtung ihrer lebendigen organischen Verhältnisse abgestumpft. Sie müssen specieller, genauer in ihren wesentlichen Verhältnissen erforscht und mehr monographisch beschrieben werden, als dies noch bisher geschehen ist.

Wir berühren nur noch einige bisher ebenfalls übergangene Verhältnisse dieser hydrographischen lebendigen Gestaltungen auf der Erdoberfläche.

Der Strom ist eine Einheit; die meisten Ströme haben nur eine Hauptrinne als letztes Ziel ihrer Fallthätigkeit. Andere Ströme können doppelte Rinnen haben, die sich um den Vorrang streiten. Sind sie nur theilweise verdoppelt und fließen sie schon im obern oder mittlern Laufe zn einer einzigen Hauptrinne zusammen, so kann man sie etwa ebenbürtige Quellströme des ganzen Systems nennen. So z. B. Donau und Inn, gleich lang, gleich groß. Rhone und Saone, Wolga und Kama, Missouri und Missisippi, Blauer und Weißer Nil, Ganga und Jumna. Oder drei ebenbürtige: Vorder-, Mittel-, Hinterrhein; Ucayále,

Huallaga, Marañon, die alle drei beim Eintritt zum mittlern Laufe erst den Amazonas bilden. Oder fünf fast eben so ebenbürtige wie bei dem Indus. Oft ist nur durch Herkommen und Sprachgebrauch die Benennung des Hauptstroms in Gang gekommen, oft aus umgekehrten Principien, wie bei Donau und Rhone. Nehmen die doppelten Rinnen aber Antheil an dem ganzen Verlaufe des Systems, am obern, mittlern und untern Stufenlande, so haben sie auch andre Bedeutung; es sind wahre Doppelsysteme von doppelter Bedeutung in ihren Einflüssen und Functionen für das Ganze des Stufenlands geworden. Nach ihrer Vereinigung zu einem an der Mündung gemeinsamen Ganzen kann man sie Brüder- oder Geschwisterströme, im Gegensatz der einsamen Stromläufe nennen; nach dem Raume, den sie zusammen einschließen (dem Mesopotamien) aber mesopotamische Stromsysteme. Zwischen solchen Doppelströmen erwuchsen die Großstaaten des Orients. Allbekannt und einflußreich auf Völkergeschichte und Staatenbildung sind in dieser Hinsicht Euphrat und Tigris zum Schat el Arab vereinigt, Ganges und Brahmaputra zu den Sunderbunds, Oxus und Jaxartes, die im Aralsee sich vereinen, Hoangho und Jan tse kiang, welche das Süd- und Nordreich durch das chinesische Mesopotamien, die Blume der Mitte, auseinander halten, aber in einem gemeinsamen Delta am Ocean zusammentreten. Es sind diese Geschwister- oder hydrographischen Doppelsysteme zumal in Asien vorherrschend und tragen nicht wenig zu dem großen orientalen Charakter des Ganzen bei.

In Südamerika tritt eine noch anders entwickelte Form der Stromsysteme mit einem wirklich sich durchkreuzenden Netzgeflechte hervor. Der Amazonas steht durch den Rio Negro vermöge des Zwitterstromes Cassiquiare mit dem Orinoco in Verbindung. So ist die Schifffahrtverbindung im Mittellaufe nach beiden Seiten ermöglicht, wie dies A. v. Humboldt nachgewiesen hat. Man kann diese Formen Zwittersysteme nennen. Sie wiederholen sich auch, nur kleiner, in andern Erdtheilen, wie in Afrika zwischen Senegal und Rio Grande. Dort ist ein Flußnetz zwischen beiden Parallelströmen vorhanden, das jedoch nur in der nassen Jahreszeit Beschiffung möglich zu machen scheint. Im innern Afrika scheint ein solches Zwittersystem zwischen Tsad-Zuflüssen von Osten durch den noch problematischen el Ghazel, wenigstens nach arabischen Berichten, mit dem Westzufluß des Bahr el Abiad stattzufinden. In Indien scheint ein solches Zwittersystem einst zwischen dem mittlern Laufe des Indus und Dschumna, also Ganga, durch Vermittelung des Sarasvati oder Histara und Ghargharа (bei Bhatnir) stattgefunden zu haben. Vielleicht auch in Inner-China zwischen Hoangho und Kiang, wo aber der Kaiserkanal die Zwitterrolle übernommen zu haben scheint, wie etwas Aehnliches in den Lithauischen Sumpfrevieren zwischen den Zuflüssen des Bug und Przypec, zwischen Weichsel- und Dnepr-System, der Muchowicza-Graben darbietet. Künstliche Systeme dieser Zwitterbildungen sind sehr häufig durch Kanäle hergestellt.

Noch eine andre erfolgreiche Erscheinung in der Gestaltung der Stromsysteme bietet der Conflict der Orographie mit der Hydrographie.

Obwohl alle Ströme in ihrem Entwickelungsgange dem allgemeinen Gesetze der Fallthätigkeit von den Höhen nach den Tiefen folgen müssen, so ist doch auch hier ein weiter Spielraum für die mannigfaltigsten Erscheinungen gelassen. Nicht überall sind es nothwendiger Weise Wasserscheidelinien, welche entgegengesetzte Stromgebiete trennen, sondern oft, wie auf allen mehr ebenen Plateauerhebungen, von denen sich Stromgebiete nach den verschiedensten Seiten hinabsenken, sind es weite neutrale Landstrecken, Plateauebenen, welche die Stromsysteme scheiden. So durch den größten Theil von Centralasien, so in

Australiens Festland, so auch wahrscheinlich in vielen Theilen Afrika's, während in Amerika die scheidenden Linien der Quellhöhen an vielen Stellen ganz verschwinden und die Flußgebiete mit ihren Adern in Anastomosen in einander übergehen. Viele Stromläufe stürzen von wilden Hochgebirgen zur Tiefe, umkreisen sie in ihren Verzweigungen und geben ihnen durch ihre Serpentinen aus dem Wege. Andre dagegen nicht. Wenn man jene feige Ströme nennen wollte, welche jeden Widerstand umgehen: so kann man die andern heroische Ströme nennen, weil sie jeden Widerstand durchbrechen.

Der Ganges fließt aus dem Südgehänge des Himalayasystems ab, und begleitet dann den Südfuß des ganzen Längenzuges bis zum bengalischen Golf. Der Indus entspringt am Nordabhange desselben Himalaya, zieht gegen Nordwesten auf der Plateauhöhe Klein-Tübets hin bis Iskardo, dann aber durchbricht er die Mitte der Riesenkette gegen Süden, um in das Tiefland Indiens, das Pendschab und Multan einzufließen. Er ist also ein heroischer Durchbrecher der Gebirgskette in ihrer ganzen Breite, der furchtbarsten Felshöhen und Tiefspalten, ganz verschieden von der deshalb weiblichen Ganga, die nur sanft neben dem Gebirgsfirste die ganze Himalayakette entlang dahingleitet. Auch ist der Indus, so lange er das Nordgehänge des Himalayazuges begleitet, ein Plateaustrom auf mehr als 10,000 Fuß hoher Hochebene, während die Ganga in einem Tiefthale fließt, das bei Delhi schon auf 1000 Fuß herabgesunken ist. Beide Strombildungen, die auf der Landkarte ganz gleichartig lineare Zeichnungen erhalten, sind doch ganz entgegengesetzte Naturformen.

Dieselben Formen wiederholen sich in andern Erdtheilen und selbst in der Mitte Europas, wenn auch in minder kolossalen der Größe nach untergeordneten plastischen Formen, aber dem Wesen nach in ganz gleichen Gegensätzen. Es entstehen bestimmte Klassen ganz verschiedenartiger Stromsysteme, die eben so nothwendig ihren wesentlichen Charakteren nach zu unterscheiden sind, wie die verschiedenen Klassen der Baumgeschlechter oder der Thierformen.

Plateauströme, wie die Donau bis Passau und Linz, bis zu ihrer Senkung in die Tiefthäler Niederösterreichs und Ungarns, und die Saone bis zu ihrem Eintritt in das Tiefthal der Rhone, durchziehen einförmige Plateauflächen mit geringem Gefälle. Sie sind zugleich Gebirgsbegleiter, welche außerhalb des Hochgebirgs am äußern Abfall entspringen, und wie der Po die Südseite der Alpen, so die Donau die Nordseite, und die Saone die Westseite der Alpen begleiten.

Eine zweite Klasse bilden die Gebirgsdurchbrecher. So der Rhein, ein selbständiger Alpensohn von seiner Quelle bis zum Meere, erst Alpendurchbrecher aller Glieder des Systems bis durch die Jurakette; dann Durchbrecher aller Systeme der mitteldeutschen Gebirgslande bis zum Niederlande. Es ist daher seiner ganzen Entwickelung nach der heroische Strom gleich dem Indus. Er verläßt die Alpen plötzlich bei Basel, um sich neue romantische Bahnen bis zum Meere zu brechen, und tritt so in immer neue Naturphänomene ein. Das ist der eigenthümliche Charakter der Rheinlandschaft.

Zwei durchbrechende Stromsysteme analoger Art, aber in verändertem Maßstabe und in größerer Vereinfachung sind die Elbe und die Weser. Aber beide kommen nicht aus dem Alpengebirge, sondern nur aus dem Mittelgebirge Deutschlands; ihnen fehlen also die hochromantischen heroischen Gestaltungen. Aber als geringere Analoga verdanken sie doch ihre anziehende pittoreske Natur ihren Durchbrüchen: die Elbe aus dem Gebirgslande Böhmens im Durchbruch der sogenannten sächsischen Schweiz bis Meißen, die Weser aus dem Gebirgskessel der Werra und Fulda durch die noch vereinfachteren und geringeren Bergzüge der Porta Westphalica. Elbe und Weser gehören mit dem Rhein zu dem

Kleeblatt dieser einzigen Klasse der Gebirgsdurchbrecher in Mitteleuropa.

Eine dritte Klasse der selbstständigen Ströme Mitteleuropas sind die feigen, nur einfach von den Gebirgsabhängen nach der äußern maritimen Seite ablaufenden großen Landströme. Sie reichen von der Weichsel über Oder und Ems, und vom Rheine wieder über Seine, Loire, Garonne bis zum Adour, der aus dem Nordabhange der Pyrenäen zum aquitanischen Golf abläuft: alle mehr oder weniger ihrem hydrographischen Wesen nach von einerlei Art.

Von ihnen kann man die ihrem kürzern Laufe nach noch untergeordnetern Küstenflüsse unterscheiden.

Aber zu einer vierten Klasse gehören alle die zwischen jenen hydrographischen Haupträumen vertheilten Zuflüsse, die, groß oder klein, wasserreich oder ärmer ausgestattet, doch in ihrer Unselbständigkeit übereinstimmen, weil sie erst andern Systemen untergeordnet nicht mit eigenen Mündungen das Meer erreichen.

Die Anwendung dieser Classification verschiedenartiger Strombildungen und Stufenländer kann man auf alle andern Erdtheile übertragen, wo wir sie in ihren charakteristischen Einzelverhältnissen näher zu erforschen haben werden.

Zu einer vorläufig allgemeinsten Auffassung der großen hydrographischen Hauptverhältnisse der Stromsysteme und ihrer Stufenländer mögen diese Betrachtungen dienen, wenn sie auch keineswegs erschöpfend sein können.

Rückblick.

Die großen Naturtypen der Erdräume, Hochland, Plateauland, Gebirgsland, Niederung, Stufenland und Ströme, die in der Physik der Räume eine so wesentliche Stellung einnehmen, sind nicht weniger einflußreich geworden auf die Entwickelungsgeschichte der Zeiten. Wir brauchen nur kurz daran zu erinnern, wie auch durch sie Natur und Geschichte als ein großes Ganzes in einander greifen.

Die größern hohen Hochländer, die rauhen Plateauflächen in ihren einförmigen, unabsehbaren, isolirten Oberflächen ohne Baumwuchs, nur mit Steppenboden bedeckt und mit Grasungen überzogen, sind die Heimath nomadisirender Urvölker der Erde geblieben. Ohne Wälder und ihren Schutz, ohne Thalbildungen und ohne große Wasserläufe, in meist unfruchtbaren Sand-, Steppen- oder Felsboden, mit magerer Vegetation überzogen, die nur als Nahrung für gesellige Heerden, die Begleiter der Völker, dienen, blieben sie die Sitze wandernder Hirtenvölker. So in Centralasien, in Turan und Iran, in Centralafrika bis zu den Gallasstämmen und den Habschi in den äthiopischen Hochlanden. So in den Hochebenen Amerikas, welche die Azteken durchwanderten. Von daher kamen die großen Anstöße der Völkerwanderungen. Aus Centralasien heraus wälzten sich die Völkerfamilien der Iranier, der Hunnen, Mongolen, Türken, und ebenso finden in Innerafrika unter den Negerstämmen, Gallas, Aethiopen Wanderungen statt. Die kleinern Hochländer, von minder kolossalen Räumen und geringern Höhen, klimatisch milderer Art, haben sich zu allen Zeiten noch eher zu Culturverhältnissen emporgearbeitet, ohne daß diese Cultur unter den minder begünstigenden Naturverhältnissen sich zu besondern Blüthen entfaltet hätte. So in Asien auf den Vorstufen in Butan, Dekan und Iran, in Afrika auf dem Atlas, in Habesch, in Europa in Arkadien, Castilien, in Arvernia (Auvergne) in Gallien, in Hessen, auf der Eifel, auf der Waldaihöhe in Central-Rossia.

In den mannigfaltig entwickelten, vielfach gegliederten, reich begabten romantischen Formen der Gebirgsländer der Erde haben fast überall die Gebirgsvölker in ihren ältesten Ursitzen durch die doppelte Fülle ihrer Naturverhältnisse und die Energie ihrer Stämme, die ersten und wichtigsten Keime der edlern menschlichen

Natur zur einheimischen selbständigen, eigenthümlichen Entwickelung gebracht. Denn hier entfaltete sich das Jagd- und Waldleben mit der Holzindustrie, das festgesiedelte Hirtenleben der Alpenvölker, das Bergmannsleben in den metallreichen Gebirgszügen, die gärtnerische Terrassencultur in Nepal, Kaschmir, Palästina, am Libanon, wie im Apennin und allen mildern Gebirgsgegenden, Obstcultur, Weinbau oder Agriculturleben und Industrie aller Art, wie in den mitteldeutschen Berglanden und in allen andern analogen Gebieten der temperirten Erdzone. Hier traten die verschiedensten Lebensweisen der Völker dichter zusammen und bewirkten so mehr in einander greifende harmonische volle Entwickelung ihrer Lebensverhältnisse. So die Zend-, die Sanskrit- und die iranischen Völker in den vegetationsreichen Sitzen ihrer Randgebirgsgaue von Maghada, Lahore, Nepal und Kaschmir bis Persepolis und Hamadan, Susa und Schiras, die palästinischen und syrischen Bergvölker, die im Tehamagebirge Arabiens, in den niedern äthiopischen Gondar-Gauen, in allen europäischen Alpenländern, Schweiz, Tyrol, Steiermark, um alle Centralgruppen von Alpenseen; im gebirgigen Quito, Peru und Mexico. Andre haben darin ihre Asyle und Rettung gegen Verfolgung gefunden, wie die Gebirgsvölker der Tscherkessen und Osseten im Kaukasus, in Kaferistan, die Basken in den Pyrenäen, die Goralen in den Karpathen.

In den Niederungen der Erde sind die Völker häufig erst viel später eingewandert und angesiedelt, nachdem ihre Tiefländer mit der Zeit trocken geworden: Völkergemische ältester wie jüngster Zeit, in China wie in Texas und ganz Nordamerika; oft durch Völkergedränge dahin verschlagen, wie in die nordischen sibirischen Niederungen die polaren dahinwärts ausgewichenen finnischen Völkerstämme, wie die afrikanischen wüsten Saharaebenen die Asyle der Berberstämme, der Beduinen, der Tibbo, Tuarik geworden sind.

In den fruchtbaren Stufenländern des Mittellaufs der Ströme sind die Ufergebiete der Ströme zu frühester Ansiedelung und Cultur gelangt. Durch die hier leichter sich fortpflanzende gesellige Tradition und höhere Civilisation sind sie nach Jahrhunderten und Jahrtausenden ruhiger, friedlicher Entwickelung, aber im Kampfe mit den Naturgewalten zu höhern Stufen der Ausbildung frühzeitiger fortgeschritten, als der Mensch im Innern der Continente. So zumal die untern Stromgebiete, wie Aegypten, Mesopotamien, China, Bengalen; in Europa die Lombardei, Holland, die Niederlande, wo zu den verbindenden Arbeiten, um dem Meere Land abzugewinnen, noch das Fischer- und Schifferleben hinzukam. In der Mitte der großen Stromgebiete und milden, fruchtbarsten Stufenlandschaften konnten zahlreichere Völkerschaften heimisch werden, sich local in einer reichen Umgebung entwickeln, und zu den höchsten Völker- und Staatenverhältnissen heranbilden. Diese Erscheinung ist in den großen und frühesten Monarchien des Morgenlandes vorhanden in Meroe, Theben, Memphis; in Babylon, Ninive, Bagdad, Mosul. Eben so am Indus und Ganges in den Reichen Taxila, Maghada, Benares, und später in dem Reiche der Großmogule zu Agra und Delhi. China ist dadurch in seinem centralen Mesopotamien am höchsten gehoben. Im Süden von Europa machen Griechen und Römer in ihren Cultur-Culminationen eine Ausnahme. Sie sind Bewohner terrassenartig gegliederter Halbinseln, Anwohner eines eng umschlossenen inselreichen, milden Culturmeeres, das eigenthümlich auf ihre humane und edlere Ausbildung seinen Einfluß üben mußte. England ist durch seine eigenthümliche maritime Weltstellung groß geworden. Auch im Osten von Europa übten dieselben Vorzüge des continentalen mittlern Stufenlandes ihre wohlthätigen Einflüsse aus, wie dies noch heute die frühern slawischen Residenzen der Herrscher und die Civilisationen, welche auf die barbarischen Zeiten Sarmatiens gefolgt sind, bezeugen, wie Moskau, Kiew,

Krakau, Warschau. In Westeuropa haben die gesonderten milde. ren Gruppirungen der Naturtypen auch ihrem Antheile nach zu der eigenthümlichen historischen Entfaltung beigetragen. Reiche Landschaften konnten Fruchtkammern für Agriculturvölker werden. Die maritimen Verhältnisse der Gestadeländer haben überall den starren Particularismus der Festländer zur Weltverbindung, zur Colonisation in die Fernen, zum Kosmopolitismus hingeleitet. So in ältern Zeiten die Phönicier, die Portugiesen im Mittelalter, und in spätern Zeiten zumal Spanien, England, Holland und die Niederlande. Fischer-, Schiffer- und Handelsleben in die Nähe und weiteste Ferne sind hier das Hauptziel der Bevölkerung geworden. Im Innern des continentalen Westeuropa sind die Stromsysteme von vorherrschendem Einfluß auf den Geschäftsgang geblieben; die norddeutschen Ströme auf die Entwickelung der Stufenländer der Sachsen und ihrer Stammesgenossen in der norddeutschen Ebene bis nach den Salischen Franken in den nordfranzösischen Ländern an der Schelde, Seine und Loire, das große Stromsystem der Donau mit seinem mächtigen Stufenlande, auf ganz Süddeutschland und seinen Verkehr durch Ungarn mit der Wallachei und dem Morgenlande; Weichsel, Oder, Elbe, Weser haben von jeher mit ihren Stufenländern den Norden der Slawen und Germaniens mit den überseeischen vorliegenden scandinavischen und angelsächsischen Küstenlandschaften in Verbindung gesetzt und eben so viel von ihnen angenommen als ihnen gegeben. Das große Stufenland des Rheinstroms, des Durchbrechers der helvetischen Alpenkette wie der deutschen Gebirgszüge, von dem Schwarzwald und den Vogesen durch Odenwald, Hardt, Speßhardt, Taunus, Hundsrück, Eifel und Siebengebirge, hat auch in seiner Normalrichtung gegen die Nordsee den Süden und den Norden Mitteleuropas in geselligen Verkehr gesetzt. Es zeichnete anfangs die Fortschritte der Römerentdeckungen vor, von den Helvetiern, Galliern, Germanen bis zu den Batavern. Die gallischen und germanischen Völker hielt der Strom erst physisch auseinander, später begünstigte sein Stufenland ihre gegenseitige Civilisation und ihre politische Vereinigung; als diese auseinander gegangen war, den höheren geistigen Verband zwischen dem Westen und Osten von Europa.

Das große Stufenland des Donaustroms ist dagegen dem Morgenlande zugekehrt und gewann daher bis in das Herz von Mitteleuropa eine ganz andre Bedeutung, obwohl von seinen doppelartigen Quellströmen die Donau bis dicht zum Rheingebiet reicht, der Inn sich aus dem innersten Hochgebirge mit den Rheinquellen aus dem Graubündner Lande entspinnt. Da von den kaspischen und pontischen Gestaden durch die sarmatisch-thracischen Landschaften, aus dem Osten der größere Theil der Völkerwanderungen für Westeuropa ausgingen, so bezeichnen auch die großen untern Donaustufen die Völkerbahn, auf welchen nach und nach die Einwanderung in vorhistorischen Zeiten nach Mitteleuropa geschehen konnte. Die Keltenvölker würden noch mit Teutonen von den Römern in der Periode vorchristlicher Zeitrechnung in dem obern Stufenlande der Donau, in Noricum, Vindelicien, in Baiern und Schwaben angetroffen. Wie viele andre Völker durch sie schon früher gegen den Westen vorgeschoben sein mochten, ist uns unbekannt geblieben. Dasselbe Schicksal traf sie seit den Mithridatischen Zeiten mit den Hunnischen, Gothischen Eindringlingen und ihren Stammverwandten, die meist der Donaustraße folgten um über Cis- und Transalpinien, wie über ganz Süd- und Mitteldeutschland sich zu verbreiten. Daß diesen wiederum slawische, ungarische, türkische Stämme auf derselben nachgefolgt sind ist bekannt.

Alle großen Stufenländer und Stromsysteme haben ähnliche Functionen im Laufe der Weltgeschichte ausgeübt. Allen großen Naturtypen ist überhaupt im großen Erziehungshause des Planeten ihre Function angewiesen zur Mitwirkung für die Erziehungsstufen des Menschengeschlechts: keine ging leer aus [1]).

Dritte Abtheilung.

Die Configuration der Erdtheile (Morphologie).

Erst alle Theile des Erdballs im Zusammenhange, d. h. in ihrer innern und äußern gegenseitigen Spannung, mit allen ihren inwohnenden Kräften, in gegenseitiger lebendiger ununterbrochener Zusammenwirkung genommen, bilden das planetarische Ganze, das wir unser Erdsystem nennen, einen großen gottgeschaffenen Organismus, der sich in dem Entwickelungsprocesse seiner vernünftigen, geistig begabten Bevölkerung, der Menschheit selbst, überall in seinen Einwirkungen nach Jahrtausenden offenbart hat.

[1]) Strabo XIII. 592 sagt: Plato (Leg. III. p. 677) vermuthet, daß nach Ueberschwemmungen drei Arten der Volksgesittung entstehen. Die erste auf den Berggipfeln, einfach und wild, wo sich die Menschen noch vor den Gewässern fürchten, welche die Ebenen bedecken; die zweite an den Bergseiten, die sich schon allmählich ermuthigen, weil auch die Ebenen auszutrocknen beginnen; die dritte in der Ebene. — Man könnte, sagt Strabo, wohl noch eine vierte, fünfte und wohl noch mehrere unterscheiden, die letzte aber ist jene auf den Küsten und Inseln, nachdem schon alle Furcht verschwunden ist. Denn die größere oder geringere Ermuthigung sich dem Meere zu nähern scheint mehrere Verschiedenheiten der Volksgesittung und Lebensweise anzudeuten, wie bei den Einfachen und Wilden, welche schon ziemlich zur Zahmheit der zweiten übergehen. Aber auch bei diesen sind Verschiedenheiten der Rohen, Halbrohen und Gesitteten, bei welchen letztern die Veränderung der Benennungen mit der städtischen und bestgesitteten Lebensweise endet. Eben das sage auch der Dichter: Zuerst die Kyklopen auf dem Gipfel des Ida, denn Dardanus am Gebirge erbaute Dardania, sodann Ilos war der Erbauer von Alt-Ilium in der Ebene. Aber er gründete die Stadt nicht, wo sie jetzt steht, sondern 30 Stadien höher gegen Morgen — sondern später erst wurde dasjenige Ilium am Meere in der Ebene gebaut, dessen Erbauer aus Stolz wollen, daß es das alte Ilion sei.

Wir sahen, daß die Erdoberfläche sich in drei Hauptformen auffassen läßt, als Hochland, Tiefland, Stufenland. Aus ihren Combinationen und Gruppirungen in der horizontalen und verticalen Dimension, gehen nun die Hauptgestalten der Erdtheile hervor. Sie bilden die Grundlage des Halberhabenen, des Basreliefs der Erdoberfläche.

Jeder große Erdtheil hat bei der Erschaffung unsers Planeten (wie jeder andere vom Ganzen abgelöste besondre Organismus) seinen eigenthümlichen Typus in seiner plastischen Gestaltung erhalten. Einem jeden der Erdtheile ist sein besondres System der Gestaltung zu Theil geworden, welches von jedem der andern charakteristisch verschieden ist. Jedem der Erdtheile und seinen Gliederungen war seine ihm eigene Function für Entwickelung von Natur- und Menschenwelt mitgegeben, charakteristisch eingeprägt, um zu seiner Zeit einzugreifen in den Weltengang der Dinge: das vermag der Rückblick auf vergangene Jahrtausende wahrzunehmen, das vermag der Vorblick auf künftige Zeiten auch zu ahnen. Dieses eigenthümliche System erhebt jeden der großen Erdtheile des Planeten zu einem besondern, für sich bestehenden Erd-Individuum in der Reihe der Naturkörper. Die Erdtheile sind nicht blos mechanisch abgegrenzte Stücke der Erdrinde, leblos nebeneinander liegende Erdschollen, sondern es sind kunstreich gegliederte Werkstücke eines zusammengehörigen und eigenthümlich zusammengefügten großartigen in einander wunderbar eingreifenden Planetenbaues. Von diesem Grundbau wurde die ganze organische Natur auf und in demselben, welche später als der Grundbau selbst an das Tageslicht hervortrat, mehr oder weniger abhängig. Und beide, der tellurische Grundbau sammt der organischen Natur auf ihm, bestimmten erst die physischen Schranken des Menschengeschlechts in seiner Verbreitung über den Erdenraum, und den äußern Entwicklungsgang seiner Geschichte auf dem Planeten.

Hier tritt die Offenbarung der Teleologie in ihren verborgenen Wundern mit ihrer ganzen Herrlichkeit hervor. Es ist die Aufgabe der Wissenschaft, sich das Wesen der Gestaltung der großen tellurischen Individuen und ihrer Anordnungen zur Klarheit zu bringen. Aus der Natur und aus dem Wesen des Ganzen geht auch das Wesen der Theile hervor; nicht umgekehrt. Das ist ein durchaus zutreffender Satz Plato's. Aus dem Einzelnen geht die volle Erkenntniß des Ganzen nicht hervor, wenn nicht auch dieses zugleich erkannt ist. Wie durch das Ganze erst der Theil gebildet wird, so löſ't sich auch in der Betrachtung durch das Gesetz erst das Besondere ab und wird zum Einzelnen, zum Individuum. So konnte auch erst aus dem Begriffe des Sonnensystems der kosmische Lauf der Erde, und erst aus dem Begriffe der Erde als Planet und als Kugel die Anordnung ihrer Theile und deren gegenseitiges Verhältniß, das Charakteristische der Länder, ihrer Gliederungen und Erscheinungen, wie ihrer lebendigen Organismen, durch Pflanzen und Thiere bis zum Menschen hin verstanden werden.

Die räumliche Plastik oder die äußere Gestaltung, die Configuration der Erdtheile, beruht auf den zwei Dimensionen der Erdräume, auf der horizontalen und verticalen.

1. Die horizontale Dimension nach Länge und Breite, wird schon durch die Meeresbegrenzungen im allgemeinen bezeichnet — die geographische Ausdehnung.

2. Die verticale Dimension nach Höhe und Tiefe, die physikalische Ausdehnung, weil von ihr die größte Mannigfaltigkeit der physikalischen Naturverhältnisse der Erdoberfläche abhängig ist.

Die horizontale Dimension giebt gewöhnlich den Hauptstoff für die elementare politische Geographie ab, welche die verticale selten berücksichtigt, oder doch niemals ganz durchdrungen hat. Diese zweite Dimension wird gewöhnlich nur in Nebendingen oder zufällig berührt, ganz übersehen, oder ihr Inhalt in andre Gebiete der Wissenschaft verwiesen, höchstens nur Einiges auf eine unfruchtbare Weise in die Besprechung der ersten eingeschoben, oder blos in der physikalischen Geographie behandelt und so der allgemeinen entzogen. Die Ergebnisse von beiden Dimensionen müssen sich aber fruchtbar durchdringen, da sie in der Natur nirgends isolirt vorkommen. Um aber ihre Bedeutung etwas klarer, als zuvor geschehen, in ihrem wahren Verhältniß hervorzuheben, werden wir sie in ihren großen Umrissen gesondert betrachten: zuerst die horizontale Ausdehnung der Erdtheile im großen Erdganzen, dann die verticale Dimension, so weit sie nicht schon früher besprochen sind, in das Auge fassen. Nach dieser gedoppelten Betrachtung wird die Natur der Erdindividuen und ihrer Glieder von selbst in ihren wesentlichen Charakteren und Unterschieden hervortreten.

Bei der Wichtigkeit des durchgreifenden Begriffes der Gliederung, dessen wir uns bei unsern geographischen Arbeiten auf eine fruchtbar anzuwendende Weise vom Anfang an zu bedienen versucht haben, um den mechanischen Ausdruck einer bloßen Theilung zu verdrängen, der an keinen innern organischen und lebendigen nothwendigen Zusammenhang erinnert, und daher den mathematischen, politischen oder sonst willkürlich abzugrenzenden Verhältnissen überlassen bleibt, ist es lehrreich, dessen Spuren auch in den frühern Anwendungen desselben zu verfolgen.

Schon Eratosthenes und Polybius waren auf die südlich vorspringenden Landspitzen Europas aufmerksam geworden, der erstere in den drei großen Halbinseln von Spanien, Italien und dem Peloponnes, Polybius auch noch in der Attischen Halbinsel Suniums, in der von Thracien am Bosporus, und der Taurischen Halbinsel an der Mäotis. Strabo faßte diese damals nur unvollständig ausgesprochene Ansicht von Erdgestaltungen, die auch schon Hipparch zu berichtigen gesucht hatte, etwas genauer, indem er sie nach den Meeresbecken beurtheilte, zwischen denen jene Landscheidungen hervorragen (Strabo II. 108). So die Iberische Halbinsel zwischen dem Ocean von Gades, an den Stelen des Herakles vorüber, zum Tyrrhenischen Meere; Italien zwischen dem Sicilischen Meere und dem Adria; der Peloponnes zwischen dem Adria und Euxinus. Aber eigentlich, fügte Strabo hinzu, sei doch schon das italische Land durch die japygische Halbinsel zweigipflig (δικόρυφος), und die östlichern Halbinseln seien noch weit mehr ausgezackt und vieltheilig (ποικίλαι καὶ πολυμερεῖς) als Polybius sie annahm; er verlangte daher eine andre Auseinanderlegung. Schon früher hatte Strabo (II. 92) die Halbinsel des Peloponnes vieltheilig (πολυσχεδές) genannt, da auch die Lakonische Halbinsel (Taenarum) von Malea verschieden sei, auch die Attische Halbinsel von Sunium, die Macedonischen und Thracischen Vorgebirge sich theilten; also nicht blos in sechs Theile zerlege sich der Süden Europas. Von dem Norden des Erdtheiles konnte Strabo noch keine zusammenhängende Vorstellung haben. Seinem Scharfblicke aber entging doch der Einfluß dieser, wenn schon nur theilweise erkannten Verhältnisse auf das Ganze nicht. Gegen das Ende des zweiten Buchs, wo er die Gründe angiebt, warum er mit seiner Erdbeschreibung von Westen her, mit Europa, den Anfang mache, giebt er durch seinen Ausdruck „polymorphe Gestaltung", durch welche er Europa den Vorrang vor den andern Erdtheilen zugesteht, und durch die Folgerungen, die er daraus zieht, deutlich zu erkennen, daß er darunter nicht blos eine mechanische Theilung, sondern eine inhaltreiche Gliederung verstehen wolle. Die merkwürdige Stelle lautet also: Wir beginnen mit Europa, weil es vielgestaltig und für Veredlung der Menschen und Bürger der gedeihlichste Welttheil ist, und den andern das meiste seiner eigenthümlichen Vorzüge mitgetheilt hat; auch ist es ganz bewohnbar außer wenigem vor Kälte unbewohnten Lande u. s. w. — Der Erdtheil erfreut sich einer günstigen Natur:

denn er ist ganz durchwirkt mit Ebenen und Gebirgen (ὅλη γὰρ διαπεποίκιλται πεδίοις τε καὶ ὄρεσιν...), so daß fast überall Landbauer dem Stadtbürger zur Seite stehen und die tapfersten Völker den Erdtheil bewohnen. Daher genügt sich Europa selbst (αὐταρκεστάτη ἐστί...). Damit bezeichnet Strabo die selbständige Größe Europas, als eines eignen, den andern ebenbürtigen Erdtheils, seines geringen Raumverhältnisses gegen seine Nachbarerdtheile ungeachtet, und die Neuern sind ihm mit Recht in dieser Annahme gefolgt.

Lange Jahrhunderte war diese Einsicht des scharfblickenden römischen Erdbeschreibers in eins der wichtigsten Oberflächenverhältnisse des Planeten, das freilich nur von einem beschränkten Standpunkte angedeutet war, von den nachfolgenden Männern der geographischen Wissenschaft gänzlich übersehen worden, als es A. v. Humboldt zuerst wieder in klimatologischer Hinsicht ins Leben rief, und als ein Grundverhältniß für die gesetzmäßige Verbreitung der Organismen in seinem berühmten Werke über die geographische Verbreitung der Gewächse so geistvoll für lebendige Betrachtung aller tellurischen Verhältnisse hervorhob [1]). In der inhaltreichen Abhandlung über die Hauptursachen der Temperaturverschiedenheit auf dem Erdkörper vom Jahr 1827 in den Academischen Berliner Schriften S. 311 gebraucht derselbe Verfasser schon den deutschen Ausdruck: „unser Europa verdankt ein mil-

---

[1]) A. v. Humboldt de distributione geographica plantarum et 1817 p. 81, 182, vgl. Central-Asien bei Mahlmann Th. I. 1. p. 66. und II. 3. p. 11 u. 98: Regiones per sinus lunatos in longa cornua porrecta, vel spatia patentia in immensum quorum litora nullis incisa angulis ambit sine anfractu Oceanus. Si ex plaga aequinoctiali abis in acuminatas illas partes continentium, quae in zonam temperatam hemisphaerii australis porriguntur, illas, propter circumfusi Oceani vastitatem, eodem coelo, quo insulas, uti deprehendes, hyeme miti, aestate temperata. Magna aquarum vis in hemisphaerio australi aestivos ardores temperat et frigus hyemale frangit.

deres Klima seiner **Erdstellung** und seiner **gegliederten Gestaltung**." Es sind dies Begriffsbezeichnungen, deren wir uns seitdem in der Abhandlung über geographische Stellung und horizontale Ausbreitung der Erdtheile 1826 und in allen unsern nachfolgenden geographischen Schriften, wie bei unsern vieljährigen Vorträgen über Erdkunde bedient haben.

Die horizontalen Dimensionen oder die horizontale Gliederung der Erdtheile.

Wir gehen von den einfachsten zu den immer mehr entwickelten Formen über und beginnen deshalb mit Afrika, das seinen Contourformen nach als das einförmigste erscheint.

Afrika, der Süden der Erde, zeichnet sich unter allen drei Erdtheilen der Alten Welt durch seine fast inselartige Abgeschnittenheit und Gleichförmigkeit aus. Nur durch die schmale, kaum 15 Meilen breite Landenge von Suez steht es in unmittelbarer continentaler Verbindung mit Westasien. Aber sie ist wahrscheinlich jüngerer Natur und es fehlt sonst jedes übergreifende Verhältniß. Afrika hat eine in sich abgeschlossene Erdgestalt; seine Küstenperipherie zeigt eine im Ganzen elliptische Form. Ohne die einzige tiefere Einbucht des Golfs von Guinea auf der Westseite würde der Erdtheil fast als ein geschlossenes Oval, als eine Eiformgestalt, erscheinen. Die Dimensionen sind fast gleich groß. Seine Breite von Nord nach Süd beträgt 35 Grad zu jeder Seite des Aequators, also 70 Breitengrade in ganzer Ausdehnung (1050 Meilen). Seine Länge von West nach Ost beträgt fast 70 Längengrade. Die Längenachse des Ovals ist der Breitenachse fast gleich, auch 1050 Meilen.

Rundum von Meeresküsten begrenzt ist die Peripherie seiner meerumspülten Gestadelinien die einförmigste aller Erdtheile. Auch diese Einartigkeit seiner Gestade giebt schon der bloße Blick auf die Landkarte zu erkennen. Nirgends tief einsetzende Meeresarme, tiefe Buchten oder Mittelmeere, überall nur geringere Aus- und Einbiegungen, wenn man den Guinea-Golf ausnimmt. Der Umfang seiner Küstenkrümmung von etwa 3400 bis 3600 Längenmeilen bildet die einförmigste Küstenbegrenzung aller Erdtheile. Sie ist daher für ihr Areal die verhältnißmäßig kürzeste Küste. Der Continent von Afrika steht also im geringsten Contact mit dem Ocean.

So ist alle Individualisirung von Natur- und Völkerverhältnissen Afrika's ungegliedertem Stamme, dessen Enden nach allen Seiten, wegen Dimensionsgleichheit seiner Gestaltung, der Mitte gleich nahe oder gleich fern liegen, versagt. Die astronomisch eben so gleichförmige Lage zu beiden Seiten des Aequators ragt nirgends über die tropische und subtropische Klimatik in andere Gegensätze hinaus. Darum sind denn auch alle Erscheinungen in diesem Erdindividuum, dem wahren continentalen Süden der Erde, in dem alle Culminationen der Tropenwelt ihr Maximum der Höhe erreichen, die einförmigsten, gleichartigsten, wenn schon in sich eigenthümlichsten, doch ohne Mannigfaltigkeit der Gegensätze geblieben. Daher sind in der Völkerwelt dieses Erdtheils die patriarchalischen Urzustände in der menschlichen Gesellschaft gänzlich außer Berührung mit den Fortschritten der Zeit geblieben; er scheint als ihr Asyl auch noch Jahrtausende hindurch für den Entwickelungsgang einer unentschleierten Zukunft aufbewahrt zu sein. Denn nur generelle, keine individuelle Entwickelungen, weder in Pflanzen, Thieren, noch Völkerschaften oder einzelnen Menschen zeigen sich auf diesem stationären Boden: die Palme, das Kameel und ihre Gefährten erscheinen gleichmäßig in allen Nord- und Süd-, Ost- und Westenden; der Negerstamm ist die fast ausschließlich einheimische Bevölkerung. Keine hervorragende Individualitäten von Culturen, Staatenbildungen, Völkerschaften oder Individuen zeichnen ihn aus. Selbst der gemeinsame Sprachstamm zeigt nur dialektologische Verschiedenheiten. Nur sporadische

Küstencultur macht an einzelnen begünstigteren Stellen des Erdtheils in schmalen Säumen hiervon eine geringe Ausnahme, und auch diese ist meist nur durch Ansatz und Anflug von außen hervorgerufen.

Asien, der Orient, ist ganz verschieden von Afrika. Nach drei Seiten ist es ganz vom Meere umschlossen, von Süd, von Ost und von Nord, an der vierten Seite gegen West nur theilweise (über 300 Meilen). Gegen Westen steht es mit Afrika zwar nur in unbedeutender continentaler Verbindung; mit Europa aber macht es noch einen gemeinsamen Stamm aus, so daß man diesen Erdtheil fast nur eine halbinselartige Fortsetzung des Alten Continents nennen könnte. Also ist Europa, der Occident, viel weniger von seinem Orient gesondert, als Afrika, der Süden der Alten Welt. Daher schon der weltgeschichtliche Uebergriff Asiens in diesen mit ihm verwachsenen Nachbarerdtheil ein ganz andrer; daher die durchgehend größere Verwandtschaft ihrer Populationen in körperlicher und geistiger Hinsicht, als mit dem libyschen Nachbar.

Zu dieser Contourform der in ziemlich analogen Längen und Breiten sich ausdehnenden horizontalen Dimension in mehr trapezoidischer Form kommt ein ganz neues Verhältniß hinzu, das dem Afrikanischen Süden fehlt. Den natürlich von allen Seiten tief eindringenden Buchten und Golfen entspricht das weit vorspringende Auslaufen seiner Ost- und Südküsten, oft in große auslaufende Landzungen und Halbinseln, in maritime Vorländer, was sich auch theilweise noch gegen West und Nord wiederholt. Diese sind als mehr oder weniger getrennte Glieder des Hauptkörpers oder compacten Stammes von Asien zu betrachten.

Oestliche Glieder: das Tschuktschische Vorland, die Halbinsel Kamtschatka, die Halbinsel Korea, das Chinesische Vorland. Südliche Glieder: die Halbinsel Hinterindiens mit Tonkin, Siam, Malakka und Birma; die Halbinsel Vorderindiens oder Dekan, die Halbinsel Arabien. Westliches Glied: die Halbinsel Kleinasien oder Anadoli. Nur die Nordküste von Asien ist weniger gegliedert, doch immer noch durch viele südwärtsgehende Meeres-einschnitte und Busen (wie den Karischen, Obischen, Jeniseischen Golf u. s. w.) zertheilt. Deshalb ist die ganze sibirische Nord-küste durch vorspringende Caps und Landzungen immer noch weit mehr individualisirt als das afrikanische Gestadeland, wo kaum nur flache und kurze Serraturen mit geringern Einbuchten sich zeigen.

Dennoch bleibt immer noch im Innern von Asien ein breiter und langer Theil der compacten Masse der Erdrinde übrig, der nicht von einschneidenden Meeren berührt wird. Er ist als eigentlicher Stamm des asiatischen Erdkörpers zu betrachten und überragt dem Areale nach seine Glieder bei Weitem. Demnach ist Asien ein Stamm mit reicher Gliederung und Verzweigung. Afrika dagegen ist ein Stamm ohne Glieder und Zweige, und eine compact gebliebene Masse des Erdballs.

Welchen außerordentlichen Einfluß eine solche entwickeltere Küstenform durch ihre gegliederte Ausbildung auf alle physischen und organischen Erscheinungen des Erdtheils ausüben mußte, liegt vor Augen. Weit größere Mannigfaltigkeiten der Natur auf gleich großen Räumen konnten sich in den in einandergreifenden beiden Hauptformen der Erscheinungen des Flüssigen und Festen entfalten, als in der blos trockenen rigiden Masse. Die Einförmigkeit verschwand, die Vervielfachung der Erscheinungen übte die größte Gewalt auf die ganze Klimatik, auf die Pflanzen-, Thier- und Menschenwelt aus; selbst die große Mannigfaltigkeit des geognostischen Constructionsverhältnisses mußte in der überall bloßgelegten Gestadewelt peripherisch bemerkbarer für die Beobachtung hervortreten, als im Innern der flachen Länder. Jede Küste ist hierdurch eine andere geworden, mit anderm Boden, andern hydrographischen und klimatischen Wechseln; die Vervielfachung der Pflanzen-, Thierarten, der Völkerstämme mit ihren verschiedensten

Lebensweisen und Entwickelungsstufen war hiervon die natürliche Folge.

Während Afrika, selbst in seinen Bevölkerungen wie Productionen auf die größte Einartigkeit beschränkt blieb, so hat Asien eine Fülle solcher Verhältnisse aufzuweisen, die in Verwunderung setzt. Statt jener drei wesentlichen Differenzen afrikanischer Bevölkerungen (Neger, Berbern, Kaffern) treten hier sogleich Dutzende derselben in ihren verschiedenen Völkercharakteren auf, wenn man auch nur an Tschuktschen, Kamtschadalen, Koreaner, Chinesen, Malaien, Birmanen, Inder, Afghanen, Perser, Araber, Kleinasiaten denkt, die alle zur peripherischen Bevölkerung gehören.

Aber in schroffem, gemeinsamem Gegensatze gegen den geschlossenen Körperstamm der centralen Mitte konnte ihr Culturfortschritt noch nicht das seit Jahrtausenden stationäre Leben nomadischer Bevölkerung in Centralasien, deren Stellvertreter wir heutzutage Mongolen, Turkestanen, Kirghisen, Bucharen, Kalmücken u. s. w. nennen, durchdringen, noch weniger den Norden desselben Erdtheils erreichen, dem daher, bei allem Glanz der grandiosen orientalischen Erscheinungen seiner ungeheuren Ausbreitung, die harmonische Einheit einer gemeinsam gewonnenen Civilisation fehlt. Hierzu trugen auch noch die historisch unüberschaulichen und um so schwerer durch Civilisation überwindlichen, kolossalen Naturformen das Ihrige bei, sowie der überwuchernde Reichthum der mannigfaltigsten Naturgaben, die aus den klimatischen Contrasten der Naturproductionen dieses Erdtheils in geraden Gegensätzen hervorgehen. Denn vom Aequator bis in die hohe Polarzone hin ausgebreitet hat Asien die verschiedenartigsten Pflanzen und Thiere erzeugt, jedoch nicht blos in der Richtung der Breitenparallele, sondern auch, wegen seiner mächtigen Ausdehnung von Westen nach Osten, in eine nicht weniger grell contrastirende Ost- und Westwelt, aus der wir nur als Repräsentanten charakteristischen Gegensatzes die chinesische gegen die vorderasiatische Culturwelt hervorzuheben brauchen. Als Repräsentanten der Naturproductionen haben wir nur die Kokos- oder Sagopalme und den Tiger für den Osten, wie die Dattelpalme und den Löwen für den Westen anzuführen, für die Nord- und Südwelt Asiens aber die Contraste der Moosvegetation mit den Nadelholzwäldern und dem Rennthiere gegen den Brodfruchtbaum, das Zuckerrohr, den breitblätterigen Pisang mit den Elephanten, Rhinoceroten, Tapirgestalten und Affenschaaren im Süden des Erdtheils.

Solchem unerschöpflichen Reichthum der Naturverhältnisse ist auch die Mannigfaltigkeit der Völkerverhältnisse des Erdtheils in gleicher Art gefolgt, der trotz seiner Aussendung von Völkerschaaren vom Anfang der Völkerzüge an und in verschiedenen Weltperioden zu seinen verschiedenen Nachbarerdtheilen hin sich doch keineswegs erschöpfen konnte, ja immer noch unendlich reich an einheimischen Völkerindividualitäten geblieben ist, sei es in Racen, Gestalten, Farbe, Lebensweise, Nationalitäten, religiösen, politischen, geselligen Corporationen, Staatensystemen, Culturen, Sprachstämmen, Völkerstämmen u. s. w.; wogegen kein anderer Erdtheil, rückwärts bis zu den Uranfängen der Menschengeschichte, auch nur Analogien aufzuweisen im Stande wäre. Asien mußte auch zum Vorgang und Ausgang für alle andern Erdtheile von Anfang an ausgerüstet und organisirt sein.

Europa, der Occident. Der kleinste der drei Erdtheile der Alten Welt, ist seiner horizontalen Dimension nach in Beziehung auf seine Küstencontour am allermannigfaltigsten von allen dreien gestaltet.

Nur an seiner Ostseite wird er von dem großen asiatischen Continent begrenzt; da hat er seine größte Breitenausdehnung von Süd nach Nord erhalten. An seiner Nord-, West- und Südseite ist er wie Asien durch Meere umgrenzt. Asien zeigt sich wie eine Wurzel oder wie ein mächtiger Stamm, aus dessen breitem Westende das vielzweigige Erdindividuum, der Occident, hervorgeht mit progressiver Abnahme der Breite von Nord nach Süd, aber Zunahme der Zergliederung gegen den Westen, in die sich zuletzt der ganze Körper des Erdtheils auflöst. Je näher dem Osten nach Asien zu, desto breiter ist dieses Europa, desto mehr seinem Nachbar verwandt; je weiter nach Westen, desto schmaler läuft sein Körper selbst in engere Grenzen zusammen.

Ueberhaupt genommen, dem Umfange nach, steht dieser Stamm oder compacte Rumpf des europäischen Erdkörpers in einem weit kleinern Verhältniß zu seinen Gliedern als der von Asien zu seiner Gliederung. Die Abweichung seiner Gestaltung ist um so höher gegen die seines südlichen afrikanischen Nachbarerdtheils gesteigert.

Der Erdtheil nimmt seinen Anfang im Osten am Westfuße des Ural und Kaukasus, der hohen Gebirgsschwellen Europas, aber auch in dem Steppenboden Westasiens. Er nimmt nicht, wie der Körper von Afrika oder Asien, die sich darin noch gleichstehen, eine mehr gleichmäßige, zugerundete oder trapezoidische Gestalt an. In seinen Dimensionsverhältnissen findet eine sehr große Differenz nach Länge und Breite statt. Durch die Breitenabnahme von Osten nach Westen und die progressive Zunahme der Gliederung wächst die Mannigfaltigkeit der Verhältnisse gegen den Westen hin. Eine immer größere Abwendung vom Orientalen, das im russischen Osten Europas noch übergreifend wirkt, und eine immer größer werdende Selbstständigkeit des Westens von Europa ist dadurch schon von Natur bedingt, im Körperlichen wie in allem Organischen, in Materiellem wie in Geistigem aller Art. Dadurch tritt schon das Uebergewicht Westeuropas über Osteuropa im Gange seiner Culturentwickelung der Naturgrundlage nothwendig hervor. Die Form mußte hier den Sieg über die Größe der Masse im Raume davontragen.

Anfangs von Süden nach Norden in einer Breite von 300

Meilen im Osten Rußlands beginnend zieht sich der Körperstamm des Erdtheils in immer engere Grenzen von 200, zu 100, und selbst bis zu 50 Meilen zusammen. So in der ersten Verengerung zwischen dem Golf von Riga und der Bai von Odessa. Dann in der zweiten und dritten Verengerung zwischen der Ostsee und dem Golf von Triest, wie zwischen der Zuidersee und dem Golf von Genua; oder noch mehr zwischen dem Canal bei Calais bis zum Golf von Lyon. Zuletzt in der geringen Landenge zwischen Bayonne und Perpignan.

In fast dreifach größerer Länge als Breite ragt dieser Stamm des Erdkörpers dagegen von Ost nach West in wenigstens 700 Meilen Länge, vom Südende des Ural und dem kaspischen Kaukasus mit den äußersten Steilufern Spaniens und Portugals, mit den Caps Finisterre und S. Vincent in die Wogen des Atlantischen Oceans hinaus. Hierdurch erlangt die Kerngestalt des europäischen Erdtheils die Annäherung zu der Form eines fast rechtwinkligen Triangels, dessen rechter Winkel in die Kaspische Seeecke um Astrakhan fällt, dessen eine Kathete nordwärts dem Uralgebirge entlang bis zur Waigatzstraße, die andre längere westwärts bis zum Cap Finisterre läuft. Die noch längere Linie der Hypotenuse, welche die beiden spitzen Winkel des großen Triangels, der an 100,000 □M. Land in sich schließen würde, vereinigt, ist freilich nur eine hypothetisch gedachte und vielfach von Wasserbecken unterbrochen, die aber dennoch, durch das Auge übersichtlich, leicht auf der Karte, zumal aber zur Bestimmung des sphärischen Triangels auf dem Globus verfolgt werden kann.

Daß auch hier nur von analogen physischen, den mathematischen blos angenäherten Formen in runden Summen und Anschauungen die Rede ist, versteht sich von selbst, wie bei allen Anwendungen mathematischer Begriffe zur Vergleichung mit physischen Verhältnissen.

Fast alle großen und beachtenswerthen Glieder des Erdtheils liegen außerhalb der continentalen Hauptmasse dieses Triangelkerns; und dieses Verhältniß soll durch diesen Vergleich nur seinem Wesen nach in seiner Gesammtauffassung lebendiger vor die Anschauung treten, indem man sich an die Hauptmassen hält, damit diese nicht durch bloße specielle untergeordnete Einzelnheiten für den Ueberblick gänzlich zurücktreten. Es zeigt sich sogleich, wie Massen und Theile oder Körper und Glieder der Erdgestalt sich durch ein- und ausspringende Küstenbegrenzungen und Meeresarme vielfach gespalten und in viele große und unzählige kleine Glieder zertheilen und sondern.

Das Gestadeland zeigt sich alsbald unendlich vervielfacht im Gegensatz größter Einförmigkeit. Nach Westen zu wächst die immer größer werdende Selbständigkeit in gleicher Proportion mit der Abscheidung von Asien. Nicht blos vorwiegend nach zwei Seiten hin, in Osten und Süden, wie in Asien, sondern gleichmäßig nach allen drei Seiten hin, gegen Norden, Westen und Süden, ist die Gliederung Europas allseitig zu nennen; auch gegen den kalten Norden hin, wo seine Glieder zwei eigenthümliche Mittelmeere, die Ostsee und die Nordsee, fast gänzlich umschließen. Ein Verhältniß, dessen Bevorzugung für Europa als eine sehr große Begünstigung erscheinen muß, dessen Mangel für Asiens nördliche Entwickelung und Ausbildung von großem Nachtheil geblieben.

Wir zählen die vorzüglichsten Glieder Europas auf.

Die Halbinsel Kola am weißen Meere zwischen Enare-See, dem Waranger Fiord im Norden und der Kandalaskaja Bucht im Südosten, gegen Osten gekehrt.

Die Skandinavische Halbinsel, Schweden und Norwegen, 16,000 □Meilen, ein Zehntel von ganz Europa, durch den Isthmus von Finnland mit dem continentalen Triangel zusammenhangend, sonst in großem Bogen westwärts um die Ostsee und den bottnischen Meerbusen gespannt, eine Gebirgshalbinsel, westwärts mit Alpenland erfüllt, gegen den Süden gekehrt.

Die Jütisch-Dänische Halbinsel zwischen Trave und Elbe beginnend, nach dem Norden gewendet, nur $\frac{1}{180}$ von Europa, zwischen Ostsee und Nordsee gestellt, ein flacher Landrücken.

Das vielgetheilte Halbinselgebiet Hollands, zwischen Ems und Rhein beginnend, ein ganz flaches Tiefland, mit seinem Vorland gegen Norden gestreckt.

Das Halbinselland der Normandie und Bretagne zwischen Seine und Loire, ein felsiger Granitboden, springt gegen den Atlantischen Ocean mit klippigen Felsstirnen vor.

Die Halbinsel Spanien, das Pyrenäische Halbinselland, 10,000 □Meilen, ein Sechzehntel von Europa, ein rhomboidisch gestaltetes und zugerundetes, terrassenförmig aufsteigendes, fast insularisches Plateau, gegen Südwesten gewendet.

Die Apenninen-Halbinsel, Italien, $\frac{1}{35}$ von Europa, gegen Süden langgestreckt, zwischen den Alpen und Sicilien, von Gebirgsketten in der Mitte durchzogen.

Die Halbinsel Griechenland, zwischen der Donau bis zum Peloponnes (Morea); eine vielfach in sich getheilte Gebirgs- und Plateaulandschaft, das reichgegliedertste Peninsularsystem der Erde, ein Funfzehntel von Europa.

Die Halbinsel Krim (Taurica Chersonesus), ein rhomboidisch gestaltetes nur zur Hälfte gehobenes Plateauland im Süden, in der Nordhälfte flaches Steppenland; die einzige Gliederung Südosteuropas zum Pontus.

Jede dieser Halbinselbildungen ist räumlich verschieden gestaltet, jede mit andern individuellen Verhältnissen ausgestattet. Es zeigt sich in ihrer peripherischen Stellung um den ganzen Erdtheil die größte Mannigfaltigkeit peninsularer Entwickelung im verhältnißmäßig kleinsten Raume auf Erden. Das Peninsularsystem von Griechenland am Südostende des Erdtheils findet sein noch überbotenes Maximum der Entwickelung nur auf der Nordwestgrenze von Europa, in dem Insularsystem Englands wieder.

Durch diese charakteristische Trennung und Abschneidung so vieler mehr oder weniger abgelöster Theile des Continents durch Meeresarme, ist der Küstenumfang Europas zu einer Küstenkrümmung von außerordentlicher Länge geworden. Bleiben wir bei den runden Summen der Arealgrößen der drei Continente stehen: Europa mit 160,000, Afrika mit 540,000 und Asien mit 880,000 □ Meilen. Ungeachtet der Flächeninhalt von Afrika dreimal größer ist als der von Europa, so ist doch das Developpement des Küstenrandes oder die Küstenentwickelung von beiden keineswegs etwa gleich groß, sondern die von Europa bei weitem größer, beiläufig 5400 Längenmeilen. Die asiatische Küstenentwickelung ist zwar um ein Drittheil größer, an 7000 Meilen, aber dafür auch das Areal von Asien mehr als fünfmal bedeutender, als das von Europa, ein großer Theil asiatischer Küstenentwickelung, die polarische sibirische Küste von Nowa Zembla bis Kamtschatka mußte für die Entwickeluug des Erdtheils ziemlich gleichgültig bleiben.

Europa ist also derjenige Erdtheil der Alten Welt, dessen Festland verhältnißmäßig, ja man kann fast sagen absolut, die größte Küstenbegrenzung auf dem Erdball erlangt hat, einem größten Kreise der Erde von 5400 Längenmeilen der Erde gleich. Das heißt, das Gestadeland Europas würde, in eine gerade Linie ausgestreckt, sich in der Linie des Aequators zu einem großen Ringe um den ganzen Erdball herum legen. Zu diesem Verhältniß tritt seine begünstigte Stellung zu den Bewegungsverhältnissen der Meere und der Windsysteme, wie der vorwaltende Reichthum seiner Buchten- und Hafenbildungen, deren Aufgeschlossenheit, eine natürliche Folge seiner Gliederungen, ihm zu der Alles überflügelnden Kunst der Nautik und der allgemeinen Beherrschung der Oceane verhalf. Für die neue Zeit steht die hafenreichste und gegliedertste Inselgruppe Großbritannien und Irland voran, wie für die alte Zeit dem in sich reich gegliedertsten Peninsularsysteme der alten Welt, Griechenland, in der Blüthezeit die Seeherrschaft des beschlossenen Mittelmeeres zu Theil werden konnte. Reiche, überreiche Begabung ist als dauernde Mitgift dem Minimum der Expansion unter den drei Erdtheilen der Alten Welt zu Theil geworden, dem kleinsten ihrer individuell gesonderten Erdräume. Hieraus leuchtet die providentielle Stellung Europas im Contact mit der übrigen Welt von selbst ein. Europa, obwohl im Centrum der continentalen Nordostwelt, ist demnach doch von der maritimen Seite der Erde, von der Wasserhalbkugel her, am zugänglichsten geworden. Oder mit andern Worten, seine Länder und Völker sind unter den drei Erdtheilen der Alten Welt am meisten mit dem Meere in Verbindung getreten, weil sie am meisten und ununterbrochensten mit ihm in natürlicher Berührung stehen.

So zeigt sich der charakteristische Typus, der Europas Plastik vom Beginn der Erdschöpfung mit eingeprägt war. Seine Weltstellung konnte von den Alten noch nicht begriffen werden, da ihnen die Hälfte des Erdtheils noch in wüster Dämmerung lag; nur durch Erfahrung, ein Ergebniß der fortgeschrittenen Civilisation, die Vergleichung mit den andern Erdtheilen, konnte diese Einsicht erlangt werden. Viele wichtige Verhältnisse ähnlicher Art schlummern noch im Erdball, die erst in spätern Zeiten zu Tage treten können. Die Erde als Planet ist nur ein großes Samenkorn vom Weltschöpfer auf der Sonnenbahn ausgestreut, mit allen Keimen einer unendlich reichen Entfaltung und Entwickelung begabt, um zu seiner Zeit einer großen Zukunft entgegen zu reifen.

Was wir jetzt wahrnehmen, sind nur Elemente, unser Wissen nur Stückwerk, aber auch dieses nicht ohne Bedeutung für die Betrachtung.

Daß Europa in jeder Hinsicht vielartiger, zertheilt, gegliedert vom Meere umspült wird, ist für seine ganze Völker-, Staaten- und Menschengeschichte von dem entschieden förderndsten Einflusse gewesen. Es ist die erste Naturbedingung, die wahre physikalische Grundlage der merkwürdigen Thatsache, daß auf dem beschränktesten Erdraume sich die größte historische Mannigfaltigkeit im Menschengeschlechte entwickeln konnte. Also nicht absolute Größe, sondern relative giebt hier den Ausschlag, nicht die rohe Materie, die Masse, sondern ihre Gliederung, ihre Form ist es, die auch hier, wie überall, als geistigeres Element über das materielle herrschen sollte. Wie es in der animalen und vegetativen Schöpfung unter der großen Mannigfaltigkeit der Formen von Pflanzen und Thieren einen gewissen Fortschritt der Entwickelung von niederer zu höherer Sphäre giebt, der sich schon in der Gliederung und Vervielfachung der Organe anzukündigen pflegt: ebenso zeigt sich dies auch bei der sogenannten für unorganisirt gehaltenen Seite der Erde, sobald wir sie nur in ihrem ganzen Zusammenhange, als das Ganze, als einen Planeten in seiner Außenseite betrachten. Auch in der allgemeinsten Betrachtung der Formen der Vertheilung unter die großen Erdindividuen zeigt sich eine solche analoge Erscheinung. Wie die geschlossenen Pflanzenformen der einfachen, breitblätterigen, ungetheilten Cactus- oder stämmigen Euphorbien-Arten (die den dürren Steppen oder Sandboden Amerikas und Afrikas so eigenthümlich sind) als zweiglose, laubleere, minder entwickelte Gliederung höherer Vegetation erscheinen: so auch die Länderräume, denen sie angehören, wie die Einöden der Prärien Nordamerikas, oder selbst der ganze, meist ungegliedert gebliebene Erdtheil Afrika.

Die Zerspaltung Asiens und vollends Europas nähert sich einer höhern Sphäre der Entwickelung, wie etwa das edle Palmblatt, oder die Krone des europäischen Obstbaums, der aus allen seinen Verzweigungen und Extremitäten aller Art Blüthen und Früchte hervortreibt. In der animalen Organisation ist die Zerspaltung und Gliederung Europas der kunstreich gebildeten Hand zu vergleichen, hinter welcher so viele andre Gliederungen der

Thierschöpfung so weit zurückstehn, daß Buffon in ihr allein schon die Prärogative der Menschenbildung vor jeder andren erkennen mochte.

Blickt man auf dem Erdball umher, so zeigen sich die Gliederungen, die isolirteren Theile der Erdflächen, die Gestadestrecken, die Halbinseln, die Inseln, fast überall als die am reichsten begabten Erdstellen, auf denen die frühesten und größten Entwickelungen sich concentriren konnten. Mit der Vervielfachung und Entwickelung der Organe hebt sich überall der Adel der Organismen. Man darf es wohl wagen, in dieser Beziehung Europa am großen Bau der Alten Welt, dessen Wurzel und Hauptstamm die Mitte Asiens darstellt (Afrika ein minder entwickelter Seitenstamm), als Krone des ganzen Gewächses zu bezeichnen. Oder mit einer noch höhern, nicht blos vegetativen Organisation verglichen, könnte man Europa das Angesicht des Planeten nennen, die Gesichtsseite der Alten Welt, aus dessen Auge bis jetzt die Seele der Völker und der Menschheit am klarsten in ihrer fortschreitenden Humanisirung hervorstrahlte.

Wir wiederholen es: nicht die absolute Größe, nicht die Masse und das Gewicht des Materiellen, sondern die Form, die gegliederte und höher organisirte Form errang das Uebergewicht, und trug das ihrige zur Entscheidung des Schicksals der Völker der Erde bei. Eine reiche Mitgift vollendeter Form hat die Vorsehung Europa mitgegeben. In jener Gliederung liegt noch ein anderes charakteristisches Verhältniß für Europa im Gegensatz der andern Erdtheile.

Wenn in Afrika der Gestaderand keinen wesentlichen Unterschied mit dem inneren Herzen des Erdtheiles darbietet, also als einheitliche Uebereinstimmung in einer allerdings sehr niedern Sphäre der Entwickelung zurückbleibt, so zeigt Asien einen Zwiespalt seines centralen und peripherischen Daseins. Das centrale, nomadische Mongolen-, Tataren- und Turanier-Land blieb auf der niedern Sphäre der Entwickelung zurück gleich der unentwickelten Centralmasse seiner Heimath. Das peripherische gegliederte Asien hob sich in seinen Völkerindividualitäten wie in allem übrigen zu der Höhe der Entwickelung der Chinesen, Malayen, Inder, Perser, Araber, Syrer, Kleinasiaten, Armenier empor. Aber ihr Einfluß konnte in die starre centrale Masse nicht eindringen, ihre Naturverhältnisse, ihre Physik, ihre rohen Bevölkerungen nicht umgestalten. Gesteigerte Individualitäten aber ohne gegenseitige harmonische Durchdringung bis zum gemeinschaftlichen kolossalen, noch roher gebliebenen mittlern Kern des Ganzen ist der Charakter von Asien geblieben.

Europa zeigt in seinen Constructionen und ihren daraus hervorgegangenen Functionen ein ganz entgegengesetztes Verhalten. Bei ihm haben die Glieder eine größere Bedeutung gegen die des Stammes gewonnen. Der mittlere Körper von Europa ist im Verhältniß zu seinen Extremitäten oder Gliederungen weit geringer an unentwickelter Masse, wie an absolutem Umfange, als dies in den übrigen Erdindividuen der Alten Welt der Fall ist. Hierzu kommt, daß die plastische Gestaltung dieses Körperstammes nicht wie bei Asien in physikalischer, hydrographischer und historischer Hinsicht als Hemmung, als wahrhaft hemmende und fast unüberwindbare Scheidewand ihrer Umgebungen hervortritt; sondern bei Europa der Boden überall eine Vermittelung seiner Gliederungen bedingte. Statt Trennung und Scheidung, wie dort, trat hier überall Verbindung und Communicationsfähigkeit hervor, und dies gab Europa seinen Culturcharakter im Gegensatz von Asien: Befreundung seines Nordens mit dem Süden und seines Ostens mit dem Westen, die keine entgegengesetzten Polaritäten blieben, wie bei Asien, sondern zu geschwisterlichen Uebergängen sich die Hand bieten konnten. In Afrika steht die große Mitte des Erdtheils noch fast absolut außerhalb aller Berührung und Verbindung mit seinem Gestadelande. In Asien ist noch ein sehr großer Theil seines Binnenlandes in seiner compacten Rumpfgestalt ebenfalls außer aller Naturverbindung mit seinem Gestadelande als erstarrte Masse stehen und, bis heute, in seiner natürlichen Barbarei geblieben.

Der Harmonie europäischer Form ist das Uebergewicht über die Macht der Materie verliehen. Europa, der kleinste der Erdtheile, war bestimmt, doch die Herrschaft über die übrigen Erdtheile, selbst über das große Asien zu üben. Wie Asien, durch alle Zonen gelagert, an Massen und Naturgabe überwiegend, durch seine plastischen Gestaltungen so ausgestattet war, daß es mit seiner Naturfülle und mit allen Schätzen die Nachbarerdtheile überschütten konnte vom Anfange des Werdens an, ohne selbst zu verarmen: so war Europa in den für seine Bevölkerung überschaulicheren auf die temperirte Zone beschränkten, reich gegliederten, in allen maritimen und plastischen Formen in einander wirkenden Gestaltungen, ohne die Extreme und jene Ueberfüllung, doch eben dadurch mit größter Empfänglichkeit für die Aufnahme des Fremden ausgestattet, und durch die Natur seiner Werkstätten, wie die Energie seiner Völkergeschlechter, zur Verarbeitung des Einheimischen dazu begabt, die planetarische Mitgift in dem Culturcharakter seiner Heimath zu einer humanen Civilisation zu steigern, die durch ihre innerhalb gewonnene Harmonie als Durchgangspunkt eben die Gewähr trüge der möglichsten Empfänglichkeit und Aufnahme auch für alle andere Völkergeschlechter der weiten Erde.

Durch den ganzen centralen Körper Europas findet ganz die mannigfaltigste Naturverbindung mit den Meeren und Gliederungen, und zwar auf verhältnißmäßig sehr kurzen Distanzen und den bequemsten Communicationslinien, in ineinander sich verzweigenden Thalbildungen und Stromlinien statt, welche der Mitte der Nachbarerdtheile fast ganz versagt sind. Selbst der breiteste Theil des russischen Ostens von Europa ist durch seine Thalsenkungen und Stufenländer ausgezeichnet; nicht minder die Mitte und der Westen des Erdtheils durch die gegenseitig sich fast durchkreuzenden Thalbildungen und in einander sich verschränkenden Quellenbezirke. Wie verschieden von den hydrographischen Gestaltungen Innerasiens, dessen Quellströme in ihren Anfängen zwischen Osten und Westen, wie die chinesischen von den bucharischen und mesopotamischen Stromsystemen in Westen, 400 und 500 Meilen auseinander liegen; und ebenso stehen zwischen Süden und Norden die indischen von den sibirischen Communicationslinien in gleichen Distanzen auseinander und bleiben deshalb nothwendig in stets ungeselliger Ferne durch unüberwindbare Intervalle unter sich isolirt.

Was die Natur verlieh hat Menschenkunst, haben Kanalisationen und Eisenbahnen zur Vollendung zu bringen gesucht Die Binnenländer Europas haben hierdurch größtentheils den Gewinn der Küstenländer und ihre Vortheile sich angeeignet, und so ist Europa von seinen Nachbarn Asien und Afrika zu einer ihrem Wesen nach ganz verschiedenen Naturgestalt im Entwickelungsfortschritt des Planeten herangereift. Ihm wurde der Culturcharakter schon durch die Natur zu Theil: einer durch Alles hindurchgehenden harmonischen Entwickelung zu einer Weltgeselligkeit. Seine Bevölkerung steigerte nur seine Naturanlagen zur Vervollkommnung.

Nach den beiden mittelländischen Meeren im Norden und Süden von Europa strecken sich sehr große Halbinseln aus: die dänische, die norwegisch-schwedische in das scandinavische Mittelmeer im Norden; die von Spanien, Italien, Griechenland in das Mittelländische Meer gegen Süden. Es ist dies der größte Contrast mit dem unaufgeschlossenen libyschen Gegengestade in Süden, das gegen diesen europäischen Reichthum der Peninsularform in seiner nackten afrikanischen Küstenarmuth hervortritt. Und ebenso tritt die nordsibirische Gestadeeinförmigkeit in ihrer um so größern Benachtheiligung für das ganze nördliche Asien hervor, im Vergleich mit der tief eingreifenden Gliederung des Nordgestades von Europa.

Wie ganz anders würde das nördliche Centralasien sich entwickelt haben, wenn ein sibirisches mittelländisches Meer durch seine Golfe und Thalbildungen den Nordfuß des Altai belebt, und die Völker auf Segelschiffen zu Entdeckungen geführt hätte, wie dies bei den skandinavischen Küstenvölkern des Nordens von Europa, aus dem Herzen von Europa, von den bothnischen, preußischen, pommerschen, schwedischen, dänischen, norwegischen Gestadeländern her der Fall war! Und wären die seichten Syrtischen Golfe, gleich dem nördlichen langgestreckten Adriameere, südwärts eingedrungen als Meeresarm bis zum Tsad-See, so wäre Nordostafrika wie Südeuropa gegliedert worden, und das Innere Afrikas keine terra incognita mehr.

Die nördlichen wie die südlichen Gliederungen in dem mittelländischen Meere Europas erhielten zugleich bedeutende Größe und natürliche Ausstattungen, jede in ihrer Art, so daß, durch ihre Natureigenthümlichkeit bedingt, ihre Bevölkerung auch zu eigenthümlichen, vom Continent minder abhängigen Individualitäten heranreifen konnte. Die reiche Begabung ihrer nur scheinbar vom gemeinsamen Stamme des Erdtheiles losgerissenen Gestaltung sicherte ihnen in physikalischer wie in historischer Hinsicht, die Behauptung ihrer Selbständigkeit, die nun auch auf das ganze System ihres Erdtheils günstig zurückwirken konnte. Was verdankt Europa nicht den Griechen, Italiern, Spaniern, Holländern, Dänen, Scandinaviern! Wie ganz anders, wenn die nur ärmliche Ausstattung der Gliederung Europas in dem Style der ärmlichen Klippenreihen eines amerikanischen Unalaschka und Californien, oder schmaler asiatischer Landzungen, wie Kamtschatka oder Malakka, ausgefallen wäre. Und wo würde der so auf sich selbst eingebildete Europäer zurückgeblieben sein, wenn er nicht seinem schwarzen südlichen Nachbar gegenüber, durch die reichere Küstenentwickelung und Gliederung seiner Heimath, bevorzugt wäre.

Und doch bleibt, wie aus unerschöpflichem Schatze, ein Hauptvorzug Europas noch in das Auge zu fassen! Zur rechten Würdigung desselben zu gelangen, müssen wir zu den drei Continenten der alten Welt die Betrachtung der Inseln fügen.

Inseln.

Der europäische Erdtheil ist durch Inselbildung ausgezeichnet. Um die vielförmig gestalteten Glieder liegen sie eigenthümlich vertheilt seine Küste entlang, in größerer oder geringerer Nähe, die maritimen Begleiter, die Trabanten des Continents. Es sind Inseln, nach allen Seiten hin zerstreut, die nicht in oceanischer Ferne (wie nur Island), sondern im Bereiche des Blicks und der Nachbarschaft, vom Continent aus leicht erspäht und benutzt werden konnten. Es sind größtentheils Gestade- oder Küsteninseln, die ihrem ganzen Charakter nach dem Festlande mehr oder weniger angehören. Schon Strabo nannte deshalb Sicilien nur eine insulare Verlängerung Italiens, er trennte schon die Inseln im offenen Ocean, die er aus der Tiefe emporgehobene, pelagische nannte, von den litoralen, die ihm nur als abgerissene Stücke des Continents erschienen (ἀποσπάσματα τῆς ἠπείρου, Strabo VI. 258. vgl. I. 54 u. 60). Diese Gestadeinseln sind keineswegs, wie viele der pelagischen oder oceanischen Inseln, nur emporgestoßene einzelne Felsengruppen, oder schmale, öde, langgedehnte, ärmliche Klippenreihen. Sie sind sehr verschiedener Art: reichbegabte Einzel-Inseln, wie Sicilien, Candia, Bornholm, Rügen, Euböa; — Doppelinseln, wie Britannien und Irland, Seeland und Fünen, Corsica und Sardinien; — ganze Inselgruppen, wie die drei Balearen, die drei Maltesischen Inseln, die zwanzig Jonischen Inseln, die sieben-und sechzig Orkneys, die neunzig Shetlands-Inseln, die viel zahlreicheren Hebriden, die Aland-Inseln, und die reiche Griechische Inselschaar des Aegeischen Meeres.

Sie sind, im Vergleich mit ihrem benachbarten Continente,

zum Theil von einem sehr großen Flächenraum, was bei Inselbildungen seltner der Fall ist, ihnen aber eben dadurch für ihren Erdtheil eine desto größere Bedeutung geben mußte. Sie sind daher in der That als Erweiterungen des Continents von Europa anzusehen, nur abgesprengte Glieder, seine Seestationen zu eigener Berührung und zu Verbindung mit andern Ländern und Erdtheilen.

In runder Summe nehmen diese Inseln an 8000 □Meilen ein, ein Zwanzigstel von Europa.

Diese insularische Erweiterung des Continents hat Europa eine ganz besondere Mannigfaltigkeit der Naturverhältnisse, und einen großen Zuwachs seiner ethnographischen Zustände zu Wege gebracht. Man denke sich einmal Englands Inselgruppe von Europas Gestadewelt ausgetilgt — welche Verarmung; die dänische Halbinsel, ohne Seeland und Fünen, wäre eine bloße Sandzunge. Rom's Geschichte wäre ohne Siciliens Kornkammer eine andere geworden. Welche Verödung, wenn man für die alte Geschichte Griechenlands und Italiens die Gruppe der Cycladen und Creta, die Brücken der Civilisation von Vorderasien nach Griechenland als nicht vorhanden denken müßte. Dennoch stehen diese Inselbildungen mit ihren Bevölkerungen keineswegs in nothwendiger Abhängigkeit von ihreu Festländern: denn viele gewannen für sich Selbständigkeit. Und doch steht ihre Beschaffenheit in einem verwandten Naturverhältniß mit dem jedesmaligen benachbarten Festlande, wie wir dies bei den britischen Inseln, bei den dänischen, italischen, griechischen auf den ersten Blick leicht erkennen. Südengland ist eine natürliche Fortsetzung des Bodens von Nordfrankreich, der Picardie und den Niederlanden, wie dies selbst übereinstimmende secundäre Formationen, wie tertiäre, von Kreide, Jura, Salz und Kohlen führenden Schichten zeigen. Sicilien ist eine natürliche Fortsetzung des plutonischen Bodens von Calabrien, und Candia ebenso von Morea.

Daher die Möglichkeit fortschreitender verwandtschaftlicher Verhältnisse (der bestehenden Trennung ungeachtet) zwischen den gesonderten Gliederungen, so daß die vegetativen, animalen und Völker-Verhältnisse hier nicht in Gegensätzen hervortreten; vielmehr analoge Boden- und Völkerculturen in Lebensunterhalt, Gewerbe und Sitte sich ohne Schwierigkeit entwickeln konnten. Ganz anders wäre die Erscheinung gewesen, wenn das Südende Englands so gebildet gewesen wäre, wie sein Nordende, das schottische Hochlandsgebirge. Statt Harmonie wäre Abstoßung und Widerstreit an die Stelle der Vermittlung getreten, die überall bei Europas Gestaltung charakteristisch auch für seine ethnographischen Verhältnisse hervortritt.

Diese Auszeichnung Europas durch seine Inselbildung war früher ganz übersehen, oder doch ihres Gesammteinflusses willen auf den inhaltreichen Entwickelungsgang seiner Völkerverhältnisse nicht in dem Maße ein Gegenstand der Beachtung gewesen, die sie nothwendig im Vergleich mit den Inselbildungen anderer Erdtheile erheischt.

So hat Afrika keine oceanischen Erweiterungen durch Gestadeinseln erlangt. Wie es arm ist an allen Küstenformen, so ist es auch arm geblieben an Nachbarinseln. Nur wenige, unbedeutende Küsteninseln, die nicht einmal in einem bestimmten nachzuweisenden Bodenverhältniß mit der Küstenbildung stehen, wie dies doch bei andern Erdtheilen vorzugsweise der Fall ist, finden sich vor. Die im Atlantischen und Aethiopischen Meere sporadisch zerstreuten Inseln sind fast ausschließlich Producte unterirdischer cyclopischer Gewalten, also ganz verschieden von den Kalk- und Sandsteinformationen der Gestade ihres Festlandes. Daher keine Verwandtschaft der Natur- und der Völkerverhältnisse und Zustände; kein reges physikalisches oder historisches Leben wurde durch diese Inseln um die ohne das schwerzugänglichen Küsten des afrikanischen Festlandes verbreitet. Nur die Canarische Inselgruppe im Südwesten des Atlasgebirges hätte davon eine Ausnahme machen können, sowie an der Südostseite von Mozambique die große Insel Madagaskar. Aber die Gruppe der neun Canarien ist verhältnißmäßig doch nur sehr klein (in Summa nur 139 □Meilen) gegen den großen Continent; viel zu klein, um eine größere Bevölkerung herbergen zu können; auch liegt sie durch ungünstige Strömungen abgesondert ohne allen Contact mit dem Continente, auf dessen Nachbarküste sie niemals bereichernd zurückwirken konnte. In noch ungünstigerm Verhältniß für den Erdtheil stehen die Capverdische Inselgruppe (80 □Meilen), St. Helena und Ascension, und am Ostgestade im Indischen Meere die zerstreuten kleinen Inselgruppen der Comoren, Amiranten und Seychellen, die mit allen zugehörigen Klippen keine 150 □Meilen einnehmen, und Sokotora (80 □Meilen). Nur die Insel Madagaskar wäre groß genug (über 10,000 □Meilen), um Afrika bereichern zu können, wenn sie dem Erdtheile wirklich näher angehörte. Aber sie ist gesondert von der ihr gegenüberliegenden Mozambique-Küste durch die gefahrvolle Mozambique-Straße; daher beide, Continent und Insel, fast außer aller Verbindung geblieben, von ganz verschiedenartigen Populationen bevölkert sind, zwischen denen fast kein gegenseitiger Austausch ihrer Gaben stattfinden konnte. Madagaskar ist daher nur scheinbar, nach bloßer Landkartenansicht, eine Nachbarinsel Ostafrikas, in Wahrheit aber (d. h. in der lebendigen Ansicht der tellurischen Gesammtverhältnisse) eine atlantische Insel des Indischen Oceans, welche durch Bewegungs- und Strömungsverhältnisse dieses Meerbassins dem Malayen-Archipel Südostasiens mehr zugehört, als dem afrikanischen Festlande.

Ganz anders die Inselbildung A s i e n s. Die Ost- und Südküsten zumal sind ganz besonders durch den übergroßen Reichthum der vorliegenden Küsteninseln ausgezeichnet. Man könnte sagen, was Afrika zu wenig erhielt, ward hier in Unzahl aufgehäuft.

Sie treten hier in so dicht gedrängter Anzahl auf, daß man sie nicht mit Unrecht im Gegensatz der Alten und Neuen Welt die Inselwelt, Polynesien, einen für sich bestehenden Erdtheil genannt hat. In den verschiedensten Gestaltungen, in langen Ketten, in reichen Gruppen, und hier und da in Einzelinseln kommen sie zur Erscheinung. Sie beginnen mit dem nördlichen Polarkreise und ziehen sich in wenig unterbrochener Reihe über den Aequator hinaus, durch die australischen Inselreihen bis gegen den südlichen Wendekreis.

Die Inselkette der Aleuten verbindet den Nordwesten Amerika's von Unalaschka an mit Kamtschatka: über 100 Inselchen, an 350 □Meilen.

Die Inselkette der Kurilen gegen Süden bis Saghalien und Jeso.

Die Japanische Inselkette südwärts bis zum Ostkorea-Cap, mit der großen Insel Nipon und zahlreichen kleineren, 7496 □Meilen.

Die Reihe der Liukiu-Inseln bis Formosa.

Die Einzelinsel Formosa (600 □Meilen).

Die Küsteninsel Hainan (751 □Meilen).

Die zahlreiche Inselkette der Philippinen mit ihren zugehörigen Inselchen (5524 □Meilen).

Die große Sundische Inselgruppe mit ihrem zugehörigen Archipel (31,486 □Meilen. Davon Borneo 13508, Sumatra 7660, Java 2492, Celebes 3316 □ Meilen).

Die kleine Sundakette 1334 □Meilen.

Die zerstreute Gruppe der Molukken mit den Banda- und Ternate-Inseln 363 □Meilen.

Die große Insel Neuguinea (12,000 □Meilen), die schon den Uebergang zu den australischen Inseln bildet, welche mehr dem australischen Festlande angehören.

An der Südküste von Dekan noch die große Insel Ceylon 1181 □Meilen.

Diese Inselreihen und Inselgruppen wenigstens von 50,000 □Meilen Bodenfläche sind es nun auch, welche wie durch einen insularen Isthmus das Südostende Asiens mit dem Nordwesten des australischen Festlandes in eine Art continentaler, wenn schon vielfach durch Meerarme und Meergassen unterbrochener Verbindung bringen. Zieht man sich hypothetische lineare Verbindungen über diese Inselwelt von einem Continent zum andern: von der Halbinsel Malakka und Sumatra von Westen, und von der Insel Hainan über Luzon und die Philippinen bis Neuguinea von Norden bis zum Cap York des Festlandes an der Torresstraße: so entsteht ein hypothetischer (idealer) Zusammenhang zwischen beiden, dem Isthmus von Panama nicht unähnlich, der auf gleiche Weise den nord- und südamerikanischen Continent verbindet, wie dieser Malakka mit Neuholland. Mag man sich den insularischen Isthmus nun als einen einst primitiv continentalen, wie jenen amerikanischen denken, der erst durch Zertrümmerung seine gegenwärtige Gestalt erhielt, oder als einen erst durch eruptive Hervorhebungen aus einem Zwischenmeere entstandenen, in beiden Fällen hat der Continent von Asien dadurch eine ungeheure Erweiterung (von etwa 50,000 □Meilen Insel-Areal) und eine sehr große Bereicherung seiner Südost-Gestadeseite erhalten. Aber so groß war diese sich ablösende Erweiterung, daß ein ganzer Völkerstamm, der auch den Continent von Asien theilweise bevölkern konnte, nämlich der Malayische, auf dieser großen Inselgruppe seine eigentliche Heimath fand. Asien selbst trug den geringsten Gewinn von seinen Trabanten. Nur der maritime Südostrand wurde durch dieses Inselmeer berührt, sein Continent davon nicht durchdrungen, der fast gar keine Rückwirkung durch die Inselwelt erfuhr. Dagegen hat der Nachbar-Erdtheil Australien seinen natürlichen und ethnographischen Verhältnissen nach von dieser Erweiterung manche günstige Erfolge aufzuweisen. Nicht nur von Asien aus wurde er durch diese Vermittelung zuerst entdeckt, sondern auch am wahrscheinlichsten theilweise zunächst bevölkert; er erhielt von da einen Theil seiner nützlichsten, ihm sonst fremden vegetativen und animalischen Bereicherung; so das Zuckerrohr, die Sagopalme, den Brodbaum und seine einzigen Hausthiere, den Hund und das Schwein.

In diesem Polynesien, das an Größe noch bei weitem das antillische Polynesien des mexicanischen Mittelmeeres übertrifft, zeigt sich uns das Beispiel der größten Dismembration auf unserm Planeten. Es ist der höchste Grad der Insulirung der Erdmassen, der Individualisirung, der speciellsten Centralisation von Länderräumen, welche durch ein Uebermaß der Scheidung der Erdrinde hier zur Erscheinung kam. Der von der großen Sunda-Gruppe eingenommene Raum mit den zwischen liegenden fünf Seen (Chinesische, Java, Molukken, Celebes und Mindaro See) zwischen 110 bis 160 Grad O.L. und von Süd nach Nord (zwischen 10 Grad S.B. und 20 Grad N.B.), also von 750 Meilen Länge von Westen nach Osten und 450 Meilen Breite von Süden nach Norden, über 300,000 □Meilen, nimmt innerhalb der Tropenwelt in seinem mit Inseln nur etwa halb erfüllten Triangel eine geometrische Gestaltung an, welche dem Umfange des europäischen Erdtheils zu vergleichen ist. Eine solche Anzahl von so vielen großen und kleinen Inselgruppen und Eilanden, daß diese nur mit Unrecht zu einem asiatischen Continente gezählt werden können, sondern in der That eine selbständige Inselwelt (monde maritime bei Walkenaer) für sich bilden müssen, deren Entwickelung auch fast ganz unabhängig vom Nachbar-Erdtheile vor sich gehen konnte, nur hier und da von ihm als sein Anhang influenzirt wurde, blieb nicht in Harmonie mit ihrer asiatischen Gestadewelt, wie die europäischen Außeninseln überall mit der ihrigen.

Wäre ähnliche insulare Zerspaltung, ohne allen größern continentalen Zusammenhang, das allgemeine Princip der Planetenbildung, so würde eine gänzliche Unverbundenheit für alle Verhältnisse des Erdballs, und eine völlige Zerstreutheit für alle Völker der Erde daraus hervorgegangen sein. Europas Continent hätte sich dann in 10 größere Inselländer wie Borneo auflösen, und in unzählige kleinere Eilande zerstückeln können.

In Europas Gestaltung finden wir dagegen die glücklichste Ausgleichung und günstigste gegenseitige Berührung der Contraste in den festen und den flüssigen Formen realisirt. Die Nachtheile jener völligen insularen Zerspaltung an dem Südostende Asiens, welche durch zu starke Gliederung, d. i. Zerreißung, den vollkommensten Gegensatz zum Mangel aller Gliederung, und der ärmsten Concentration der compacten Massen, wie in Afrika bildet, sind glücklich vermieden. Beide Extrembildungen hätten nicht anders als ungleichartig und entgegengesetzt auf die Naturverhältnisse und das Leben der Völker einwirken können. Die Naturfülle wäre bereichert. Aber auf das Menschenreich, dessen höheres Ziel nicht an die Entwickelung der Extreme in der Natur, sondern an die Einheit der harmonischen Ausbildung von Natur und Geist gestellt erscheint, konnten beide Gegensätze nur mehr hemmende, minder fördernde Wirkungen ausüben. Hier, im Maximum der Zerspaltung bilden die Malayenvölker den am meisten in sich zerrissenen Völkerstamm der Erde: die Malayen, Battas, Dakkas, Harafuras, Papuas sind alle in streitsüchtiger wildester Rohheit verblieben [1]). Dort, im Maximum der Concentrirung sehen wir in einförmigen Massen die dichtgedrängtesten Millionen

---

[1]) In diesem zerrissensten Theile scheint die größte Verschiedenartigkeit der physischen Natur und ihrer Kräfte, nicht der menschlichen, sich entwickelt zu haben. Bei den rohesten und wildesten wider einander streitenden Völkerstämmen zu Wasser und zu Lande kreuzen sich hier die Extreme maritimer und vulkanischer Productionen in wildester Wuth. Dabei schwülste feuchte Tropenhitze, üppigste Vegetation, die gewürzreichsten Gewächse, kolossalsten und seltsamsten Thierformen. Aber die Menschen- und Völkerentwickelung war an andre geistigere Bedingungen auf dem Planeten gewiesen, als an die des Maximum der drei Naturreiche.

einartiger wilder Völkergruppen, am wenigsten entwickelt, den Negerstamm in der gleichartigsten Umgebung. Beide Extreme sind ungünstigere tellurische Formen für primitive Völkerentwickelung, die sich durch eigene Kraftanstrengung, ohne Einwirkung von außen, aus dem Zustande der halben oder ganzen Rohheit zu erheben haben.

Zwischen beiderlei Extreme wurde Europa gestellt, das auch durch diese Mitgift, wie die seines geringeren, überschaulicheren und daher historisch frühzeitiger zu beherrschenden Areals, durch Küstenentwickelung, Gliederung, Insulirung, zu eben jener Mittelstellung die Vervollständigung aller räumlichen Naturbedingungen erhielt. Frühzeitig sollte es seine schon in der Uranlage bedingte planetarische Function realisiren, nämlich als Erdindividuum, wenn schon das scheinbar ärmere an frappanten Naturschätzen, doch eine verarbeitende Werkstätte aller Gaben und Ueberlieferungen der Alten Welt, aber zugleich auch der geistig gesteigerten, das gesammte Menschengeschlecht umfassenden und organisirenden Völkerthätigkeit zu werden. In der zweiten Hälfte der Zeiten wurde es das weite Erziehungshaus der Alten wie der Neuen Welt, weil es, als die Werkstätte für Alles am empfänglichsten, auch am freiesten von den Naturgewalten und Naturfesseln der besondern Localitäten des Erdballs sich bewegen lehrte, und seine Bevölkerungen am humansten sich entfalten konnten.

Die Betrachtung der horizontalen Dimensionen der Alten Welt in ihren Hauptresultaten.

Nach Obigem zeigte es sich, daß die Entwickelung der Gestade Europas bei dreifach geringerem Areal als Afrika sich doch (zumal die Inselumsäumungen mitgezählt) doppelt so groß verhalte, und die Küstenlänge von 5400 Meilen erreiche, dem größten Umkreis der Erde gleich. Die Küstenlänge von Afrika ist nur 3800, die des fünfmal größern Asien nur 7000 Meilen.

Die sehr abweichenden Arealgrößen lassen sich in runden Summen leicht übersehen. Europa macht von Asien nur ein Fünftel, von Afrika etwas mehr als ein Viertel aus; es ist mit Australien fast gleich groß. Europa steht in Vergleich zu Amerika an Größe zwischen Asien und Afrika; von den großen Continenten enthält es etwa ein Funfzehntel, von allem Lande, die Inseln mit eingerechnet, etwas über ein Zwanzigstel. Aber diese absoluten Raumverhältnisse sind es nicht allein, die in den historischen Functionen der Erdtheile einen Ausschlag geben, sondern die relativen: denn das eine Zwanzigstel ist zur vorherrschenden Größe der übrigen 19 Zwanzigstel geworden in der zweiten Hälfte der Zeiten. Diese Erscheinung hat noch viele andre, zumal ethnographische Bedingungen gehabt, und andre Verhältnisse werden der Zukunft auch noch vorbehalten sein.

Eine der wichtigsten Bedingungen in Beziehung auf räumliche Gestaltung der Planetenoberfläche war aber der verschieden überwiegende Werth der großen Erdtheile, nach Stamm, Gliederung, Insulirung, welche etwa den folgenden Zahlenverhältnissen entsprechen:

bei Afrika:	Stamm 1,	Glieder 0,	Insulirung $\frac{1}{80}$,
„ Asien:	„ 4,	„ 1,	„ $\frac{1}{8}$,
„ Europa:	„ 2,	„ 1,	„ $\frac{1}{20}$.

Doch dies sind nur Formeln oder kürzere der Wahrheit sich nähernde Ausdrücke, um die historischen Functionen der verschiedenen Räume unsers Planeten nach der Plastik seiner Oberflächen von der einen Seite wenigstens mit wenigen Worten bezeichnen zu können. Noch fehlt uns ein sicherer Kanon für die genauere Bezeichnung der planetarischen Raumverhältnisse, wie er für die Kunstwelt als Bezeichnung des Organismus der Menschengestalt schon längst ein Bedürfniß gewesen ist [1]).

[1]) S. Albrecht Dürer, Vier Bücher von menschlicher Proportion u. s. w. 1528.

Die Neue Welt.

Amerika ist in seiner Mitte durch ein mittelländisches Meer, das Mexikanische oder Antillen-Meer, in einen doppelten, nördlichen und südlichen Continent verwandelt; beide von gleich kolossalen Räumen, doch der südliche um fast 100,000 □Meilen kleiner als der nördliche (Nordamerika 413,477 □Meilen, Südamerika 323,008, beide Continente von Amerika 736,485 □Meilen). Das Continentale von beiden, oder ihr Zusammenhang, besteht in dem vielgestalteten gegen Süden immer schmaler zulaufenden Isthmus (Centralamerika mit 9,244 □Meilen).

Das doppelte nördliche und südliche Continent ist aber dem Materiale des Isthmus nach zwar mit einander verbunden, aber in formaler Hinsicht und dem Verkehr nach vielmehr von einander geschieden. Denn seit den drei Jahrhunderten der Entdeckung denkt der Spanier und der Amerikaner selbst auf eine Durchbrechung oder Durchstechung des Isthmus. Alle Communication Nord- und Südamerikas findet zu Wasser, keine zu Lande statt. Auch vor der Schifffahrt der historisch bekannten Zeit scheint dort kein Landweg von Nord nach Süd begangen worden zu sein. Nur auf maritimem Wege wanderte der alte Volksstamm der Cariben aus dem Apalachischen Berglande Nordamerikas nach Südamerika und den westindischen Inseln ein. Von den Tolteken und Azteken, den ältesten continentalen Südwanderern aus dem nördlichen Amerika, ist uns nur ihr Vorrücken in das Thal von Anahuac oder nach dem heutigen Mexikanischen Centralamerika bekannt. Von einer Durchwanderung der Landenge weiter südwärts nach Peru weiß wenigstens die Sage und Geschichte der Incas nichts, und es ist wahrscheinlich, daß sie auf anderm Wege nach Peru gekommen. Der Isthmus scheint niemals die Function einer Völkerbrücke für Völkerwanderungen ausgeübt zu haben, sondern einer Hemmung der Völkerverbindungen. Das maritime Mittelamerika, die große

Antillische Inselgruppe, scheint vielmehr das verbindende Mittelglied der Nord- und Südhalbe des Erdtheils gebildet zu haben.

Der horizontalen Dimension und den Küstencontouren nach haben beide Theile, der nördliche uud der südliche, eine gewisse unverkennbare Analogie, die sogleich in die Augen fällt. Beide zeigen eine dem Triangel genäherte Gestalt, die sich, mit der breiten Seite der Basis nach Norden gerichtet, den spitzern Winkel nach Süden streckend, zweimal wiederholt. Gegen Süden, also, nicht, wie bei der verlängerten Ausdehnung Asiens und Europas, gegen Westen streckt sich die Verjüngung beider Erdtheilhälften. Deshalb konnte in der Neuen Welt kein solcher Gegensatz eines Orients und Occidents hervortreten, wie in der Alten Welt. Ost und West sind in der Neuen Welt weit mehr als in der Alten zusammengehörige Naturgestaltungen, große Einheiten; aber mit einem großen Uebergewicht der Ostseite über die Westseite, die sich bei minder vortheilhaften Naturbedingungen (wie beschränkteres Areal, größere Schroffheit der Bodenplastik, ungünstigere maritime Stellung gegen den einsamen Südocean, und geringere Population) nicht so leicht zu einer Selbstständigkeit gestalten konnte wie die Ostseite. Die australische Westseite des Erdtheils konnte nicht zu einer Steigerung der Gesammtverhältnisse gegen seine atlantische Ostseite gelangen, wie dies bei dem Orient und dem Occident der Alten Welt der Fall war. Auch die Südseite Amerikas konnte nicht im Fortschritt der Entwickelung des Erdtheils für den Norden Amerikas die höher gesteigerte Rolle wie etwa der ihm fehlende Occident übernehmen. Daran hinderte schon die Weltstellung. Denn Nordostamerika war in seiner ganzen Entwickelungsgeschichte auf sein benachbartes Europa angewiesen, mit dem es nicht nur in größeren Verkehr durch Naturverhältnisse (Windsystem, Strömungsverhältnisse, Klimatik) und Civilisation treten konnte, sondern in weit näherer tellurischer Verwandtschaft von jeher stand, als mit seinem eigenen Gegenpole, dem Süden Amerikas. Diesem konnte wieder von seinem eigenen Gegengestade, vom roher gebliebenen Afrika, kein gleicher Gewinn zukommen. Bei der hinzukommenden Unverbundenheit beider Halben vermochte auch die Zwischenlagerung des Antillen-Meeres, das viel weniger begünstigend erscheint, als das Culturbassin des europäischen Mittelmeeres, keinen analogen Fortschritt der Entwickelung von Norden nach Süden hervorzubringen, wie er in der Alten Welt eine so wichtige historische Erscheinung vom Orient zum Occident gewesen. Erst in neuerer Zeit ist das Antillenmeer zu einem Culturbassin herangereift.

Südamerika hat nur einen breiten in die drei Winkel des rechtwinkligen Triangels auslaufenden Körperstamm, ohne weitere Gliederung. Der Nordwest- und der Ostwinkel gehen in runde Abstumpfungen über, gegen Süden läuft der Continent keilförmig in einen sehr spitzen Winkel aus. Er theilt bei mancherlei abweichenden Modificationen doch dem Wesen nach die Contourform mit seinem östlichen Nachbar, mit Afrika, und ist eine eben so einförmig in sich abgeschlossene Erdgestalt, mit geringster Ausdehnung der Küstenumsäumung gegen das Areal seiner Länderfläche (nur 3400 Längenmeilen wie bei Afrika). Auch Südamerika ist ohne Halbinseln, ohne Landzungen, ohne selbständige Vorländer, ohne Nachbarinseln; es ist ungegliedert geblieben wie Afrika und Australiens Festland, die alle drei unter sich am meisten analogen Contourformen der Südhemisphäre. Aber freilich giebt Südamerika seine plastische Bodengestalt, zumal der Reichthum seiner die ganze Mitte durchströmenden Gewässer, eine ganz andere Fülle vegetativer und animaler Belebung. Durch Wasserfülle, Gebirgsvertheilung und Befruchtung des Bodens überbietet es weit den afrikanischen Erdtheil. Eine schon seit Jahrhunderten begonnene mögliche Bändigung seiner wilden Naturgewalten, seiner kolossalen Stromsysteme, scheint ihm eine civilisirte Zukunft schon viel näher zu rücken, als dem Negerstamme im centralen Afrika. Doch stehen auch die centralen Völker Südamerikas auf einer gleich niedrigen Stufe menschlicher Entwickelung.

Die keilförmig gegen Süden sich vorstreckende Patagonische Plateauwüste ist durch die einzige oceanische Erweiterung, die Feuerlandsinsel, keineswegs bereichert, nicht einmal in dem Grade wie etwa das Südende von Australiens Festland durch die fruchtbare Insel Tasmania, selbst nicht einmal wie die scandinavische Welt durch das zu Europa gerechnete Island. Die Feuerlands-Inselgruppe (1303 □Meilen), obwohl in dichtester Annäherung an das Südende Amerikas, trägt zu dessen Verarmung nicht wenig durch die unvortheilhafteste Stellung und die ungünstige Natur das Ihrige bei. Denn sie erschwert jede Umschiffung des Erdtheils nicht nur, und macht sie gefahrvoll, sondern sie bietet selbst wegen ihrer polaren Annäherung gegen die antarktischen Klimate keine günstige Heimath für die Völkerentwickelung dar. Sie wirkt daher selbst nachtheilig auf das ihr vorliegende Festland zurück, von dem sie durch die klippigste Meeresgasse getrennt ist. Ohne Baumwuchs, ohne Buschwerk und Grasungen, nur mit Moosvegetation überkleidet, der Polarwelt zugehörig, mußten ihre Bewohner, die Pescherähs, auf der niedrigsten Stufe der Entwickelung selbst außer der Gemeinschaft aller Mitbewohner des Planeten zurückstehen bleiben, bis die Strömungen, die Stürme, die Wogen ihnen doch immer nur temporäre menschliche Gäste zuführen.

Nicht alle Inselbildung ist unter allen Umständen als eine erweiternde Bereicherung der Continente zu betrachten, so wenig als die absolute Gliederung oder Zerreißung, sondern nur die relative. Ließe sich die Feuerlandsinsel gegen Osten vor die Mündung des La Plataſtromes verschieben, so würde sie eine Bereicherung von Brasilien genannt werden.

Die Inselgruppe der Antillen (4325 □Meilen) ist die große insularische Bereicherung Centralamerikas, die aber dem Areale nach noch nicht den zehnten Theil der asiatischen Sundagruppe ausmacht, und den physikalischen Naturverhältnissen, zumal den Meeresbewegungen und der Lage der größern Inselgruppe nach, mehr dem Norden als dem Süden des Erdtheils zu gute kommen konnte. Das Antillenmeer hat die doppelte Größe des europäischen Mittelländischen Meeres (36,613 □Meilen), nämlich 76,520 □Meilen Wasserfläche, und war daher schwerer für die Cultur und Civilisation zu gewinnen, als jenes.

Nordamerika hat das große Uebergewicht in der Civilisation über den Süden Amerikas davongetragen, wie überhaupt in allen Erscheinungen analoger Art die Nordhemisphäre über die Südhemisphäre. Und doch ist auch der tropische Süden Amerikas an Naturschätzen viel reicher begabt als der temperirtere Norden. Der Nordhalbe ist dagegen bei der größern Abweichung seiner Normalgestalt von der des Triangellandes auch eine größere Mannigfaltigkeit der Küstenentwickelung, Gliederung, durch tief einschneidende Meerbusen, Meeresarme, Buchten und Inselreichthum zu Theil geworden.

Die Masse seines triangularen, wegen des breiter gebliebenen Südendes fast trapezoidisch gebliebenen Körperstammes ist, wie das bei Asien der Fall war, vorherrschend über das Areal der Glieder, die keine so enorme Größe wie bei Asien erlangt haben. Mehrere seiner Gliederungen sind, wieder wie bei Asien, gegen den Osten, Süden und einige auch gegen den Westen gekehrt. Zu den nordamerikanischen Gliedern und Inseln gehören: Die nordöstliche Inselgruppe Grönlands, die Jahrhunderte hindurch für eine Halbinsel gegolten, erst seit 1820 durch Parry's Entdeckung der Barrowstraße als selbständige Insel abgelöst wurde, Banks Land, Boothia Felix, Cockburn, die Melville-Halbinsel, die Ostmain- und Labrador-Halbinsel, Neu-Braunschweig, Neuschottland; die Halbinsel Florida, gegen Süd gerichtet, aber bloße Dünenreihe, 2700 □Meilen.

Der Nordosten von Nordamerika ist, wenn auch in kleinem

Verhältniß, überall vielfach gegliedert durch tief einschneidende unzählige Buchten, Hafenbildungen und weite Flußmündungen. Das charakterisirt die Gestadewelt der nördlichen Vereinsstaaten und Canadas. Da alle diese Einschnitte dem communicativsten Bewegungsverhältnisse, dem Atlantischen Ocean und dem civilisirtesten europäischen Erdtheil zugekehrt sind, so ist diese Weltstellung die große Begünstigung Nordamerikas gewesen, der diese Seite desselben ihre so frühe Reife vorzugsweise verdankte. Der Hochmuth des Yankee darf sich eben so wenig wie der des Europäers auf seine höhere Culturstufe brüsten oder prahlen, Alles nur allein aus sich selbst gezogen zu haben.

Die geringere Gliederung von Nordamerika ist gegen den Westen gerichtet, gegen das einsame, noch polare Behringsmeer. Zu den westlichen Gliedern gehören das amerikanische Tschuktschische Vorland, der öde Klippenzug von Unalaschka oder richtiger Aljaska, in südlichern Breiten die Halbinsel Altcalifornien gegen das stille Weltmeer gekehrt, die erst seit den letzten Jahrzehnten eine active Rolle in der Belebung des Erdtheils zu übernehmen begonnen hat. Alle drei kann man kaum zu erweiternder Bereicherung des Erdtheils rechnen. Ihnen mußte erst die Civilisation der östlichen Vereinsstaaten zu Hülfe kommen, um eine historische Rolle übernehmen zu können, die ihm auch durch den bereits eingeleiteten Verkehr mit Japan und China zu Theil werden wird.

Nordamerika hat vor Asien den Vorzug nordischer mittelländischer Meere voraus. Das Vorherrschen seiner Gliederung und Insulirung ist nicht gegen den Süden, sondern gegen den subpolaren und polaren (von 40 und 50 Grad N.B.) Norden gerichtet, wie bei Europa. Wenn viele dieser Gliederungen und Insulirungen bis jetzt nur wenig oder nur theilweise gekannt sind, so greift doch das Element der Geschichte seit einigen Jahrzehnten schon rasch genug in dieselben ein, und verspricht ihnen eine baldige größere Zukunft. Diese Naturmitgift giebt der Erdgestalt von Nordamerika eine größere Verwandtschaft mit Europa als mit Südamerika, zumal mit dem scandinavischen und germanischen Norden Europas. Aus der Geschichte ist es bekannt, daß die Civilisation seines Bewohners, des Normannen, durch den Polarkreis nicht zurückgeschreckt wird.

Wie das Weiße Meer (2220 □Meilen), die Ostsee (7267 □Meilen) und die noch weit größere Nordsee die nördlichen Glieder Europas durchbrochen haben: so in noch weit kolossalerem Maßstabe haben die Meereseinbrüche Nordamerika fast im Uebermaße gegliedert. Dies haben uns erst die neueren Polarfahrten im Eskimo-Nordeismeere gelehrt. Baffinsbai, Lancastersund, Smithsund, Johnsund, Barrowstraße, Foxkanal mit ihren noch ungezählten Inseln, Hudsonsbai (allein mit 22,775 □Meilen Wasserfläche), Boothiagolf, Victoria- und Georgiasee, Wellingtons-Kanal, Melvillesund, Prinz Wales Straße und viele andre große Wasserbecken zertheilen Amerika an der Nordseite in noch ungezählte Inseln und Halbinseln. Die Insulirung ist von der kolossalsten Art, denn die Grönlands-Inselgruppe ist allein auf 35,000 □Meilen Land zu schätzen. Seit einer kurzen Reihe von Jahrzehnten ist dieses große arktische Inselmeer des Nordens von Amerika alljährlich zu einem Gebiete der großartigsten Expeditionen aller Art zu Wasser und zu Lande geworden. Zwischen den wildesten Wogen und Eisschollen begegnen sich in den monatelangen Winternächten, zwischen Eskimos, Eisbären und Seehunden alljährlich die Seefahrer der verschiedensten Nationen, legen dort Magazine, Observatorien, Winterstationen mit allen Comforts der Civilisation versehen an. Sie lernen selbst den größten Naturgewalten und ihren Gefahren die Vortheile ab, welche sie für den weitern Fortschritt der Entdeckung und selbst der Beherrschung der Polarwelt durch genaue Beobachtung ihrer Physik und durch die indeß ersonnenen Kunstmittel gewinnen können.

Alles Gesagte giebt der Erdgestalt von Nordamerika eine nähere Verwandtschaft mit Europa als mit Südamerika. Sie würde noch größer sein, wenn Nordamerika ebenso klimatisch begünstigt wäre wie Nordeuropa. Beide Erdtheile sind im Süden wie im Norden durch große mittelländische Meere bespült und von ihnen vielfach durchschnitten. Eine auf dem Erdball ganz einzige Analogie! Durch diese eigenthümliche Bildung ist zumal der Norden Amerikas gegliedert, viel mehr als jeder andre polare Theil des Erdballs. Durch seine günstige Hafenbildung rund um seine Gestade und durch die doppelartigen Meeresströmungen von und zurück nach Europa ist er am empfänglichsten zur Aufnahme für europäische Population und Civilisation geworden. Hierin, verbunden mit den zahlreichen orographischen Communicationslinien und den ganz anders gestellten Stromsystemen des Erdtheils, liegt das große Uebergewicht Nordamerikas über den Norden Asiens. Dort haben die kolossalen Nordströme zum Eismeer keine Berührung ihrer Quellengebiete in einer gemeinsamen Mitte mit den chinesischen Ost-, den indischen Süd- und den westasiatischen Weststromsystemen. Wie ganz anders in Nordamerika, wo Lorenzstrom, Hudson, Mackenzie, Columbia und Colorado, Missouri und Missisippi nach allen Weltgegenden sich aus gemeinsam zugänglicher Mitte entfalten, und nicht durch eine centrale unüberwindbare Plateaumasse unter sich getrennt bleiben mußten, sondern nach allen Winden in Verbindung treten können von ihren Quellen bis zu ihren Mündungen. Daher finden wir dort selbst jenseit des Polarkreises, wie in Nordeuropa, die europäische Cultur schon vorgedrungen, ja sogar schon bis jenseit 70 Grad N.B. an Grönlands Küsten noch regsame Colonien der Europäer, indeß sie in Nordsibirien schon mit dem Polarkreise, ja schon südwärts mit 65 Grad zurückbleiben.

Amerika scheint durch seine Gestaltung und Weltstellung dazu berufen, die Cultur des Menschengeschlechts am frühzeitigsten und am meisten gegen den Norden der Erde zu verbreiten, wie das Südende Australiens, die Vandiemens Insel Tasmania, ein verjüngtes Großbritannien, mit ihrem außerordentlichen Hafenreichthum die antarktische Südhemisphäre zu beleben.

Der Norden Asiens ist in seinem Civilisationsverhältniß durch die Natur auf das Quellland seiner Ströme, auf Centralasien; durch seine Culturzustände auf seinen Nachbarerdtheil, das russische Osteuropa angewiesen. In seinem Süden und Osten wird Asien auf seine eigenen Gestade zur höhern Entwickelung seiner charakteristischen Individualität, auf seine indische und chinesische Welt, wie die der arabischen Lebensentwickelung, welche die Vermittlerin mit dem Abendlande werden sollte, hingeführt. Die Form der begabtesten Gliederung der drei Culturhalbinseln Südasiens wiederholt sich an der Südseite Europas, aber wie verschiedenartig! Diese drei europäischen Halbinseln sind nicht in der tropischen Nähe des Aequators, sondern in die gemäßigte Zone hinaufgerückt, um 20 Breitengrade (300 Meilen) weiter nach Norden. Die beiden Gruppen, die Ostgruppe in Südasien, die Westgruppe in Südeuropa, jede aus drei Culturhalbinseln bestehend, gehören zu den größten Bereicherungen an den Südenden der Erdtheile. Durch sie haben Asien in der heißen, Europa in der gemäßigten Zone für die Culturanfänge der Menschengeschichte, wie Nordamerika und Vandiemensland gegen die polare arktische und antarktische Zone ihre reichste Entwickelung und Gliederung erhalten. Jene in der Vergangenheit, diese für die Gegenwart und nächste Zukunft. Südamerika, noch weit mehr Afrika und der Continent von Australien mit immer mehr aufblühenden Colonisationen scheinen in ihrer Gesammtcivilisation noch für viel spätere Jahrhunderte aufbewahrt zu sein. Beide stehen erst im Zustand der Entwickelung, in beiden fängt es nur erst an zu tagen. Die reichere Naturausstattung solcher Stellen des Planeten durch die formalen Verhältnisse kann erst mit dem Verlauf der Zeiten auf die minder begabten, historisch noch brach liegenden, durch den Entwickelungsgang der Civilisation übertragen werden. In welchem Maße dies geschehen kann, ist uns theilweise schon durch die Geschichte offenbart. Die Kunst der Weltschifffahrt hat seit drei Jahrhunderten allen Continenten und Inselgruppen eine neue Belebung, eine frische Befruchtung, ja eine andre Weltgeschichte geschaffen. Das universelle Element der europäischen Colonisation hat der Bevölkerung des ganzen Erdballs einen neuen Schwung mitgetheilt. Die früherhin trennenden und todten oceanischen Gewässer haben erst alle localen Verhältnisse unter sich zum Besten der menschlichen Gesellschaft in Verbindung gebracht, dem Ganzen zur Einheit verholfen.